# 安徽省典型矿山地质灾害智能监测技术及其应用

刘向红 刘 飞 张 俊 陈 松 著

黄河水利出版社

·郑 州·

## 内 容 提 要

本书从安徽省地质灾害防治工作的实际需求出发,对安徽省典型矿山地质灾害类型及其特征进行认真梳理,重点阐述了智能监测技术在矿山地质灾害防治中的应用研究成果。全书共分 11 章,主要内容包括绪论、安徽省典型地质灾害及特征、地质灾害智能监测技术以及基于 GIS、InSAR、遥感、微震、光纤传感、GNSS 技术、无损检测技术等矿山地质灾害监测应用研究。

本书适合用作高等院校地质工程、岩土工程、采矿工程等专业本科生及研究生教材,也可供从事矿山地质灾害工作的研究人员和工程技术人员阅读参考。

**图书在版编目(CIP)数据**

安徽省典型矿山地质灾害智能监测技术及其应用/
刘向红等著. —郑州:黄河水利出版社,2023.8
ISBN 978-7-5509-3720-8

Ⅰ.①安… Ⅱ.①刘… Ⅲ.①矿山地质-地质灾害-
监测预报-安徽 Ⅳ.①TD1

中国国家版本馆 CIP 数据核字(2023)第 161642 号

组稿编辑:王路平 电话:0371-66022212 E-mail:hhslwlp@126.com
韩莹莹 66025553 hhslhyy@163.com

责任编辑:陈彦霞 责任校对:王单飞 封面设计:李思璇 责任监制:常红昕
出版发行:黄河水利出版社
地址:河南省郑州市顺河路 49 号 邮政编码:450003
网址:www.yrcp.com E-mail:hhslcbs@126.com
发行部电话:0371-66020550
承印单位:河南新华印刷集团有限公司
开本:787 mm×1 092 mm 1/16
印张:13.5
字数:310 千字
版次:2023 年 8 月第 1 版 印次:2023 年 8 月第 1 次印刷
定价:110.00 元

# 前　言

　　随着我国矿业的发展,矿山地质环境问题日益凸显,矿山地质灾害、地貌景观破坏、水土污染等问题日见突出。安徽省地处"长三角"重要位置,已经探明的矿产种类有100多种,其中煤、铁、铜、硫、磷、明矾等30多种矿产资源都是位居全国同类型矿产前十行列,具有重要的战略地位。同时,安徽省地貌类型多样,地质构造复杂,汛期降雨丰沛,孕育突发性地质灾害的背景条件长期存在,加之山区、丘陵地区人类工程活动越来越频繁,滑坡、崩塌、泥石流、采空塌陷等地质灾害呈多发频发态势,尤其是矿山地质灾害的防治形势严峻。

　　加强对矿山地质灾害的研究,掌握矿山地质灾害成灾机制、发展变化规律,建立高效精准的灾害早期识别和预警预报防治体系,是当前矿山地质灾害研究领域的重点任务。常规的监测方法主要有雨量监测、裂缝监测、变形监测、深层位移监测、GPS 监测等。但是,由于通信条件、地形、天气等因素的限制,造成某些仪器的工作难度较大,操作起来也比较困难,且监测周期长。另外,矿产资源开采导致矿区地表频繁发生次生地质灾害,严重制约了矿山智能化的建设进程,造成矿山企业的地质灾害监测工作执行不到位,地质灾害的防治效果不理想的状况。

　　随着人工智能、大数据、云计算等数字化技术的发展,地质灾害的防治目标已由减少损失向着减轻风险转变,地质灾害的调查向着动态实时监测转变,地质灾害的评价由定性向着定量和精准预测转变。针对矿产资源集中开采区引发的矿山地质灾害问题,综合应用 GIS、InSAR、遥感、微震、光纤传感、航空航天遥感、人工智能等新技术,开展矿山地质灾害多尺度调查监测与评价预测关键技术研究,有效提高监测评价的精度和效率,推进矿区地质灾害早期精准识别与评价,对合理开发利用资源和保护矿区环境、促进资源与环境协调发展具有重要的现实意义。

　　本书结合作者近些年来在矿山地质灾害方面取得的研究成果,在系统梳理安徽省典型矿山地质灾害类型及其特征的基础上,重点阐述了智能监测技术在矿山地质灾害防治中的应用研究,以期为安徽省地质灾害防治工作提供参考。

　　本书由宿州学院刘向红、刘飞、张俊、陈松著。安徽省地质环境监测总站刘建奎、柴龙飞、侯捷、魏路提供了部分图件,宿州学院冯少文、路德博两位同学协助收集了部分文献资料并绘制了部分插图,中国矿业大学葛广恒、赵海辉两位研究生协助完成校对工作,在此一并表示感谢!

　　本书项目成果得到了安徽省公益性地质工作项目(编号:2021-g-2-6、2022-g-1-2),安徽省教育厅高校学科(专业)拔尖人才学术资助项目(编号:gxbjZD2020100),宿州学院博士科研启动基金项目(编号:2022BSK010),宿州学院科研发展基金(2021fzjj31),2023 年度安徽省高校自然科学研究重点项目(2023AH052238、2023AH052244),矿井水资源化利用安徽普通高校重点实验室(宿州学院)开放基金资助项目(KMWRU202104),宿州学院2022年博士(后)科研基金项目(2022BSK010)联合资助。

　　本书在编写过程中参考和引用了许多高等院校、科研单位和生产单位的科研成果、技术总结和工程实例,在此表示诚挚的谢意!

　　限于作者水平和能力,本书中难免有不当或错误之处,敬请读者不吝赐教、批评指正,以便重印或再版时得以修正和完善。

作　者

2023 年 4 月

# 目　录

# 1 绪 论

## 1.1 研究背景和意义

我国拥有丰富的矿产资源,矿业历史源远流长。矿产资源的开采为中国经济发展、社会进步和当地人民生活水平的提高做出了巨大的贡献。但随着矿山开采深度的日益增加,新的问题接踵而来。多年的矿山开采使得当地的地质环境、自然环境遭到严重破坏进而引起一系列的灾害问题,给国家和地方带来严重的经济损失。尤其是最近20年,随着我国矿业的发展,矿山地质环境问题日益凸显,矿山地质灾害、含水层破坏、地貌景观破坏、水土污染等问题日益严重。矿山一旦发生地质灾害,不仅会对矿山地质环境造成一定的影响,而且还会对矿山周围人们的生命安全造成威胁。

矿山地质灾害又称矿井地质灾害、采矿地质灾害、矿区地质灾害,是指在矿床开采活动中,因大量采掘井巷破坏和岩土体变形以及矿区地质、水文地质条件与自然环境发生严重变化,危害人类生命和财产安全,破坏采矿工程设备和矿区资源环境,影响采矿生产的灾害。矿山地质灾害可以分为地面和井下两种。其中,地面矿山地质灾害主要有地面塌陷、地面沉降、地裂缝、滑坡、崩塌、泥石流等。井下矿山地质灾害主要有冒顶、片帮、突水、突泥、井下热害、矿震、冲击地压、矿坑水污染等。在各种矿井中,以煤矿最为严重,其矿井地质灾害种类多,发生频率高,分布广,破坏损失最大。除煤矿外,铁矿、铜矿、铅锌矿等金属矿和一些非金属矿也容易诱发不同程度的矿山地质灾害。

2021年4月10日18时11分,新疆昌吉州呼图壁县甲煤矿发生重大透水事故,造成21人死亡,直接经济损失7 067.2万元。该起事故的直接原因为:B4W01回风顺槽掘进至1 056.6 m时,掘进迎头与乙煤矿1号废弃轨道上山之间的煤柱仅有1.8 m。煤矿违章指挥、冒险组织掘进作业,在老空积水压力和掘进扰动作用下,乙煤矿老空水突破有限煤柱,通过1号废弃轨道上山溃入甲煤矿B4W01回风顺槽,造成重大透水淹井事故。

2023年2月22日13时许,内蒙古阿拉善盟阿拉善左旗某煤业有限公司露天煤矿发生大面积坍塌,2人死亡、6人受伤、53人失联。事故导致在该煤矿作业面北侧山坡,现场形成了南北长约200 m、东西长约500 m、净高约80 m的坍塌体,现场坍塌体量巨大,且在18时多又发生了二次坍塌。

安徽省地处"长三角"重要位置,矿产种类较多,已经探明的矿产种类100多种。其中煤、铁、铜、硫、磷、明矾等30多种矿产资源都是位居全国同类型矿产前十行列,具有重要的战略地位。同时,安徽省地貌类型多样,地质构造复杂,汛期降雨丰沛,孕育突发性地质灾害的背景条件长期存在,加之山区、丘陵地区人类工程活动越来越频繁,滑坡、崩塌、泥石流、采空塌陷等地质灾害呈多发频发态势,尤其是崩塌、地裂缝、采空区、岩溶塌陷、矿坑突水等矿山地质灾害的防治形势严峻。

根据矿山地质灾害类型的不同,可以采用不同的手段进行监测。常规监测方法有雨量监测、裂缝监测、变形监测、深层位移监测、GPS 监测等。测量仪器一般有全站仪、经纬仪、GPS、测距器、裂缝测量仪、地应力仪等。但是,由于通信条件、地形、天气等因素的限制,造成某些仪器的工作难度较大,操作起来也比较困难。另外,长周期监测工作需要投入大量的外业工作量和资金,因此可能会造成矿山企业的地质灾害监测工作执行不到位、监测效果不理想。

监测预警地质灾害的发生对于矿区正常生产及防灾部署具有重大意义。然而,矿产资源开采导致矿区地表频繁发生各种地质灾害,严重制约了矿山智能化的建设进程。因此,加强对矿山地质灾害的研究,掌握矿山地质灾害成灾机制、发展变化规律,建立高效精准的灾害早期识别和预警预报防治体系,是当前矿山地质灾害研究领域的重点任务。当然,随着科技的进步,监控系统的智能化程度不断提高,在矿山地质灾害监测与预警方面也取得了长足的进步。如 GNSS 技术在滑坡等地质灾害的监测中起到了很好的作用;部分矿区会将 SAR 技术应用于地表塌陷的测量与监控中,证明了该方法的准确性和监测效果。另外,有些地方将无人机、人工智能、大数据、云计算等数字化技术用于矿山的地质灾害监测。

中国地质调查局"十四五"期间地质灾害防治工作的总体目标就是要着力提升地质灾害隐患识别能力,加强风险评价与区划研究,健全完善地质灾害监测预警体系,切实提高地质灾害防治科技支撑水平。当前随着经济社会的发展和技术的进步,地质灾害防治的目标已由减少损失向着减轻风险转变,地质灾害调查向着动态实时监测转变,灾害评价由定性向着定量和精准预测转变。针对矿产资源集中开采区引发的矿山地质灾害问题,综合应用 GIS、InSAR、遥感、微震、光纤传感、航空航天遥感、数值模拟、人工智能等新技术,开展矿山地质灾害多尺度调查监测与评价预测关键技术研究,有效提高监测评价的精度和效率,推进矿区地质灾害早期精准识别与评价,对合理开发利用资源和保护矿区环境、促进资源与环境协调发展具有重要的现实意义。本书结合作者近些年在矿山地质灾害方面取得的最新研究成果,系统梳理了安徽省典型矿山地质灾害类型及其特征,重点阐述了智能监测技术在矿山地质灾害防治中的应用研究,以期为安徽省地质灾害防治工作提供参考。

# 1.2　地质灾害国内外研究现状

## 1.2.1　地质灾害研究

国外学者对地质灾害的研究开展较早,早期的研究大多集中于灾害机制、成灾条件及灾害活动过程等。自 20 世纪 60 年代以后,随着自然灾害造成的损失日益加大,为解决防灾减灾的科学问题,开始重视对地质灾害风险评价、预测等研究。1973 年美国地质调查局对加州地区的地震等多种灾害开展了风险评估,预测了未来 30 年间该地区的灾害损失。20 世纪 80 年代意大利学者在分析滑坡发生的主要控制条件基础上,建立多变量评价模型,对意大利南部山区的滑坡进行了危险性评价。自 20 世纪 90 年代起,随着计算机技术的发展和 RS、GIS、GPS 技术的兴起,对地质灾害评估的研究进入了新的发展阶段。美国、加拿大等发达国家的学者应用 GIS 技术对滑坡等地质灾害开展了综合分析与评估,与决策支持系统相结合,对科罗拉多州 Glenwood Springs 地区进行了地质灾害敏感性分析和风险评估。21 世纪以来,随着计算机模型与 GIS 技术应用的逐步成熟,国外对地质灾害风险评估研究向多元化、精细化和定量化方向发展。2003 年 Ohlmacher 等以美国堪萨斯州地区的滑坡为研究对象,应用 GIS 技术和非线性多元逻辑回归模型进行了灾害危险性的预测;2010 年 Pradhan 等应用人工神经网络和逻辑回归模型结合,开展滑坡危险性区划研究;2014 年 Park. lee. S 等应用数值模型与机器学习方法结合,开展了滑坡位移预测及危险性划分的研究。由以上分析可知,国外对地质灾害评价的研究方面,在评价对象上,由单一灾种向多灾种综合评价转变;在评价方法上,趋向于多种模型和方法的综合应用,尤其注重应用 GIS、RS 等空间信息技术和人工智能等新技术应用,有效提高了定量化评价水平。

我国对地质灾害评估的研究起步于 20 世纪 80 年代,早期研究以定性评价为主。杨梅忠等从内外力型地质灾害链对煤矿区地质灾害问题开展研究。1983 年乔建平对龙羊峡水电站等重点工程进行了滑坡敏感性区划,提出了滑坡危险度区划意义和目的。1999 年联合国在《国际减灾战略》(ISDR)中提出了“减轻灾害和危险”的倡议,加快推进了国际地质灾害风险评估研究的合作进程。在借鉴国外地质灾害研究方法的基础上,国内地质灾害研究步入定量化评价的快速发展期。1995 年中国香港地区就开始采用定量风险评价方法对边坡稳定性进行分级评价。1998 年汪华斌等运用信息量预测模型对长江三峡地区的滑坡进行了分析评估和灾害空间预测,将滑坡危险性划分五个不同等级。

进入 21 世纪以来,随着经济社会的快速发展,大规模开发建设等人类工程活动强度的不断加大,地震等灾害以及极端气候事件的频发,使得地质灾害频发,造成人民生命和财产损失也愈加严重,导致地质灾害的防治形势也日益严峻。2011 年国家出台了《国务院关于加强地质灾害防治工作的决定》,明确提出要加强地质灾害隐患调查评估、监测预报预警等综合防治措施。随着国家对地质灾害研究在资金、人力等方面的大量投入,众多学者在地质灾害的分类、成灾地质背景、孕灾条件及形成机制等基础理论方面开展研究,形成了一系列重要成果,为灾害评价奠定了丰富的理论基础。在评估方法研究方面,以GIS 技术为主导,结合 RS 与 GPS 技术,开展灾害影响因子的快速精准提取和动态监测,应用逻辑回归模型、模糊综合评判模型、信息量法、证据权、层次分析法等半定量-定量的数学模型方法开展了大量研究,加快推进国内地质灾害定量化评价的发展步伐。阮沈勇等将信息量模型与 GIS 技术结合,探讨了地质灾害危险性区划的方法。陈佩佩等应用人工神经网络模型结合 GIS 技术,开展了区域地裂缝灾害危险性的评价。石菊松等基于ArcGIS 平台,完成了研究区滑坡灾害危险性的区划。彭令等在应用多源遥感数据快速提取滑坡孕灾信息的基础上,应用随机森林模型开展三峡库区区域滑坡危险性评价,进而完成了区域滑坡灾害风险评价。郑苗苗系统总结了黄土高原地质灾害研究进展,应用层次分析法与信息量法结合,完成了陕甘宁地区区域地质灾害危险性综合评价,编制了大区域范围的地质灾害易发性、危险性分区图。在机器学习等人工智能技术应用研究方面,早期应用人工神经网络、支持向量机等浅层机器学习模型的应用,在地质灾害危险性评级及区划方面都取得了良好效果。

近年来,随着深度学习、大数据技术应用于地质灾害评价领域,对灾害评价的定量化程度和数据挖掘的深度又向前迈进了一步。郑勇应用深度学习理论,以降雨数据作为输入变量,建立区域地质灾害危险性预测模型,是深度学习方法在地质灾害危险性预测研究的有益尝试。赵岩应用机器学习的回归模型构建了白龙江流域潜在低频泥石流发生频率预测模型,基于分类模型构建了低频泥石流沟识别模型,实现了研究区内潜在的低频泥石流沟进行快速有效识别,弥补了传统方法在该研究领域的不足。

总结国内外关于地质灾害危险性评价方法的研究进展,遥感、GIS、计算机模拟等新技术的深入应用使评价结果向多元化、定量化、精细化方向发展。但地质灾害是一个复杂系统,不同区域、不同灾种,其成因、发展和影响因素不同,目前还尚未形成一套统一的评价理论体系和方法。

## 1.2.2　地质灾害监测研究

### 1.2.2.1　国外研究现状

国外关于地质灾害的监测应用始于 20 世纪 50 年代。在 1960 年以前,灾害的研究方向主要是研究灾害发生的机制及如何准确地预测灾害的发生。到 1970 年以后,人们的研究重点随着自然灾害影响程度变化,逐渐转变到防灾减灾工作。1976 年,Amould 教授在自己的论文中正式地提出了"地质灾害"这个名词。1987 年,联合国大会上通过相关决议,决定把 1990~2000 年确定为减轻自然灾害的十年,从此以后,地质灾害这个词就频繁地出现在各种各样的文献和媒体之中。在很多发达国家,地质灾害的评估工作在这个时间段才开始逐步地进行。例如,美国地质调查局(USGS)对山体滑坡灾害研究和地震灾害的危险性区划等方面开展了相当多的研究工作。世界上的其他国家也越发地意识到地质灾害对人类生存和发展的威胁,先后加入到地质灾害的研究行列之中。

WLGarrison 于 1965 年提出"地理信息系统"(GIS)的新概念。在 1980 年之后的十年时间内,GIS 技术被大量地使用于地质灾害的监测中,这尤其体现在西方的很多发达国家之中。例如,Finney Michael A. 等运用地理信息系统成功地分析和预测了美国的滑坡灾害。Chung C. F 等利用地理信息系统技术中的模型扩展分析成功地对加拿大的滑坡灾害进行了权威的多因素综合分区。Mario 等利用 GIS 技术对地质灾害的风险进行了较准确的评估。随着时间的不断推移,遥感技术在不断地发展,人们逐渐体会到其对地质灾害监测的评价和预测的效果,因此遥感技术的使用前景也变得越来越广泛。例如,法国通过卫星三维测量技术,对较大灾害范围进行监测。此外,将差分干涉雷达技术应用到地质灾害监测方面也得到了广泛的认可。例如,现在正在运行的雷达卫星,其对地质灾害监测的精度都可达到毫米级。

国外在地质灾害监测领域的研究重点大多聚焦在监测模型的建立、如何进行信息的融合以及如何在计算机上实现等方面。随着"3S"技术的不断发展,将遥感技术、全球卫星定位系统和地理信息系统紧密结合起来的"3S"技术已显示出更为广阔的应用前景。以 RS、GIS、GPS 技术为基础,将这三种独立技术中的相关部分有机地集成在一起,构成一个强大的技术体系,便可以实现对各种空间信息和环境信息的快速及准确可靠的收集与处理。

从整体上可以看出,国外对地质灾害的研究主要表现在如下四个方面:①重视"3S"技术同可视化技术的结合使用,采用当下最前沿的测量技术对局部发生的地质灾害进行区域性的预估,并且深入了解地质灾害的分布规律,接下来进一步细分地质灾害的危险等级。与此同时,将使用到的各种技术有机地整合在一起,使地质灾害的所有研究成果能够直接为使用者所服务。②从更加深化和更加广泛的角度来看,通过运用当下最先进的科技手段和最为前沿的思维方法,系统地、深入地对地质灾害发生的机制进行研究,并且对地质灾害的特征和防治处理等方面进行持续研究。③在特定地区的地质灾害预警系统建设取得了显著的成效。例如,在1980年,美国地质调查局同气象局合作在旧金山地区建立了滑坡预警系统,准确地预测了滑坡事件的同时首次利用媒体及时地将消息发布出去,该预警系统随后在世界范围内得到了广泛的应用。④经济效益方面,地质灾害监测的研究成果带给了人们可观的经济效益,而且也能够更好地为社会经济服务。

#### 1.2.2.2 国内研究现状

1930~1970年,我国关于地质灾害的研究主要集中在地震灾害方面。而对于地质灾害监测的相关研究工作起步相对较晚,直到"八五"期间,我国地质灾害的调查工作才全面开展,且主要集中在山体滑坡、地面塌陷沉降和土地沙漠化等方面。直到1980年,杨梅忠教授才开始针对矿区的地质灾害进行研究,并以此为题开展相关工作。20世纪90年代,我国的地质灾害监测工作才开始进入相对全面的研究,对地质灾害特征、影响因素、分布状况、变形规律等方面进行了深入研究,灰色模型、遗传算法、神经网络等新的理论和方法如雨后春笋般展现出来,被大量地用于地质灾害监测研究。

随着理论研究的不断深入,众多学者把混沌论、突变论等科学理论一起引入到了地质灾害监测的研究之中。同时,在地质灾害监测预警等方面,引入非线性相关理论,例如,神经网络法、系统预测模型和突变理论预报等。上述理论均是将所要预警的灾害体看作是一个开放系统,通过研究系统内部的产生原因、发展过程以及系统同外界的关系,从而进一步对灾害点进行预警。我国在GIS技术方面的发展较西方晚,但是,科研人员很快就将这种技术运用到了地质灾害监测方面的相关研究上,并且对其进行了更加深入的发掘。例如,潘耀忠等提出了运用GIS去划分不同情况下的基本空间尺度单元,这种思想在一定程度上解决了区域灾害研究中的数据匹配问题。向喜琼等提出了使用GIS技术去评估地质灾害的风险,以此开展了相关的课题;而唐川等则利用GIS技术对发生在云南的由地震而导致的滑坡进行了叠加分析,从而得到了滑坡的预测图。阮沈勇等先后对三峡库区的地质灾害情况进行了大量的研究,通过使用GIS技术与信息量法准确地划分了灾害点的危险性。武强等对榆次地区的地质灾害监测情况进行了研究,通过将GIS技术与BP神经网络算法相结合,建立了一套预警系统。而现阶段,数据融合和"3S"技术的不断发展为地质灾害监测系统的复杂研究提供了一种新的可行性。事实证明,"3S"技术在信息查询、收集、分析和发布等方面具有得天独厚的优势,通过使用这些优势能够更加合理地解决地质灾害监测系统中的相互关联性以及非线性叠加等相对复杂的问题。

地质灾害防治和地质环境保护国家重点实验室(简称地灾国重实验室)基于现代信息技术、对地观测技术以及现代测试和监测技术,根据地质灾害防治与地质环境保护领域的实际需求,研究和开发先进实用的地质灾害勘察评价、早期识别、测试试验、监测预警及应急处治技术、仪器设备和软件系统,为地质灾害防治和地质环境保护提供强有力的技术手段支撑。2021年7月8日23时,甘肃省永靖县盐锅峡镇党川村黑方台台缘滑坡地质灾害5#监测点处失稳发生滑坡。地灾国重实验室自主研发的"地质灾害实时监测预警系统",于7月8日19时08分,对甘肃黑方台滑坡发出了即将失稳的橙色预警,大约4 h后,滑坡发生。这是2017年以来,地灾国重实验室利用自主研发的具有自适应调整采样频率功能的裂缝计和地质灾害实时监测预警系统,在甘肃黑方台第8次提前成功预警滑坡。由于预警及时,此次滑坡未造成人员伤亡。

从总体上来看,中国在地质灾害监测方面的研究已经取得了不少成绩,归纳起来主要有以下三个方面:

(1)通过使用高精度的监测技术对我国大部分地区进行地质灾害调查,从而使人们对我国地质灾害高发地区的总体分布情况以及灾害发生的机制和演化有了比较全面的认识。

(2)全国范围内进一步细化灾害监测的基本单位,进一步对我国的地质灾害情况进行调查,并且分级建立了信息管理系统,做到了地质灾害监测预警和灾害发生时及时汇报。

(3)在监测点模型建立、灾害预警和防治等相关理论方面取得了一定突破,理论研究渐渐地从定性向定量以及从线性往非线性方向发展。

## 1.3 无损检测技术国内外研究现状

在20世纪90年代,瑞士Amberg公司生产了TSP(tunnel seismic prediction, TSP),TSP系统在隧道地震超前预报中取得了很好的效果;日本OYO公司采用水平声波反射剖面法(horizontal seismic profiling, HSP)用于隧道前方地质条件的探查研究;综合地震成像系统(integrated seismic imaging system, ISIS),是1999年由德国GFZ公司与基尔大学合作完成的一套地震测试系统;TRT真反射层析成像(true reflection tomography, TRT)由美国NSA工程公司20世纪90年代后期开发完成的,目前在欧洲、亚洲的隧道中开始应用。

我国是较早开展隧道超前探测研究的国家之一,铁道部科学研究院钟世航(1992)提出的,为"陆上极小偏移距高频弹性波反射连续剖面法"的简称陆地声呐法;曾昭璜(1994)、程增庆(1994)、何振起(2000)等进行了负视速度法的理论及处理算法研究,常旭等(2006)对巷道反射波数据偏移方法进行了研究。隧道地震CT成像技术(tunnel seismic tomography, TST),是由中国科学院赵永贵与云南航天工业公司合作开发的,从20世纪末开始开发到2003年完成。TGP206型隧道超前地质预报(tunnel geology prediction, TGP)是北京水电物探研究所与北京华安恒业科技有限公司最近联合推出的一款最新型仪器。目前我国国内开展隧道超前探测技术及仪器设备开发的研究人员逐渐增多,如吉林大学、煤炭科学研究总院重庆研究院等单位先后研发出的超前探测仪器,也有相关应用报道。超前反射波探测技术中TSP、负视速度法(垂直地震剖面法)、HSP、ISIS、TGP等方法或技术设备属于同一类型,所利用的都是以反射地震记录为主进行巷道数据采集,所不同的是各自数据处理方法上的差别。

在矿井地震勘探方面,安徽理工大学在 20 世纪 80 年代中期就研制了矿井地震仪及其相关的矿井震波勘探研究;煤炭科学研究总院西安研究院进行槽波地震、面波勘探、直流电法的研究;重庆研究院以无线电波坑透、地质雷达展开研究;90 年代后期中国矿业大学进行了矿井瞬变电磁法的研究与应用。自 2001 年以来,安徽惠洲地下灾害研究设计院及安徽理工大学所开展的巷道超前探测技术研究,专门针对小构造探测技术进行模拟与分析,初步形成了 MSP 法超前探测技术。安徽惠洲地下灾害研究设计院与福州华虹公司生产的 KDZ1114-3 型矿井地质探测仪对井下构造探测具有一定的优势。2006 年以来,中国矿业大学、安徽理工大学、安徽惠洲地下灾害研究设计院、福州华虹等单位合作,在国家“十一五”科技支撑计划项目支持下,重点研制了地震反射波探测仪和矿井小构造探测处理解释技术;煤炭科学研究总院西安研究院重点研究瑞利面波探测仪及其处理解释技术;煤炭科学研究总院重庆研究院重点研究地质雷达探测技术。这些矿井物探技术代表了目前国内的领先优势,通过生产实践和技术研究,对井下地质构造及异常区进行探测,将会取得新的技术成果。

## 1.4　矿山地质灾害监测预警现阶段存在的问题

虽然国内外众多科研工作者在矿山地质灾害监测预警领域进行了广泛深入的理论研究,并将其理论应用到了实践当中。但是从实际应用的效果上来看,仍存在一些不足。

(1)虽然对我国的矿山地质灾害有了比较明确的认识,但是随着自然环境、采矿诱发等主客观条件的变化,仍有很多潜在危险点不易发现。因此,有必要在现有的预警系统的基础上进一步细化监测单元,制定更加快速的调查和预警系统。

(2)虽然理论上的发展相对成熟,但是还不能够满足现实需求。尽管国内外有许多科研人员为矿山地质灾害的监测和预警做过许多理论研究,但是这些理论和方法大多属于事后检验,很难做到实时地反馈监测点的信息,因此这在一定程度上减少了人们预警的时间,给人们的生命和财产增加了危险性,也影响了矿山地质灾害监测领域的发展。

(3)新理论、新方法同实际应用之间的衔接不够好。目前,我国地质灾害监测方面的很多测量技术还使用常规测量方法,而自动化程度高、无须考虑通视性和高精度的 GNSS等技术的使用和推广力度相对不足。

(4)在矿山地质灾害监测和管理系统建设方面还存在不足。目前政府机构和监测部门已经建成各自的灾害监测管理系统和与之相对应的应急救援系统,但是各自的使用方向和内容存在较大差别,因此很难满足我国经济发展对灾害内容汇总处理和减灾工作提出的要求。

## 1.5　主要研究内容

(1)安徽省典型矿山地质灾害及其特征。

首先分析安徽省矿山地质灾害现状,总结安徽省“十三五”地质灾害防治成效,然后按照露天开采和地下开采两种方式划分安徽省典型矿山地质灾害类型。对于露天开采,主要的矿山地质灾害类型有崩塌、滑坡等;对于地下开采而言,主要的矿山地质灾害类型有井巷围岩破坏、地下水系统破坏、采空区地面塌陷和地裂缝、采矿诱发地震和岩爆等,并详细阐述了各种矿山地质灾害的形成及其主要特征。

(2)地质灾害智能监测技术。

重点阐述 GIS、InSAR、遥感、微震、光纤传感、GNSS 等智能监测手段在地质灾害监测中的应用现状、原理及其过程。

(3)智能监测技术在安徽省典型矿山地质灾害监测中的应用研究。

结合地面沉降、采空区塌陷、冲击地压、地面岩移等安徽省典型矿山地质灾害类型,阐述 GIS、InSAR、遥感、微震、光纤传感、GNSS 等智能监测手段的设计与应用。

# 2　安徽省典型地质灾害及特征

## 2.1　安徽省地质灾害现状

安徽省地貌类型多样,地质构造复杂,汛期降雨丰沛,孕育突发性地质灾害的背景条件长期存在,加之山区、丘陵地区人类工程活动越来越频繁,地质灾害呈多发频发态势,防治形势严峻。截至 2020 年底,全省共查明地质灾害隐患点 6 085 处,威胁 13 866 户 48 154 人、财产 239 646.30 万元。按地质灾害类型分:崩塌 4 235 处、滑坡 1 628 处、泥石流 144 处、地面塌陷 76 处、地面沉降 2 处;按险情等级分:特大型 2 处、中型 3 处、小型 6 080 处;按地貌单元分:皖南山区 3 637 处、大别山区 2 070 处、沿江丘陵平原 123 处、江淮波状平原 212 处、淮北平原 43 处;按行政区域分:黄山市 2 026 处、安庆市 1 140 处、宣城市 727 处、池州市 724 处、六安市 671 处、合肥市 150 处、滁州市 62 处、铜陵市 51 处、马鞍山市 38 处、芜湖市 34 处、淮南市 31 处、蚌埠市 6 处、宿州市 3 处、亳州市 2 处、阜阳市 1 处、宿松县 259 处、广德市 160 处。安徽省地质灾害隐患点分布、安徽省地质灾害易发分区见图 2-1、图 2-2。

## 2.2　安徽省地质灾害防治形势

### 2.2.1　安徽省"十三五"地质灾害防治成效

"十三五"期间,地质灾害防治工作成效显著。通过开展搬迁避让和工程治理等工作,截至 2020 年底,全省受地质灾害威胁的人数由"十二五"末的 78 119 人降至 48 154 人,减少了 29 965 人,减少 38.36%。全省共发生地质灾害 1 768 起,较"十二五"期间增加 16.01%("十二五"期间 1 524 起);直接经济损失 9 476.6 万元,较"十二五"期间减少 58.16%("十二五"期间 22 650.31 万元)。全省共成功避险 53 起,避免 323 人伤亡,避免经济损失 6 030 万元。由于各项防治措施得力,实现了地质灾害"零死亡"。

#### 2.2.1.1　地质灾害调查评价稳步推进

每年开展地质灾害汛前排查、汛中巡查、汛后核查工作,5 年累计排查 42 935 点次,共发现地质灾害隐患点 3 864 处。完成了九龙岗幅、寿县幅 2 个图幅 1:5万岩溶塌陷调查 880 km²;完成了宿州市、亳州市、阜阳市、淮北市、淮南市、蚌埠市的地面沉降控制区划定 42 325 km²;完成了岳西县主簿镇园口河流域、黄山市徽州区丰乐河流域 1:1万小流域地质灾害详细调查(试点)317.2 km²。开展了全省切坡建房隐患排查,共查出切坡建房隐患点 21 627 处,其中 2 155 处已纳入地质灾害隐患点数据库进行管理,剩余 19 472 处已交由地方乡镇政府管理。

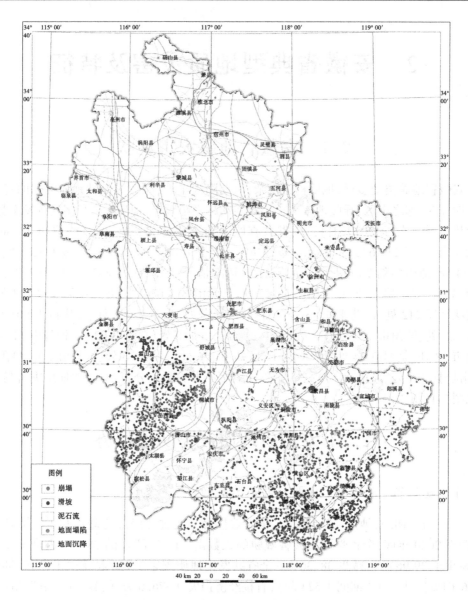

**图 2-1　安徽省地质灾害隐患点分布图**

### 2.2.1.2　地质灾害监测预警不断完善

全省中型以上地质灾害隐患点安装雨量站 120 处,提升了监测预警的时效性。"十三五"期间,通过省级平台共发布地质灾害黄色及以上预警 195 次,其中红色预警 7 次、橙色预警 36 次、黄色预警 152 次;根据预警信息,及时转移受威胁群众 332 120 人次,有效保障了人民群众生命和财产安全。地质灾害防治网格化管理实现全覆盖,并逐步由群测群防向群专结合转变。

### 2.2.1.3　地质灾害综合治理成效显著

"十三五"期间,全省共投入地质灾害防治资金 9.62 亿元,实施地质灾害治理项目 181 个,消除滑坡隐患 109 处、崩塌隐患 59 处、泥石流隐患 13 处,保护了 9 262 人生命安

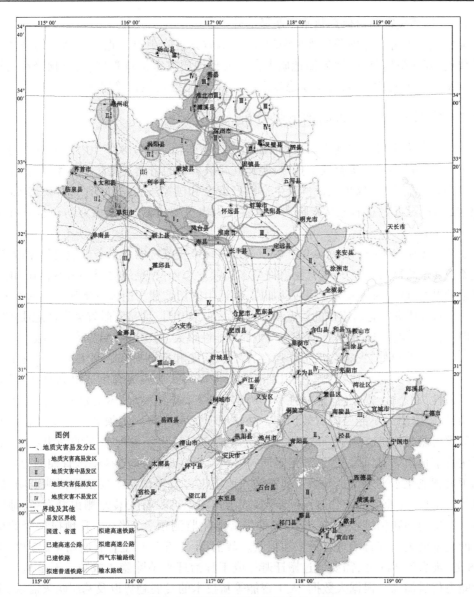

**图 2-2　安徽省地质灾害易发分区图**

全和 44 370 万元财产安全;实施搬迁避让 1 849 处,14 145 人彻底摆脱了地质灾害威胁。

### 2.2.1.4　地质灾害防御能力显著提高

　　成立了省级地质灾害应急技术指导中心和六安、马鞍山、宣城、铜陵、池州、安庆、黄山7 个地质灾害防治技术中心,全省选派 1 000 多名地质队员驻县包乡,技术支撑能力显著提升。强化汛期 24 h 值班值守,并为值班人员配备必要的应急装备。组织宣传培训 762场,培训人数 55 781 人,发放地质灾害"防灾明白卡"和"避险明白卡"119 462 份,发放宣传光盘及宣传材料 160 737 份,开展避险转移演练 416 场,参演人员 37 583 人次,群众防灾意识和自救、互救能力显著提升。

#### 2.2.1.5　地质灾害防治信息化水平明显提升

完成地质灾害监测预警省级平台的升级、地质灾害隐患点数据库更新和切坡建房数据库建设,开通微信公众号"安徽地质灾害",实现地质灾害信息管理、监测预警和指挥调度三大系统的集成,智慧防灾工作稳步推进,信息化服务功能日趋完善。

### 2.2.2　安徽省地质灾害防治形势分析

党的十九大报告中明确提出要"加强地质灾害防治"。2018 年 10 月,习近平总书记在中央财经委员会第三次会议上指出,要建立高效科学的自然灾害防治体系,提高全社会自然灾害防治能力,为保护人民群众生命财产安全和国家安全提供有力保障。2020 年 8 月 18~21 日,习近平总书记又亲临安徽考察并做出重要讲话,要求做好防汛救灾和灾后恢复重建工作。

安徽省地质灾害防治形势依然严峻。一是孕育地质灾害的背景条件没有发生改变;二是气象条件依然复杂多变,极端气象事件呈多发频发态势;三是地震威胁依然存在,预测预报仍是世界性难题;四是人类工程活动加剧,偏远山区切坡建房引发的地质灾害时有发生,已成为全省地质灾害防治工作的重点和难点。每年 5~9 月,均是安徽省突发性地质灾害的高发期,崩塌、滑坡、泥石流等地质灾害发生的可能性很大,防灾减灾形势较为严峻。

目前,安徽省地质灾害防治工作还存在不少问题和薄弱环节,"十四五"防灾工作仍面临诸多挑战。一是地质灾害隐患识别能力有待提高。地质灾害生成机制复杂,具有很强的隐蔽性、动态性、复杂性、差异性和不确定性,受工作精度、技术方法和手段等多种因素影响,风险隐患尚不能及时有效识别。二是地质灾害风险区亟须划定。安徽省尚有大量地质灾害隐患未被查明,每年新发生的灾险情 80%以上不在已查明的隐患点上,有必要尽快查清地质灾害风险底数,划定地质灾害风险区,以提高全省风险区管控能力。三是监测预警智能化水平亟待提升。目前安徽省地质灾害监测预警主要依靠群测群防,监测手段较为落后;专业监测工作刚刚起步,多数已知隐患点没有安装监测预警设备,地质灾害何时发生的问题仍难以解决,应尽快推进智能化监测预警工作,提升预报预警的精准度。四是地质灾害综合治理任务依然艰巨。截至"十三五"末,全省有崩塌 4 235 处、滑坡1 628 处、泥石流 144 处,需要通过搬迁避让或工程治理来消除隐患威胁。五是地质灾害防治能力仍需加强。根据大数据、人工智能等新技术的发展趋势以及基层防灾需求,全省需快速提升地质灾害防治信息化水平,加强地质灾害生成机制、隐患早期识别、精准预警等关键技术研究,尽快推广应用地质灾害防治新技术、新方法和新装备,全面提升地质灾害防治能力。六是地质灾害防治与国土空间规划和用途管制统筹不够,从源头控制地质灾害风险亟须加强。

## 2.3　安徽省矿山地质灾害现状

矿业经济是安徽省国民经济重要的支柱性产业之一。2020 年,全省矿石总产量 5.85亿 t,采矿业产值 1 342.67 亿元,分别比 2015 年增长了 25.81%和 82.39%,完成规划期1 000 亿~1 200 亿元目标。"十三五"期间,累计开采矿石 30.27 亿 t,其中原煤 6.96 亿 t、铁矿石量 2.31 亿 t、铜矿石量 0.53 亿 t、水泥用灰岩 11.0 亿 t。

安徽省矿产资源的开发利用历史久远。矿产资源的开发利用在带来巨大经济效益与社会效益的同时,也不同程度地带来一些矿山地质环境问题。因采矿造成的矿山地质环境问题及危害主要有:矿山地质灾害、地形地貌景观破坏、土地压占与破坏、含水层的影响与破坏等。就矿山地质灾害而言,安徽省矿业开发引发的地质灾害主要是地面塌陷、崩塌、滑坡。地面塌陷主要分布于两淮煤田,其次是铜陵、马鞍山等矿区。相关资料表明,2002 年以前,全省先后有 50 余座矿山开采引发了采空地面塌陷,塌陷总面积近 260 km²,此后塌陷面积仍持续不断地增长。其中两淮地区塌陷最为严重,自 20 世纪 50 年代就已产生并初具规模,80 年代后,随着一批新矿区的建成及部分老矿区鼎盛期的到来,塌陷范围明显增大。长期频发的地面塌陷使大面积的平原变成高低不平的荒滩洼地,肥沃农田变成低产地、沼泽地、湖泊,并导致数十万农民无地可种,近千个村庄搬迁,矿区道路、水利等基础设施遭受重大破坏,直接经济损失达上百亿元。崩塌、滑坡主要发生在皖南山区及沿江丘陵一带的露天开采矿山,据不完全统计,仅自 20 世纪 80 年代至 2002 年期间,全省露采矿山先后发生较大规模的崩、滑灾害多达 50 余起,直接经济损失逾亿元。

安徽省高度重视矿山地质灾害防治工作,针对关键领域和薄弱环节,加大投入力度,持续推进灾害风险调查和重点隐患排查,有效落实地质灾害综合治理和避险移民安置,有序推进自然灾害监测预警信息化和灾害防治技术装备现代化,较大规模的地质灾害虽然得到有效控制,但仍有少量小规模的灾害不断发生,其危害性同样不容忽视。

# 2.4 安徽省矿山地质灾害主要影响因素

## 2.4.1 地质背景条件

安徽省地域广大,区内地形起伏多变,自北而南分布有淮北平原、江淮波状平原、大别山区、沿江丘陵平原、皖南山区五大地貌单元,其中平原约占全省总面积的 61.5%,丘陵约占全省总面积的 12%,山地约占全省总面积的 22.1%(见图 2-3)。地质构造复杂,深大断裂遍布,各时期地质构造运动发育了深切岩石圈的深断裂约 13 条,延伸达数十千米以上的大断裂 29 条。

首先,地形地貌和地质构造往往在区域上决定着矿山地质灾害的分布,如江淮丘陵、沿江丘陵、大别山和皖南山区山高坡陡,沟谷发育,采矿边坡在降水和地表径流作用下,易形成崩塌、滑坡、泥石流及水土流失灾害,又如部分矿山分布在构造发育地带,沿构造带(面)发生崩塌、滑坡、矿坑突水等地质灾害的可能性较大。其次,复杂的岩土体工程地质条件也是矿山地质灾害多发的一大内在因素。安徽省自晚太古代以来的各时代地层均发育齐全,其中黏土岩、含煤碎屑岩岩性脆弱,岩石抗压、抗剪强度低,抗风化和抗侵蚀能力弱,遇水易软化,极易产生采空区塌陷,两淮煤田的采空塌陷多与此有关,而丘陵山区采场坡麓地带的碎石土、黏性土,由于结构松散或具有一定的胀缩性,在人为切坡作用下则极易产生成崩塌、滑坡地质灾害。另外,地下水水文地质条件复杂,碳酸盐岩地区岩溶发育,地下水水量丰富,也是造成部分矿山在抽排岩溶地下水时引发岩溶塌陷和地面沉降的一个因素。

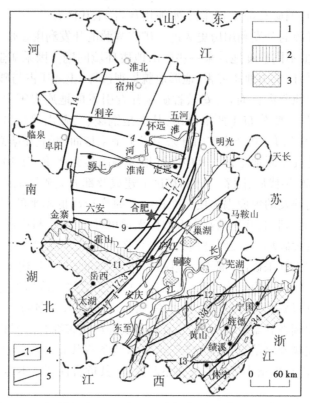

1—平原;2—丘陵;3—山地;4—深断裂;5—大断裂。

**图 2-3　安徽省地貌类型及断裂略图**

## 2.4.2　人类矿业活动

　　长期以来,一方面随着安徽省国民经济建设的需要,矿业经济飞速发展,矿山企业数量激增,早在 20 世纪 80 年代,全省仅有矿山 1 000 多家,到 21 世纪初发展到 7 000 多家,最高峰时达 10 000 多家,其中乡镇和个体矿山占全省矿山总数的 90% 以上。矿山企业总量不断扩大,开采量逐年增加,但与此同时,许多矿山企业缺乏可持续性发展的战略思想,只重视经济效益,竞相争抢资源,甚至乱采滥挖,轻视或忽略环境保护与治理,加上当时有关矿山环境保护与治理的法律、法规、政策出台滞后,矿业管理工作尚不到位,从而导致矿山环境破坏日趋严重。另一方面,由于社会经济水平较低,普遍缺乏足够的矿山地质灾害治理资金,并且先进的治理技术推广较为滞后,也在很大程度上使矿山地质环境破坏趋势难以在短期内得到根本好转。

# 2.5　安徽省典型矿山地质灾害类型

　　矿产资源是人类社会文明必需的物质基础。矿山开采可大致分为两种类型,即露天开采和地下开采。露天开采又称为露天采矿,是指从敞露地表的采矿场采出有用矿物的过程。露天开采作业主要包括穿孔、爆破、采装、运输和排土等流程,按作业的连续性,可分为间断式、连续式和半连续式。地下开采是指从地下矿床的矿块里采出矿石的过程,通过矿床开拓、矿块的采准、切割和回采4个步骤实现,地下采矿方法分类繁多,常用的以地压管理方法为依据,分为自然支护采矿法、人工支护采矿法以及崩落采矿法。

矿山地质工程研究的主要任务是对矿山建设及开采过程中可能会遇到的地质工程问题和工程地质条件进行预报,从而保证矿山的安全高效生产。矿山建设和生产过程中经常遇到的地质工程问题有露天矿边坡稳定性问题、井巷及采场围岩稳定性问题等。而要控制以上两个问题的关键性工程地质条件有如下四项:①软弱、破碎岩体及软弱夹层;②软弱结构面,包括断层带、层间错动及贯通较长的大节理;③地下水;④地应力。这四个工程地质条件是控制上述矿山地质工程问题的关键,在矿山地质工程研究中必须查明。

另外,需要强调的是,开采矿产是人类在生产过程中与自然环境相互作用最强烈的形式之一。一个国家或地区的环境污染状况,在某种程度上总是与其矿产资源消耗水平相一致的,所以,矿产资源开发所产生的环境问题,日益引起各国的重视。一方面是要践行“绿水青山就是金山银山”的理念,保护矿山地质环境;另一方面是要合理开发利用,保护矿产资源。

## 2.5.1 露天开采涉及的地质灾害问题

露天开采具有低生产成本、高生产效率、高资源回收率等优点,被越来越广泛地应用到煤炭资源开采中。井工开采煤炭资源平均回收率约为40%,资源浪费严重。据分析,我国煤炭资源回收率若能在现有基础上提高10%,未来15年可节约煤炭储量200亿 t,这约相当于一个准格尔煤田的总储煤量(260亿 t)。提高资源回收率是解决我国煤炭资源可持续利用的一个重要途径。煤炭露天开采资源回收率可达80% ~ 90%,在应用靠帮开采、陡帮开采技术情况下,资源回收率可提高至95%以上。随着露天采煤工艺以及大型开采装备的发展,《煤炭工业“十一五”发展规划》中提出,以大型煤炭企业为主体,优先建设大型化、开采集中化、开采连续化、生产环节合并化、开采工艺简单化与综合化露天矿山。矿产资源开发总量中50% ~ 60%的煤、85% ~ 90%的金属矿产、50%的化学矿山原料、100%的非金属和建筑材料,都是露天开采。

煤炭露天开采虽具有多方面的优势,但仍避免不了对生态环境的破坏,且随着露天开采的大规模发展,该问题变得日益严重。露天矿建矿初期,要对采区进行疏干排水,使得地下水以地表径流的形式流失;开采过程中形成巨大的矿坑,形成巨型“漏斗”,导致地表水、浅层地下水下渗,水资源流失极其严重。露天矿区水资源的流失导致周边植被严重退化,农业生产更是受到破坏性影响,直接影响周边生态环境。开采初期剥离物全部外排形成外排土场,占用大量土地,千万吨级露天煤矿外排土场占用土地面积均在40 km² 以上。总的来说,露天采矿对地质环境的影响主要表现在:泉水枯竭、河水改道、边坡失稳发生崩塌、滑坡;矿山剥离堆土及矿渣堆积占用土地;淤塞河道,导致水患和矿山泥石流;矿山“三废”(矿渣及尾矿、矿水及尾水、选冶废气)造成的土壤、水体及大气污染;破坏地貌景观,形成矿山荒漠化,加速水土流失等(见图2-4)。其中,边坡稳定性问题是露天开采的主要地质工程问题之一。

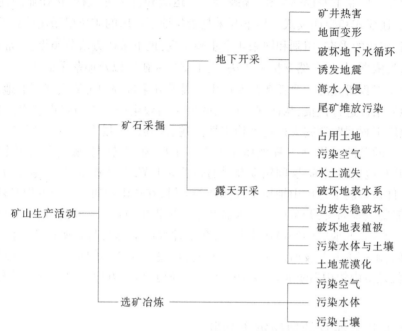

图 2-4　矿山开采涉及的主要地质灾害问题

在露天矿设计中,首要的问题是确定合理的边坡角。边坡角是指在垂直边坡走向的剖面上从最上一个台阶的坡顶线到最下一个台阶的坡底线的连线与水平线的夹角。边坡角愈小,剥采比愈大。大型露天矿边坡角每增加 1° 可减少剥岩量几千万吨,节省投资 2 000 万~3 000 万元。但是,露天矿边坡角如果设计过陡,将产生边坡破坏。加强露天矿边坡稳定性问题研究,合理地确定边坡角是露天矿工程中的一项重要任务。露天开采人为地塑造了边坡,随着开挖深度的加大,边坡的规模也不断扩大,这既严重地破坏了地应力的自然平衡,同时也导致了人工边坡的变形、破坏和滑移。露天矿边坡的破坏主要有两大类:具有明显滑动面的边坡失稳破坏和蠕变-坍塌变形破坏。前者包括平面滑动模式、楔形体滑动模式和曲面滑动模式,后者有倾倒破坏模式、溃屈破坏模式(见图 2-5)。此外,还有上述不同模式之间的相互组合而形成的复合式破坏模式。边坡岩土体中软弱结构面的发育程度及其组合关系是控制露天矿边坡稳定性的主要地质因素。

露天矿边坡失稳破坏的影响因素主要有岩石性质、岩体结构、地质构造、水文地质条件、风化条件、边坡形状、爆破振动等。边坡失稳防治的原则是以防为主,综合整治。在边坡开挖和采矿过程中,应及时排除地表水、深降强排地下水,减少爆破次数、降低爆破强度,合理确定不同深度岩体的边坡角,适时修整边坡轮廓,提高边坡稳定性。对大型采矿边坡,还需构筑抗滑挡土墙、抗滑桩、灌注水泥砂浆及减载、排水等工程措施。

### 2.5.1.1　崩塌地质灾害

崩塌的过程表现为岩块(或土体)顺坡猛烈地翻滚、跳跃,并相互撞击,最后堆积于坡脚,形成倒石堆。崩塌的主要特征为:下落速度快、发生突然;崩塌体脱离母岩而运动;下落过程中崩塌体自身的整体性遭到破坏;崩塌物的垂直位移大于水平位移。具有崩塌前

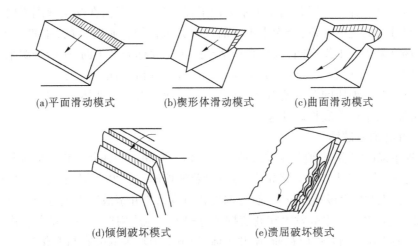

(a)平面滑动模式　　　(b)楔形体滑动模式　　　(c)曲面滑动模式

(d)倾倒破坏模式　　　　　　　(e)溃屈破坏模式

**图 2-5　露天矿边坡破坏模式示意图**

兆的不稳定岩土体称为危岩体。

　　崩塌运动的形式主要有两种:一种是脱离母岩的岩块或土体以自由落体的方式而坠落,另一种是脱离母岩的岩体顺坡滚动而崩落。前者规模一般较小,从不足 1 m³ 至数百立方米;后者规模较大,一般在数百立方米以上。

　　崩塌是在特定自然条件下形成的。地形地貌、地层岩性和地质构造是崩塌的物质基础;降雨、地下水作用、振动力、风化作用以及人类活动对崩塌的形成和发展起着重要的作用。

#### 2.5.1.2　滑坡地质灾害

　　在自然地质作用和人类活动等因素的影响下,斜坡上的岩土体在重力作用下沿一定的软弱面整体或局部保持岩土体结构而向下滑动的过程和现象及其形成的地貌形态,称为滑坡。滑坡的特征主要表现为:

　　(1)发生变形破坏的岩土体以水平位移为主,除滑体边缘存在为数较少的崩离碎块和翻转现象外,滑体上各部分的相对位置在滑动前后变化不大。

　　(2)滑体始终沿着一个或几个软弱面(带)滑动,岩土体中各种成因的结构面均有可能成为滑动面,如古地形面、岩层层面、不整合面、断层面、贯通的节理裂隙面等。

　　(3)滑动过程可以在瞬间完成,也可能持续几年甚至更长的时间。规模较大的整体滑动一般为缓慢、长期或间歇的滑动。滑坡的这些特征使其有别于崩塌、错落等其他斜坡变形破坏现象。

　　自然界中,无论天然斜坡还是人工边坡都不是固定不变的。在各种自然因素和人为因素的影响下,斜坡一直处于不断地发展和变化之中。滑坡形成的条件主要有地形地貌、地层岩性、地质构造、水文地质条件和人为活动等因素。

### 2.5.2　地下开采涉及的地质灾害问题

　　地下采矿是一个复杂而特殊的典型地下地质工程系统,它由竖井、巷道、采场三大类地下工程组成。竖井包括垂直的竖井和倾斜的斜井,其功用有运输和通风两种,前者又称为主井,后者又称为副井,竖井属于半永久性工程。巷道一般指在煤层或围岩内挖掘的水平或缓倾斜分布的地下通道,分为半永久的或者为采掘服务临时性的,主要用于运输、通风等。采场是采矿的工作空间,采矿直接活动的工作面称为掌子面,矿产资源采出后的空区称为采空区,掌子面和采空区构成采场,采空区是保留时间很短的临时性工程。地下矿产开采主要涉及的地质问题主要有井巷围岩破坏、地下水系统破坏、采空区地面塌陷与地裂缝、冲击地压、采场顶底板破坏等。

#### 2.5.2.1　井巷围岩破坏

为了地下采矿需要,必须开掘并维护大量的地下空间——井巷。巷道掘进是矿井主要生产活动之一,是矿井生产的开路先锋,可供借鉴的地质资料少、更由于巷道空间的限制开展大规模的常规勘探手段难度较大,使得掘进巷道成为矿井事故频发的地点。据不完全统计,85%以上的矿井安全事故发生在巷道掘进过程中。地质构造本身对矿井生产直接构成影响的同时通常还控制着煤层瓦斯、矿井水体、地下应力场等的分布与变化规律。其中,断层使煤层的连续性受到破坏,采掘空间矿山压力显现严重,给煤巷掘进施工带来很大影响。当煤巷掘进工作面有断层造成煤层沿掘进方向上移时,掘进工作面必须以上山角度追煤掘进。而上山追煤施工至见煤后,锚杆顶部将处于煤体内或直接顶板内,因煤体松软或直接顶板破碎,锚杆将失去悬吊作用,锚杆支护效果变差,巷道顶部得不到安全有效的支护;沿掘进施工方向断层造成煤层下移时,必须以下山角度破岩施工追煤掘进以下山角度掘进岩巷时,巷道底部容易存在积水,且积水始终紧跟迎头,造成底部钻孔易进水,影响施工进度。就目前来说,维护的方式主要有锚喷、架棚和砌碹等几种类型。根据不同的条件及用途,通过上述几种方式的单一实施或联合实施,绝大部分都达到了支护的目的。

1. 巷道破坏的显现特征

从整体上说,其显现特征有两大类:一类是动压区,巷道上覆岩层正处于剧烈运动和破坏阶段;另一类是静压区,巷道尚未受采动影响,或是采动影响已经停息,上覆岩层处于稳定状态。

静压巷道破坏方式大致有两种:一种是巷道开掘后产生的周边应力大于围岩强度,岩石随掘即冒;另一种是巷道开掘后产生的周边应力小于围岩强度,巷道完整,但随着时间推移产生大量变形,最后破坏。

动压巷道也有两种:一种是在动压内即开的巷道,另一种是采动影响下的静压巷道。它们的破坏方式类似于静压巷道,不同的是又受到了支承压力及岩层扰动,其形式有三种:①巷道围岩(支护)强度小于支承应力作用,随采动呈层状剥落,但巷道移近量并不明显。②受采动影响时,巷道(支架)产生大量缩变,但不冒落。③在采动过程中,伴附着移近量增加,支架破坏,巷道产生大面积冒落。

综上所述,巷道破坏的外部特征可归纳为四种:一是有明显的移近量,断面缩小但未冒落;二是随断面缩变发生冒落;三是无移近量而冒落;四是表层剥落。

2. 破坏原因

1)围岩应力的重新分布及作用

巷道开掘后,原始的岩体应力平衡状态被破坏,造成应力重新分布。在双向等压应力场中,孔的切向应力沿极径方向衰减,但巷道多不是圆形,加之不均匀地应力的作用,等应力圆将在巷道外接圆及以外的围岩中分布。分布的结果反映到巷道周边,往往是既不均匀也不对称的,产生了一系列剪切力面,以致岩石与岩体分离,在巷道周边发生剥落,并逐渐向纵深发展。这就是脆性岩石产生层状剥落的原因,是由拉应力和剪应力引起的。

2)围岩松动圈对巷道破坏的影响

巷道的开掘爆破,三向应力变为二向应力,不仅使岩体抗破坏强度明显降低,并且产生应力集中。如果这种变化超过了岩石的强度,将会先在巷道周边应力集中较大的地区发生变形、破坏,导致邻近区受力条件更差,继而产生破坏。如此循环,直至围岩应力小于岩石强度,围岩不再松动和破坏。这样的一个围岩松动、破裂的范围称为围岩松动圈。岩石越软松动圈越大,岩石越硬(强度越大)松动圈越小。松动圈大,巷道的变形量就大,破坏程度就高。实质上,松动圈形成和发展的过程就是巷道破坏的过程。这就是巷道随着时间增长移近量增大的原因。当摩擦抗力不足以抵抗某些岩块的应变时,岩块就要坠落,继而造成邻近岩块发生冒落,这就是伴随着移近量增加发生冒落破坏的原因。

3)岩石的变形特征

岩石具有在载荷作用下,组成岩石的基本微粒之间,相对位置发生变化的特征。当载荷不断增大超过围岩强度或者随着某一恒定载荷作用时间的增长,便会导致岩石破坏。因为岩石的各种应力和应变都与时间有关。有时尽管围岩应力小于围岩强度,但随着时间的增长同样会破坏(蠕变)。巷道刚掘进时,一般都不会立即冒落,而是经过一段时间才会发生的。在各种变形中,岩石的蠕变性对巷道的破坏危害最大,蠕变是静压巷道破坏的主要原因。

4)岩层移动、破坏的影响

随着回采面的连续推进,顶板岩层逐渐被破坏移动,一是给巷道附加了较大的支承载荷,二是使巷道围岩连带移近。反映到巷道中,某些地段的顶板岩层局部上升出现"反弹"。而另一些地段的顶板岩层则受到附加载荷作用而出现"压缩"。两种现象随工作面推进而相互交替,时张时弛,这是采动致使巷道破坏的主要原因。对于倾斜、急倾斜煤层开采下的巷道,这种扰动影响更大(超百米),平行于煤层倾向布置的巷道较平行于煤层走向布置的巷道影响小。前者可随岩层移动在巷道轴向方向发生整体移动;后者则在巷道断面内移动,周边围岩受力不均,有压有拉,且移动速度不均衡,致使岩层沿弱面滑移,这是巷道变形增大最后破坏的原因。

## 2.5.2.2 地下水系统破坏

井巷开掘,使地下水的赋存状态发生变化;矿床疏干排水改变了地下水的天然径流和排泄条件,同时导致地下水资源的巨大浪费,使区域地下水位大幅度下降,造成矿区水文地质环境的恶化。此外,疏干碳酸盐围岩含水层时,其溶洞则构成了地面塌陷的隐患;当塌陷区或井巷与地表储水体存在水力联系时,甚至会酿成淹没矿井的重大事故;岩层疏干影响的预测和设计不合理时,还会导致露天边坡、台阶的蠕动和过滤变形而发生灾害。矿床开采必然会改变岩体的原始应力场,由此引起的水文地质条件和环境的影响范围,按开采规模有时可达数千平方千米,影响深度露天开采时可达 500~700 m,地下开采时可达 1 500~2 500 m。

1. 矿井突水

许多矿床的上覆地层和下伏地层为含水丰富的石灰岩,特别是石炭二叠纪煤系地层,不仅煤系内部有含水性强的地层,还有下伏的巨厚奥陶纪灰岩。随着开采的延伸,地下水深降强排,产生了巨大的水头差,使煤层受到来自下部灰岩地下水高水压的威胁,在一些构造破碎带和隔水层薄的地段发生突水,严重威胁着矿井和职工的生命安全。

2013 年 2 月 3 日 0 时 35 分,某矿业集团公司某煤矿正在作业的南三采区 1 035 切眼掘进工作面发生透水事故,全矿当班井下作业人数 444 人,当即撤离到地面 425 人,被困 19 人。事故直接原因是 10 号煤层底板存在隐伏陷落柱,当 1 035 切眼掘进工作面接近该陷落柱时,在承压水和掘进扰动作用下,奥陶系灰岩承压水突破有限隔水带形成集中过水通道,造成底板突水。

2015 年 1 月 30 日 18 时 55 分,某矿业集团公司某煤矿 866-1 采煤工作面发生突水事故,事故当班该采煤工作面出勤 34 人,27 人安全升井(其中 7 人轻伤),7 人被困(由于瞬间突水量大,来势凶猛,最终遇难),事故直接原因是在特殊地质环境条件下,866-1 工作面顶板岩层充水条件发生变化形成离层水体,在水压、矿压及 8 煤层上覆岩土体自重应力等共同作用下突然溃出,造成事故发生。

2. 区域地下水位下降

为了保证矿山的开采,必须对进入井巷内的地下水或威胁井巷安全的含水层的地下水进行疏干排水,从而使矿区附近的浅层地下水被疏干,附近的地表水也因排水或河流的人工改道而被疏干。结果造成区域地下水位下降,生态环境恶化,植物难以生长,有的矿区甚至出现土地石化和沙化。因采矿疏干排水还造成矿区附近水源缺乏,严重影响人民生活和经济发展。矿坑突水有时也会造成区域地下水位下降,如开滦范各庄矿突水后,以突水点为中心的 10 余 km 范围内,水位下降了 20~30 m,使厂矿、工业和生活供水原有系统失灵,发生吊泵,形成无水可供的局面。

### 2.5.2.3　采空区地面塌陷与地裂缝

对于地下开采的矿山,由于采空区上覆岩土体冒落而在地表发生大面积变形破坏并伴随地表水和浅层地下水漏失的现象和过程,称为矿区地面变形。如果地面变形呈现面状分布,则为地面塌陷;如果地面变形为线状分布,则为地裂缝。矿区地面塌陷造成大量农田损毁,地表建筑物遭受严重破坏。

据初步统计,截至 2002 年中国因采矿引起的地面塌陷已超过 180 处,累计塌陷面积达 1 150 km²。中国发生采矿塌陷灾害的城市近 40 个,造成严重破坏的 25 个,每年因采矿地面塌陷造成的损失达 4 亿元人民币以上。据统计,仅 2015 年,淮北市发生缓变性地质灾害采空塌陷面积就达 6 515 亩(1 亩 = 1/15 hm²,全书同),搬迁村庄 3 个,涉及人口约 1 000 人;因地下采煤引发王引河、浍河、岱河、孟沟等河流部分河堤塌陷;造成多处地裂缝、房屋开裂。2018 年 7 月 24 日 17 时,安徽省霍邱县某矿业集团有限公司三选厂范围内、霍邱县高塘镇粉坊行政村粉坊村民组与老郢村民组接合部,出现地面沉降,水泥路面出现多处裂缝。塌陷区面积约 4.4 万 m²,最低下沉 0.52 m。塌陷范围内有住户 36 户 104 人,房屋 265 间,输电及通信线路 250 余 m,涉及 60 多亩稻田。经专家组初步认定,该地面塌陷属于矿山开采引起的地面变形,如图 2-6 所示。

图2-6　矿山开采引起的地面塌陷和地裂缝

　　矿层开采后,采空区主要依靠洞壁和矿柱维持围岩稳定,但由于在岩体内部形成一个空洞,使其周围的应力平衡状态受到破坏,产生局部的应力集中。当采空区面积较大、围岩强度不足以抵抗上覆岩土体重力时,顶板岩层内部形成的拉张应力超过岩层抗拉强度极限时产生向下的弯曲和移动,进而发生断裂、破碎并相继冒落,随着采掘工作面的向前推进,受影响的岩层范围不断扩大,采空区顶板在应力作用下不断发生变形、破裂、位移和冒落。从平面上看,地表塌陷区比其下部引起塌陷的采空区范围大,塌陷区中央部位沉降速度及幅度最大,无明显地裂缝产生;内边缘区下沉不均匀,呈凹形向中心倾斜,为应力挤压区;外边缘区下沉不明显,多数情况下形成张性地裂缝,为应力拉张区。从剖面上看,塌陷呈一漏斗状,破裂角和极限角决定了"漏斗"的开口程度(见图2-7)。如果矿体埋藏浅、厚度不大,冒落带直达地表则在采空区正上方形成下宽上窄的地裂缝。

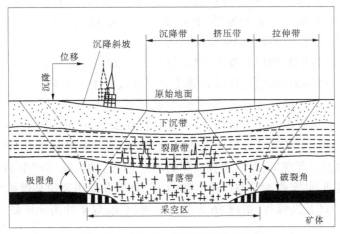

图2-7　矿山采空区地面塌陷示意图

#### 2.5.2.4 采矿诱发地震与岩爆

采矿诱发地震是指开采地下固体、液体矿产过程中出现的地震。据其成因不同,矿震可分为诱发构造型矿震、诱发塌陷型矿震及冲击地压等三类。

1. 诱发构造型矿震

这是因采矿导致断层的复活和弹性能量的提前释放造成的地震。可进一步分为采矿直接引发矿震和抽水采矿诱发矿震两类。采矿直接引发矿震是由于采矿使地下应力失去平衡而诱发的地震。采矿形成的自由空间使采空区周围的岩体由原来的三向受压变成两向或单向受压,引起应力的重分布,在采空区范围内沿原有断裂形成应力集中地段,促使地壳岩体应变能提前分散释放,从而诱发地震。另外,开采抽水也可诱发地震。抽水后,断裂面(带)失去水压而发生卸荷作用,形成偏差应力。当偏差应力大于断面的抗剪强度时,即诱发地震。

2. 诱发塌陷型矿震

矿区诱发塌陷型矿震多起因于采空区和顶板陷落。地震波由顶板块体脱落敲击底板而产生,矿震分布范围较小,震源极浅,大多处于开采平面上。震级小但震中烈度高。例如,经安徽省地震台网正式测定:2020 年 9 月 13 日 9 时 21 分在安徽淮南市潘集区(北纬 32.93°、东经 116.73°)发生 1.3 级地震,震源深度 0 km,该事件类型判定为塌陷。山西省大同煤矿具有悠久的开采历史,在明末清初就有了一定的开采规模;1956~1980 年间因顶板塌落而产生的有感地震达 40 多次;最大震级 Ms3.4 级,释放能量约 $1.0 \times 10^9$ J。

3. 冲击地压

冲击地压又称冲击矿压,非煤矿山领域称为“岩爆”,是指地下开采的深部或构造应力很高的区域,在临空岩体中发生突发式破坏的现象。冲击地压是深埋地下工程常见的一种特殊的动力破坏现象,这种动力工程地质现象在金属矿山及非金属矿山都有所见,而以煤炭矿山尤为突出。当岩体中聚积的高弹性应变能大于岩石破坏所消耗的能量时,破坏了岩体结构的平衡,多余的能量导致岩石爆裂,使岩石碎片从岩体中剥离、崩出。其主要原因是临空岩体积聚的应变能突然而猛烈地全部释放,致使岩体发生像爆炸一样的脆性断裂。冲击地压造成大量岩石崩落,并产生巨大声响和气浪冲击,不但可以将矿井破坏,而且震动波甚至可能会危及地面建筑物的安全。

冲击地压是特殊的矿山压力现象,也是煤矿开采面临的最严重的灾害之一。对于煤炭矿山而言,岩爆所辐射的能量,从煤岩微小裂纹破裂的 $10^{-5}$ J,到大尺度岩体破坏的 $10^9$ J。岩爆发生时,围岩迅速释放能量,煤岩突然被破坏,造成暴风、冒顶片帮、支架折断、巷道堵塞、地面震动、房屋损坏和人员伤亡。我国自 20 世纪 30 年代以来,抚顺、开滦、枣庄、北票、门头沟、南桐等煤矿陆续发生冲击地压。这是随着煤矿井地下开采深度加大伴随发生的一种工程地质灾害现象,而且随着采深的不断增加,冲击地压产生的次数日益增多,成灾强度日益猛烈,危害程度日益严重。2003 年,某矿业集团公司某煤矿“5·13”顶板冲击震动,引发采空区瓦斯爆炸,造成 86 人死亡。可以说,煤矿冲击地压防治工作形势十分严峻。

在冲击地压防治领域,2016 年 10 月以来,国家煤矿安全监察局先后发布《煤矿安全规程》和《防治煤矿冲击地压细则》,对煤矿安全生产和冲击地压防治工作做出了规范。

这两个规范性文件实施后,对预防冲击地压事故发生,提升煤矿企业冲击地压灾害预防和治理能力发挥了重要作用。2019年7月30日,山东省政府发布了《山东省煤矿冲击地压防治办法》(省政府令第325号)(简称《办法》),该《办法》自2019年9月1日起施行。作为我国目前第一部专门规范煤矿冲击地压防治工作的政府规章,《办法》的颁布实施,对加强煤矿冲击地压防治工作,有效防范冲击地压事故,保障煤矿职工生命和财产安全,促进山东省煤炭行业可持续发展具有重要意义。

冲击地压的产生实际上有地应力和煤及围岩力学性质两个条件。为了消除第一个条件,一方面需要从巷道布置、巷道断面选型着手,尽量消除巷道周边产生大的切向应力的可能;另一方面,采取适当的岩体改造措施,减小煤和围岩内的应力差。为了实现第二个条件,可以采取适当的岩体改造措施降低煤和围岩材料的刚度或提高其强度。为了降低材料的刚度可采用注水技术使系统内材料软化或采用高压水劈裂的方法降低系统的刚度;为了提高材料强度可采用灌浆或预应力锚索方法加固。当然,究竟采用何种处理技术需要根据施工技术和经济条件的综合比较来确定。

另外,利用钻屑法、地球物理法、位移测试法、水分法、温度变化法等多种方法进行预测预报,合理选择洞轴线和洞室断面形状,施工中采取超前应力解除、喷水或钻孔注水软化围岩,减少岩体暴露的时间和面积的扩展并及时支护围岩等措施,可有效防治岩爆及其危害。图2-8为冲击地压应力在线监测系统,可以通过实时在线监测工作面前方采动应力场的变化规律,找到高应力区及其变化趋势,实现冲击地压危险区和危险程度的实时监测预警和预报。

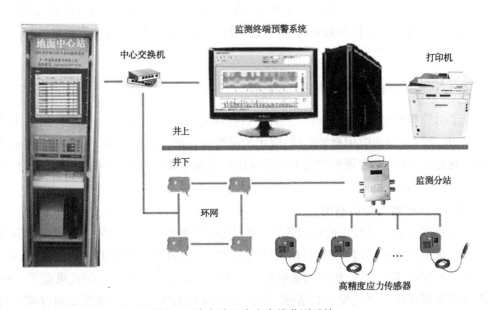

图 2-8 冲击地压应力在线监测系统

# 3　地质灾害智能监测技术

## 3.1　GIS 技术

### 3.1.1　概述

地理信息系统(Geographic Information System,GIS),是整个地球或部分区域资源、环境在计算机中的缩影,是反映人们赖以生存的现实世界(资源或环境)的现状与变迁的各类空间数据及描述这些空间数据特征的属性。随着科技的发展,这门新兴的信息产业技术在我国已经得到广泛的应用,并在国民经济建设中发挥了巨大的作用。本节在介绍地理信息系统原理的基础上,将 GIS 与地质灾害评估结合起来,利用相关空间分析功能来提高地质灾害预测以及防治措施。

### 3.1.2　地理信息系统的内涵

地理信息系统是一种专门用于采集、存储、管理、分析和表达空间数据的信息系统,它既是表达模拟现实空间世界和进行空间数据处理分析的"工具",也可看作是人们用于解决空间问题的"资源"。

### 3.1.3　GIS 技术在地质领域中的主要应用

随着计算机软硬件技术的快速发展和日益成熟,GIS 技术也驶入了高速发展的快车道,它在地质学领域的应用愈加广泛,应用的深度也愈加向纵深发展。GIS 技术在地质图的电子化编制、地质灾害预测防治方面的应用以及地质矿产资源预测方面得到了长足的发展,取得了很好的成果。

#### 3.1.3.1　GIS 技术与地质制图

在注重多学科交叉应用的地质科研工作中,地质制图成果是地质工作成果的具体体现。在传统的地质制图过程中,烦琐复杂的制图工艺,制图效率较低,制图劳动强度大。随着地质科学技术的发展,传统的地质制图方法已不能适应地质科学的成果要求,GIS 技术为地质制图提供了快速发展的基础。地质制图应用 GIS 技术,将地质资料存储于计算机中,可实现地质图形数字化,建立图形数据、属性数据的关联数据库,实现图形数据的输入、查询、编辑、分析、输出等。地学信息是动态变化的,利用 GIS 技术可方便地对地质制图成果进行输入、编辑、输出,大大缩短修编周期,提高地质图件的应用价值。GIS 技术借助绘图仪输出的地质图件精度高、速度快。GIS 技术的大数据功能使地质制图可编辑输出三维地质成果,这为地质制图的三维应用提供了新的研究领域。多媒体、互联网等技术的发展为地质制图信息互联共享提供了支持。

### 3.1.3.2　GIS 技术与地质灾害预测

地质灾害研究是一个对多元信息进行综合分析的过程,涉及地理、气象、数学等诸多领域。地质灾害具有突发性、随机性、多源性等特性,这些特性使得地质灾害预测分析十分复杂,如何高效地对地质灾害海量数据进行存储、管理以及对空间数据进行多层次分析,成为制约地质灾害研究的一个瓶颈,也使得地质灾害预测由定性半定量到定量发展,由主观经验向客观发展。野外取得的地质灾害调查资料存储到地质灾害管理系统中,对地质灾害调查资料进行数据分析,选取合适的地质灾害影响因素来建立地质灾害预测数学模型,据此来划分地质灾害范围,并对地质灾害危害程度进行评价,构建数学模型求取调查因素的影响因子,通过模拟、反演等手段提前预测地质灾害发生情况。

### 3.1.3.3　GIS 技术在地质灾害防治中的应用

GIS 技术在最近 30 多年内取得了快速的发展,目前广泛应用于国土和城市规划、环境评估、灾害预警、交通运输等众多领域。GIS 技术在地质灾害防治中的应用早期主要用于数据处理与绘图方面。随着计算机技术的快速发展,GIS 技术已经渗透到地质灾害防灾规划中的各个方面,主要有地质灾害监测、评估、模拟、预警预报等。

1. 地质灾害监测及评估

实地调查是地质灾害监测的方法,这种方式费时费力、效率低下,针对交通不便或者地质灾害频发地区,地面调查工作难度较大,危险性高,难以准确判断;利用 GIS 技术和遥感技术,对受灾地区的遥感影像进行解译,可以及时、准确、快速地获得监测数据,为科学决策提供及时可靠的数据。伴随地质灾害的发生,往往会发生道路和通信中断,利用 GIS 技术结合遥感技术、航摄技术可以及时获得地质灾害发生前后的影像,并对影像进行分析,可以对地质灾害破坏程度及损失进行评估,并可以及时安排救援人员和救援物资的投放。

2. 地质灾害模拟及预测

对地质灾害调查资料进行数据分析,选取恰当的地质灾害影响因素,将地质灾害预测指标列入地理信息系统中,通过空间分析,结合地质灾害发生的临界值,通过收集地质灾害资料及地质灾害监测成果,模拟地质灾害发生、发展、形成的过程,建立地质灾害预测数学模型,据此来划分地质灾害范围,并对地质灾害危害程度进行评价,构建数学模型求取调查因素的影响因子,通过模拟、反演等手段提前预测地质灾害发生情况。

3. 地质灾害防治

通过投入人力、物力等工程施工措施对地质灾害进行治理,重点是地质灾害治理,实际是大多已经发生了地质灾害才进行治理。利用地质灾害预测预警系统,收集地质灾害影响因素并整理、输入,根据地质灾害监测成果实时对地质灾害进行评估,对达到临界值的影响因素进行及时的处理,排除地质灾害诱发因素,减少甚至避免地质灾害的发生。

# 3.2 InSAR 技术

## 3.2.1 概述

合成孔径雷达(synthetic aperture radar,SAR)是雷达的一种,于 20 世纪 50 年代末研制成功。合成孔径雷达是一种主动式微波传感器,能够不受天气的影响实现全天时、全天候对地观测。不同于光学遥感,SAR 通过发射和接收雷达波,可以获取地物的两种信息,分别是强度信息(地物的散射强度)和相位信息(记录了地物目标与雷达之间的距离)。起初人们利用 SAR 的强度信息进行影像分析,应用于地质调查、土地利用等领域。后来随着合成孔径雷达技术的发展和应用领域的扩展,人们开始研究 SAR 获取的关于地物的相位信息,因此合成孔径雷达干涉测量技术(interferometric synthetic aperture radar,InSAR)逐渐发展起来。InSAR 技术通过雷达复影像数据的相位信息来获取地形信息,随后,随着技术的发展,用于探测地表形变的差分干涉测量技术(differential InSAR,DInSAR)应运而生。干涉相位中包含了地形信息和地表形变信息,当去除了地形信息后,就可以得到沿雷达视线向(line of sight,LOS)的形变信息,这就是 DInSAR 的基本原理。DInSAR 技术作为 InSAR 技术的一个扩展,可以用来对地面进行大范围的形变监测,精度可达厘米级。然而,在对缓慢变形的地表进行监测时,需要采用时间基线很大的影像对,由于去相干和大气传播误差的影响,DInSAR 处理结果的精度和可靠性受到制约。为了克服常规 DInSAR 技术受时间、空间去相干的影响,意大利的 Ferretti 团队于 2000 年提出了"永久散射体(permanent scatterers, PS)"干涉处理技术,该技术开启了时间序列干涉 SAR 的新篇章。

如今,合成孔径雷达干涉测量技术在监测地表形变的相关应用中已有很大发展,如地面沉降、山体滑坡、地震活动测量、火山监测、冰川漂移等。本节从 InSAR 技术的发展出发,探讨星载 InSAR 技术在地质灾害监测领域的应用现状和主要的技术问题,以期为地质灾害领域的 InSAR 监测提供参考,服务于地灾隐患识别与综合判断。

## 3.2.2 InSAR 技术的原理与发展

InSAR 技术是利用位于不同空间位置的雷达对同一目标地物进行观测,得到两幅或多幅 SAR 影像,然后进行干涉处理,通过同一目标两次回波信号的干涉相位差,获取该目标的高程或形变信息。干涉测量中的相位包括 5 个部分:

$$\varphi_{InSAR} = \varphi_{orbit} + \varphi_{topography} + \varphi_{deformation} + \varphi_{atmosphere} + \varphi_{noise} \qquad (3\text{-}1)$$

式中:$\varphi_{orbit}$ 为平地相位或参考面相位;$\varphi_{topography}$ 为地形相位;$\varphi_{deformation}$ 为形变相位;$\varphi_{atmosphere}$ 为大气相位;$\varphi_{noise}$ 为噪声相位。

### 3.2.2.1 差分干涉测量技术

差分干涉测量技术是在 InSAR 技术的基础上,利用两幅或两幅以上的 SAR 影像进行干涉来测量地表形变的技术。从式(3-1)可以看出,InSAR 相位中包含了很多因素,如果要得到其中的地表形变信息,就需要对其他几部分的相位进行去除。首先,平地相位是由于参考地球曲面上高度不变的平地引起的干涉相位呈线性变化的现象,平地相位的存在会使得干涉条纹变密而影响后续的解缠工作,因此需要对平地相位进行去除。具体方法是利用轨道数据和干涉基线模型模拟平地相位,然后从原始干涉图中减去。接下来,采用已有的 DEM(2 轨法)或干涉生成 DEM(3 轨法、4 轨法)去除地形相位,最后获得地表形变相位。这样的差分干涉处理技术可以称为传统 DInSAR 技术。对于传统 DInSAR 技术,首先选择合适的干涉像对抑制大气相位和噪声相位,其中噪声相位基本是随机的,与地表形变相位的空间分布特征不同,系统噪声的空间分布特征为细碎斑点状,一般通过滤波方式去除。而大气相位是不确定性和混淆性较大的误差源,如没有外部辅助数据(如气象数据、GPS 数据等),传统 DInSAR 技术无法削弱大气效应对形变测量精度的影响,因此大气效应的校正也是获取高精度形变信息所必须面临的关键问题,对大气相位的去除将在后文详细描述。典型的 DInSAR 处理流程包括两幅影像的配准、影像重采样、生成干涉图、去除平地相位、去除地形相位、干涉图滤波、相位解缠、基线重估计和地理编码,最后求解出雷达视线向的形变图。在对地表进行长时间的微小形变监测中,传统 DInSAR 技术受大气、地形、时空去相干等因素影响较大,其形变测量精度受到很大的限制,很难达到理想的毫米级形变监测能力,无法大规模应用。

### 3.2.2.2  时序干涉测量技术

与传统 DInSAR 技术不同的是,时序干涉测量技术利用同一地区多次重复观测获得的多时相的 SAR 数据(十几景到数十景不等),通过对形变信号、大气信号、DEM 误差相位等信号的时空域分析与处理,分离和解算出地表形变信息,减少其他误差相位对形变结果的影响。根据时序干涉测量技术所利用的测量点来分,可以分为基于永久散射体的方法、基于分布散射体的方法,以及将两者结合的方法。其中,永久散射体是指那些可以在很长时间内都保持强且稳定的电磁散射特性的地物,它们主要分布在城市区域,比如房屋、道路、桥梁、裸露的岩石等目标。分布散射体(distributed scatterer, DS)包含了多个小且随机的散射体,其中单独任何一个散射体都不能在时间上保持稳定的特性,但是通过特定的算法将它们联合起来可以合成一个稳定的散射体。DS 点主要分布在郊区和山区,比如农田、土壤、岩石表面等。从干涉图生成的方式来分,可以把时序干涉测量技术分为单参考影像(只采用一幅影像作为主影像)和多参考影像模式。由于在单参考影像模式下生成的干涉图太少,因此利用多参考影像模式来获得更多的干涉图。比较有代表性的技术有小基线集技术,该技术采用时间基线和空间基线长度都小于一定阈值的影像对生成干涉图,以生成更多满足要求的干涉图。采用单参考影像模式的时序干涉测量方法有:PSI(persistent scatterer interferometry, PSI)、PSP(persistent scatterer pair interferometry, PSP)、IPTA(interferometric point target analysis, IPTA)、SqueeSARTM、JSInSAR(joint-scatterer InSAR, JSInSAR)、StaMPS(stanford method for persistent scatterers, StaMPS)、STUN(spatio-temporal unwrapping network, STUN)。采用多参考影像模式的方法有 SBAS(small BAseline set, SBAB)、CPT(coherent pixels technique, CPT)、SPN(stable point network, SPN)。其中 PSI 技术是最早系统性提出的时序干涉测量技术,另外根据地质灾害监测应用对 DS 目标形变提取的需求,本节列举两个比较有代表性的基于 DS 目标进行形变求解的时序干涉技术,下面对 PSI、SqueeSARTM 和 JSInSAR 技术展开讨论。

### 1. PSI 技术

2000 年,Ferretti 等系统性地提出了 PSI 方法,该方法的核心思想是利用同一地区获取的多时相 SAR 数据,采用统计分析方法检测出影像中相关性较高的目标作为 PS 目标,然后基于 PS 目标的长时间序列相位信息进行分析与建模,从而分离出形变信息。PSI 方法克服了传统 DInSAR 技术时空失相关和大气效应的影响,提高了形变测量精度和可靠性,可以得到毫米级精度的形变测量结果。该方法也存在一些缺陷,首先,它需要研究区域存在大量的 SAR 影像(一般在 20 幅以上);其次,PSI 解算精度依赖于 PS 点的空间密度,在非城市区域或其他 PS 点分布很少的郊区、山区,由于很难获得足够数量的 PS 点,低的空间采样密度会导致解算结果不准确。

### 2. SqueeSARTM

2011 年,Ferretti 等提出了一种 PSI 的扩展方法,称为 SqueeSARTM 方法。该方法利用了 PS 目标和 DS 目标的统计特性,不同于 PSI 方法搜索高相干、强散射目标,SqueeSARTM 技术利用统计同分布的中等相干性区域的像素来提高监测点密度。由于具有相同统计特性的 DS 目标数量大,通过特定阈值找到满足条件的 DS 点,采用空域自适应滤波的方法提高面目标的信噪比使其一部分转化成 PS 点,以提高 PS 点的空间密度。该方法的基本原理如下:首先,在影像中设定固定大小的滑动窗口,窗口内的每一个点都与中心点进行统计检验,即两点 K-S 检验(Kolmogorov-Smirnov test, K-S 检验),此时,满足统计同分布条件的点被认为是统计均匀像素。然后,建立 DS 点的协方差矩阵和相位统计模型,利用极大似然估计法进行相位三角化和相位滤波。不同于 SBAS 方法,SqueeSARTM 方法在不损失影像分辨率的情况下提升相位信噪比。得到 DS 点后,可以直接在 PSI 技术流程框架下进行处理。由于 SqueeSARTM 方法提高了 PSI 结果的密度和质量,因此在地质灾害监测的应用中,如边坡监测、滑坡监测等领域比传统的 PSI 方法能够取得更好的效果。

### 3. JSInSAR

联合像素干涉合成孔径雷达(JSInSAR)技术是另一种 DS 目标处理方法,该技术主要由两部分组成:时序 InSAR 预处理和 PSI 技术。其中,时序 InSAR 预处理技术包括 3 个关键步骤:联合像素信号建模、拟合优度检验和空间自适应滤波,具体实现细节与 SqueeSARTM 有明显的不同之处。JSInSAR 的处理对象是联合像素块,而不像 SqueeSARTM 那样的单个像素。在 SqueeSARTM 预处理中利用极大似然法获得优化的干涉相位,而该方法只能对 1 维像素进行处理,不能应用于联合像素相位优化中。JSInSAR 采用联合子空间投影法(joint subspace projection, JSP),其原理是基于联合信号子空间到联合噪声子空间的投影实现对时间序列相位的估计,这种方法可以很好地利用周围点相位信息,即使在较大的配准误差下也能很好地恢复干涉相位,因此 JSInSAR 技术对配准的精度要求不高。JSInSAR 技术处理步骤包括以下 4 个方面:联合像素信号模型建立,联合像素拟合优度检验,联合像素自适应滤波,联合像素的相位优化。针对像素块建立信号模型,将一个 $N \times N$ 的像素块的像素值进行了重新排列,再采用公式进行建模。不同于单个像素的统计检验方法,为了针对联合像素进行统计检验,LÜ 等提出了一种时序似然比(time-series likelihood ratios, TSLR)检验的方法进行联合像素向量的拟合优度检验,然后进行相位协方差矩阵的估计。最后采用联合子空间投影法恢复干涉相位。这种处理对失相干的抑制能力更强,因此能够获得更加稳健的相位估计结果,有效提升低相干地区形变监测点的空间密度,提升形变监测点的质量和信噪比,同时不影响高相干区域形变监测点的获取。

#### 3.2.2.3 其他基于 SAR 数据的形变监测技术

以上讨论的差分干涉测量技术和时序干涉测量技术都是利用 SAR 数据的相位信息来获取地表形变,这类技术仍然具有一定的局限性,在失相干严重(如地表形变过大)的区域可能无法提取有效信息,因此国内外学者针对 SAR 影像的强度信息开展了大量研究,其中最具代表性的是 1999 年由法国学者 Michel 提出的基于 SAR 影像的像素偏移量估计技术(Offset Tracking)。该技术在 InSAR 技术无法获得有效观测的失相干严重区域,仍可以有效获得形变信息,由于其在地震、滑坡等地质灾害监测中的应用较多,因此这里也对 Offset Tracking 技术进行简要介绍。Offset Tracking 技术的基本原理是利用精确配准的两幅影像,计算对应像素的偏移量,从而得到两幅影像对应时间期间地表的形变,主要应用在数据量较少、形变梯度较大的情况下。该技术所获取的地表形变精度与使用的 SAR 数据分辨率密切相关,一般认为其检测精度通常为 SAR 影像分辨率的 $1/30 \sim 1/10$。虽然该方法的分析精度明显低于 InSAR 技术所获取的 LOS 向形变精度,但 Offset Tracking 技术可以同时获取方位向和距离向上的形变场,且不依赖于 SAR 影像的相干性,如果同时具有升降轨数据对,理论上可以获得三维形变场。由于获取形变信息过程中不需要解缠处理,避免了解缠带来的误差。此外,针对大量级的形变监测,可采用干涉图叠加的方法(Stacking InSAR)对不同 InSAR 数据对生成的多幅独立干涉图进行平均处理,得到平均形变速率。该方法的基本假设是,将独立干涉图中包含的大气扰动相位视为不相关的随机量,而地表形变信号可近似为线性变量,在此假设条件下,将多幅独立干涉图的解缠相位叠加,得到所叠加时间基线内的形变量,然后通过平均处理获得平均形变速率。由于该方法基于线性形变的假设,因此并不适用于具有非线性形变速率的区域,同时基于对大气相位的时空变化假设,如果遇到一些突变的大气现象或较大的区域,该方法也会带来较大的偏差。

### 3.2.3  地质灾害监测领域的应用

地质灾害的类型很多,本节主要针对 InSAR 技术应用较多的地震、滑坡、水利工程形变、地面沉降等地灾类型,综述星载 InSAR 技术在其中的应用。

#### 3.2.3.1  地震形变监测

将 DInSAR 技术应用于地震形变监测的研究最早可追溯到 1993 年,法国 Massonnet 等利用 ERS-1/2 SAR 数据测定了美国加利福尼亚 1992 年 6 月 28 日 Landers 地震的同震位移场,得到了著名的蝴蝶形变干涉条纹,与野外测量及模型分析的结果具有较高的一致性,研究成果发表于《Nature》杂志,引起了国内外学者的广泛关注。根据地震周期的概念,地震周期可分为 3 个阶段:震间阶段、同震阶段和震后阶段。其中,震间阶段是指两次地震之间,地壳相对稳定地运动,时间尺度从几十年到上千年;同震阶段是指地震发生时,断层发生破裂和岩石快速滑动,通常持续几秒到几分钟;震后阶段是指地震发生后的几年到几十年时间。同震阶段地表形变巨大,目前大部分的研究是利用 DInSAR 技术获得干涉图,来反映地震造成地表形变的空间分布,相比于其他地震测量手段,InSAR 技术可提供非常精确的震源位置信息和断层滑动分布。震间阶段和震后阶段的地表形变通常较为缓慢,有学者采用 DInSAR 技术和时序干涉测量技术分析缓变的地表信息,研究震间、震后的断层活动形变及其机制,通过对 1994 年美国加利福尼亚 Northridge 地震、1999 年美国加利福尼亚 Hector Mine 地震、2003 年伊朗 Bam 地震、2008 年中国四川汶川地震、2010年中国玉树地震、2011 年日本 Tohoku 地震、2017 年中国四川九寨沟地震、2017~2018 年墨西哥地震、2018 年阿拉斯加 Kaktovik 地震等的国内外研究,表明 InSAR 技术可以为地震震间阶段、同震阶段和震后阶段的地表形变测量提供有效的信息。下面给出云烨等在地震形变监测的案例成果。图 3-1 为针对 2016 年 4 月 15 日发生的日本熊本地震,云烨等利用 2016 年 4 月 8 日和 2016 年 4 月 20 日的 Sentinel-1A 升轨数据获得的差分干涉处理结果。图 3-1 显示出 2016 年 4 月 15 日发生于熊本县的地震导致沿着 Hinagu-Futagawa 断裂带区域产生了巨大的形变,断裂带西北部的形变远离卫星的视线方向,而东南部的形变则靠近卫星视线方向。形变的主要区域位于地震附近的熊本县,最大位移约 70 cm。目前,InSAR 技术已经较多地应用在地震震间阶段、同震阶段和震后阶段的地表形变提取中,然而目前的研究多集中在利用 InSAR 技术得到的干涉图推算实际形变位移大小和空间位置,如何通过 InSAR 技术获取更精确的、定量化的三维形变信息还有待进一步研究。另外,采用 InSAR 技术进行地震形变监测依赖于研究区域地形与雷达观测的几何关系,处于阴影和叠掩区域的部位无法获得有效的形变信息,需要综合利用多视角、升降轨观测的数据改善这种局限性,而 InSAR 技术可以提供地震区域大范围的形变结果,有利于后期地震机制的研究和断层分布的反演。因此,InSAR 观测与其他地震形变测量方法(如 GPS 观测、地面位移测量等)的配合使用,将成为未来地震形变监测、预测和灾后评估的重要手段。

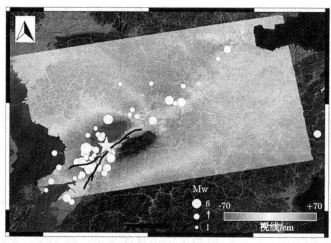

图 3-1　日本熊本地震形变结果

### 3.2.3.2　滑坡形变监测

滑坡是指受河流冲刷、地下水活动、雨水浸泡、地震及人工切坡等因素影响,在重力作用下岩体、碎屑、泥土等沿斜坡的运动下滑。相比于传统的滑坡监测手段,如地裂缝、地表变形、深部位移、地应力等监测手段,InSAR 技术具有监测范围广、时空尺度大、能够提取更加丰富的形变信息等特点,成为滑坡监测应用中的热点技术。早期利用 InSAR 技术进行滑坡监测主要是采用传统 DInSAR 方法,对特定滑坡区域进行干涉处理,获得形变结果。1997 年 Fruneau 等利用 ERS-1/2 数据对法国南部两处滑坡进行了 DInSAR 测量,所得结果与传统方法一致,这些数据结果可以应用于地表斜坡被侵蚀的机制研究。许多学者利用传统 DInSAR 技术对滑坡的形变进行监测,但是由于滑坡监测地区的地形环境比较复杂、植被覆盖茂密、受大气影响严重、时空去相干严重影响了形变测量的质量,为了克服传统 DInSAR 技术的这些缺陷,时序 InSAR 技术逐渐被应用到滑坡的监测中。Ferretti 等将 PSI 技术应用于监测意大利 Ancona 地区的滑坡,利用 34 景 ERS SAR 数据获得滑坡形变场,并证实形变测量精度可达到 1 mm。夏耶等提出人工角反射器技术(CR-InSAR),并应用于三峡库区的滑坡监测中,获得形变速率场。戴可等利用 C 波段 Sentinel-1 SAR 数据和 X 波段 TerraSAR 数据对 2017 年四川茂县新磨滑坡进行灾后评估,证实了星载 InSAR 技术在山区复杂天气、地形条件下的适用性。Wang 等利用改进的 SBAS-InSAR 技术提高滑坡区域由于植被覆盖导致的测量点密度低的问题,建立地面局部入射角模型分析 InSAR 结果中的无效区域,最后绘制了滑坡形变速率及潜在滑坡分布图,为滑坡早期识别提供参考。一些学者利用 InSAR 监测结果结合数学建模方法,对滑坡的发生、发展机制进行研究:Li 等利用多种 InSAR 数据监测了金沙江椅子村滑坡,发现了滑坡形变与地下水位、降水强度存在相关性。还有学者利用时序分析结果对滑坡进行前兆分析和预测:薛飞扬等利用 39 幅 Sentinel-1 SAR 数据进行了 JSInSAR 处理与分析,采用无迹卡尔曼滤波方法对中国四川茂县滑坡形变进行预测,结果表明联合时间序列 InSAR 技术和无迹卡尔曼滤波可用于大规模滑坡发生之前的形变预测。以下给出云烨等在滑坡变形监测的案例成果。图 3-2 为利用 2015 年 11 月 26 日到 2017 年 6 月 24 日期间 32 景 Sentinel-1 SAR 数据获取的我国四川地区某滑坡的形变速率图。通过对比可以明显看出,采用了 JSInSAR 大幅提高了 PS 点在滑坡区域的空间点密度,能够得到更多有效的滑坡变形信息。从 InSAR 在滑坡监测的应用来看,目前滑坡监测呈现从定性到定量、从事后分析到前兆分析和预测的趋势,同时呈现利用 InSAR 技术与其他光学、激光、地面测量等多重手段协同分析的趋势。虽然目前 InSAR 技术还没有像 GPS、全站仪、水准测量等那样应用广泛,但综合利用各类高精度对地观测技术开展滑坡监测,特别是滑坡隐患的早期识别已成为共识。随着后续更多 SAR 卫星发射计划的实施,协同利用多角度、多波段、多平台、多分辨率卫星数据的优势,将一定程度上弥补 InSAR 技术在复杂地形条件下滑坡监测的不足。在此基础上,引入机器学习、大数据分析的技术提高 InSAR 滑坡监测解译自动化程度也是未来技术的发展趋势。

### 3.2.3.3 地面沉降监测

地面沉降、地面塌陷,特别是城市中的地表沉降是一种常见地质灾害现象,主要原因有地下水的抽取、矿石开采、油气开采、工程建设、地质活动等人为因素和自然因素。地面沉降带来的危害很大,不均匀的地面沉降会严重地威胁到城市建筑物以及公路、铁路、桥

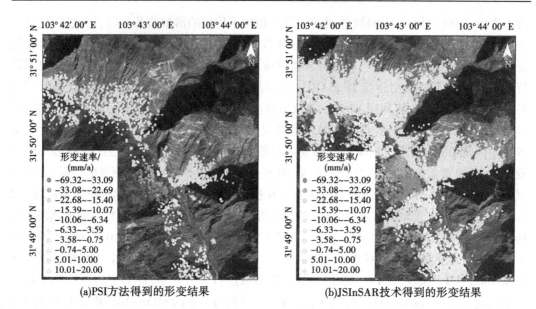

(a)PSI方法得到的形变结果　　　　　(b)JSInSAR技术得到的形变结果

图 3-2　采用常规 PSI 技术和 JSInSAR 技术获得的四川地区某滑坡形变速率图

梁等设施的安全,当沉降量超过一定阈值后会导致建筑物塌陷、房屋毁坏、道路桥梁坍塌等,危及人民的生命安全和财产安全。近年来国内外大量的 InSAR 监测案例研究表明,该技术能够较好地应用于地面沉降的长期监测。Ferretti 等最早将 PSI 技术用于加利福尼亚的 Pomona 地区的城市地面沉降监测。目前,ENVISAT ASAR、TerraSAR-X、RadarSat、COSMO-SkyMed、JERS-1、ALOS PALSAR 和 Sentinel-1 等 SAR 卫星数据在地面沉降监测均有应用,如马培峰等利用 Sentinel-1、COSMO-SkyMed 和 TerraSAR-X 对粤港澳大湾区多尺度沉降进行监测,结果表明该区域沉积物固结是沉降的主要原因,而地下水抽取和人工建筑负载是形变发生的触发因素。通过不同尺度、不同数据源的结果证实了多传感器 SAR 影像协同应用对城市局部区域沉降进行精细监测的可行性。

Farolfi 等利用全球卫星导航系统(global navigation satellite system, GNSS)校正 PSInSAR 的结果,应用于对意大利 Ravenna 和 Ferrara 城市的地面沉降监测。Rateb 等利用 Sentinel-1 SAR 时序干涉处理结果结合水文气候实验数据,发现巴格达城市附近地面沉降与地下水储量下降的关系,指出 InSAR 技术为稀缺实测数据地区的水管理工作提供了独立的工具。国内在此领域也开展了广泛的研究,在北京、上海、广州、香港、苏州等地利用时序 InSAR 技术获取城市的地面沉降测量结果。以下给出云烨等在地面沉降监测的案例成果。图 3-3 为利用 2010 年 6 月到 2011 年 12 月期间 24 景 TerraSAR 影像获取的北京市通州地区地形变速率图,从图中可以明显看出通州地区存在明显沉降漏斗区,最大形变速率达 100 mm/a。当前,我国地面沉降的程度和范围还在进一步地加深和加大,实施地面沉降调查、地面沉降监测,及时发现局部地区的不均匀沉降情况,掌握重点区域的隐患信息,最大限度地减少地面沉降灾害对经济社会造成的损失已列入我国相关的防治规划,而 InSAR 技术可为大面积地面沉降的长时间监测提供高精度的测量成果,服务于各行业应用部门。

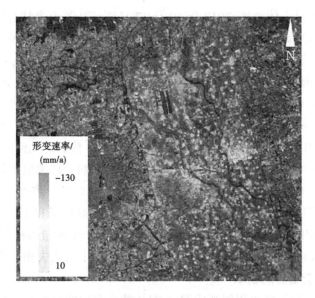

图 3-3 北京市局部地区形变速率图

## 3.2.4 InSAR 技术地灾监测的关键问题

对当前地质灾害监测中的 InSAR 技术来说,主要有以下几个关键问题。

### 3.2.4.1 大气效应的校正

目前星载重复轨道干涉测量的影像获取过程中,大气特性特别是大气水汽含量的时空变化,会引起雷达信号附加的传播延迟,给干涉相位带来较大的附加相位变化,导致干涉测量结果的误差。对典型的 SAR 传感器而言,大气中 1.0 mm 大气可降水汽的不确定性对 InSAR 视距向变形反演,标准偏差约在 15 mm 的水平。这一方面说明了水汽对 InSAR 干涉相位和形变信号的影响程度,也说明了水汽建模及大气校正对 InSAR 高精度形变反演和检测的重要性及迫切性。此外,水汽在大气层中的变化很大,这使得对水汽造成的湿延迟很难进行有效的估计。对于低频段 SAR 数据,还要考虑电离层效应对干涉测量结果的影响。因此,大气效应的分离和去除成为目前高精度干涉测量和应用中的关键问题和研究热点。目前大气校正的方法主要可分为两类:第 1 类方法,仅依靠干涉条纹图自身来消除大气影响,称为基于 SAR 数据自身的校正法,主要有逐对分析法、相位累计法、随机滤波法和永久散射体法;第 2 类方法需要借助其他的外部数据来去除大气效应,称为基于外部数据的校正法,主要是利用地面气象观测数据、GPS 水汽数据、光谱辐射计红外水汽数据产品以及大气数值模式计算的水汽结果等独立的数据源来降低或去除大气效应。针对电离层效应的去除,有分波束干涉图校正、基于 GPS 数据校正、方位偏移法等校正方法。总体而言,在地质灾害监测应用中,InSAR 大气效应在山区或高原地区尤为明显,因此在地灾监测中,特别是地形条件复杂、多植被、水体的环境下,大气扰动对 InSAR 测量的误差不容忽视,采用有效的技术方法和外部数据进行大气校正是必不可少的。

### 3.2.4.2 复杂地区形变信息的获取

近年来,我国仍不断有灾难性的地质灾害事件发生,代表性的有 2017 年 6 月 24 日四川茂县叠溪镇新磨村山体滑坡;2018 年 10 月 17 日西藏林芝市米林县派镇加拉村附近雅鲁藏布江峡谷山体滑坡;2018 年 10 月和 2018 年 11 月西藏江达县波罗乡白格村先后两次大型山体滑坡事件。地质灾害常发生于地形复杂、植被覆盖的山区,使得 InSAR 形变测量难度较大,这些因素直接影响了 InSAR 形变反演的效果和精度。山区的地形会导致 SAR 影像出现几何畸变,表现为 SAR 影像的透视收缩和阴影现象,当研究对象处在这样的几何畸变区域中时,其形变信息获取难度很大。孙倩等指出对于研究的对象,可采用先验知识和外部 DEM 模拟出不同轨道、入射角条件下 SAR 数据的几何畸变范围,从而选择和定制合适的 SAR 数据,尽可能减小几何畸变带来的影响。植被覆盖较多的地区容易导致 InSAR 数据的失相干,直接影响形变测量的质量。针对这一难点,一方面国内外许多学者致力于处理算法的不断改进,如采用改进的算法,提高中等相干性目标的信噪比和相干性,使其成为可用于形变监测的有效点;另一方面,对于植被覆盖较多的区域,采用短时间基线的数据或长波长 SAR 卫星数据,也能够一定程度上解决失相干的影响。

### 3.2.4.3　多维形变信息的获取

由于 SAR 传感器一般采用侧视成像,InSAR 技术获取的形变只是形变在雷达视线向上的投影,因此往往难以反映真实的地灾形变情况。目前的解决办法有采用升降轨数据进行融合,采用水准、LIDAR 和 GPS 等外部数据进行融合,采用 DInSAR、Offset Tracking 与多孔径 InSAR 进行融合,利用建模和观测值加权获取南北方向形变和 3D 位移场等。此外,形变测量结果的大小和方向与雷达照射方向与监测目标所处的位置、方位、坡度角、雷达视角等有着直接的关系,需要根据地灾类型和所在区域的坡度角、朝向等信息,合理选择合适的 SAR 数据进行形变反演。

## 3.2.5　小结

InSAR 技术具有高分辨率、不受云雨条件限制、数据获取周期短的特点,能最大程度地实现大尺度、大面积区域形变的动态监测,在地质灾害监测中发挥了重大作用。以上回顾了 InSAR 技术的发展,详细介绍了差分 InSAR、时序 InSAR 等技术的原理和特点,对 InSAR 技术在地震、滑坡、地面沉降监测中的应用进行了梳理和综述,最后总结了当前地灾监测应用中 InSAR 技术的关键问题。从 InSAR 技术在地质灾害监测的应用和发展进展来看,该技术已经基本成熟,已处在广泛的业务应用阶段,相关理论和技术体系也日趋完备。在地震形变监测应用中,目前利用 InSAR 技术的形变提取已从提取形变位移大小和空间位置向定量化的、三维形变信息提取发展,成为地震形变监测、预测和灾后评估的重要手段;在滑坡形变监测应用中,协同利用多种测量手段开展滑坡动态监测、隐患早期识别、自动化解译是未来的发展趋势;在地面沉降监测中,InSAR 技术已处在广泛应用阶段,后续发展将降低技术的准入门槛,以提供服务、解译结果的方式服务于各行业应用部门。综上所述,随着未来星载 SAR 卫星系统的发展和行业的驱动,加上 InSAR 工作者在处理技术上的不断改进和提高,InSAR 技术将必然发展为一项成熟的高精度对地观测技术,对地质灾害的调查与监测产生巨大的影响。

# 3.3　遥感技术

## 3.3.1　概述

遥感技术是一门对地观测综合性技术,是利用物体反射或辐射电磁波的固有特性,从远离地面的不同工作平台(如人造地球卫星、宇宙飞船、航天飞机、飞机、气球和高塔等),运用紫外线、可见光、红外线、微波等各类传感器,通过摄影、扫描等各种方式,接收并记录来自地球表层各类地物的电磁波信息,并对这些信息进行加工处理,从而识别地面物质的性质和状态。

遥感技术经过多年的发展,已被广泛应用于地质灾害风险管理,包括灾害识别、应急响应、恢复重建和防灾减灾,为灾害研究和决策规划提供了重要的信息。当前的遥感技术已从单一的光学成像走向多频段、多参数对地观测,成为综合对地观测(earth observation)中最重要的信息获取方式。借助谷歌地球(Google EarthTM)等地理信息引擎,通过可见光、红外等多种传感器获取的海量遥感数据,人们可以更为直观地对地理信息进行访问、搜索和查询,改变了以往地理信息的应用方式和途径。对于地质灾害工作而言,综合利用不同类型的传感器,如 SAR(合成孔径雷达)、LIDAR(激光扫描)、光学和多光谱遥感等,与信息获取平台(如卫星、航空、无人机与地面观测),可有效识别、发现和监测位于不同地区不同类型的灾害隐患,以及灾后应急调查。对于自然条件恶劣或其他因素限制无法开展地面观测的“人不能至”的地区,遥感手段无疑是最为直接的信息获取方式。从技术内涵上,地质灾害领域已从以往光学遥感为主的“图谱测量”走向多种遥感手段的“图谱与几何测量”的综合遥感应用(见图 3-4)。本文的图谱测量侧重指可见光遥感、高光谱、红外等成像方式,从“影像和光谱变化”上揭示孕灾环境、承灾范围、影响因素等特征变化;而 InSAR(雷达干涉测量),LIDAR、GNSS 等对地观测手段则侧重从地表的“几何形态和形变”方面揭示灾害体的形态与位移变化特征。与地面观测和物理模型相结合,综合遥感信息源已广泛用于监测地质灾害的早期识别、隐患排查和监测预警,改变了以往的工作方式,从不同尺度上增强了对地质灾害出现、发展和破坏整个过程系统化的认识。当前,高空间、时间和光谱分辨率,立体制图,全天候成像,多星组网、多传感器联合等遥感观测系统的进步,使得遥感观测的精准度、观测频率得以提高,数据更易于获取和解译,这无疑强化了对地质灾害要素在广度上和精度上的监测能力,推动从广域尺度到细节的分辨和监测。

## 3.3.2　地质灾害技术体系中的遥感应用

我国地质灾害防治工作长期以来形成了“调查评价、监测预警、综合治理、应急防治”四大技术体系,贯穿于地质灾害从出现、发展、致灾、灾后应急以及综合防治的全过程。遥感技术的综合应用在这一体系中主要体现在“早期识别、隐患排查、监测预警、灾害应急”等四个方面,遵循“分层递进、从面到点、由粗到细、星地协同”的工作模式,在卫星资源的进一步丰富,解决了数据源和观测频率上观测不“足”的前提下,地质灾害遥感应用技术体系在广泛的实践中更加稳定与可靠,被地质灾害防治界所广泛接纳并推广应用。当前我国重大地质

图 3-4　集成星–空–地多源遥感与原位测量的地质灾害调查监测技术体系 215

灾害呈现出三个特点:①点多面广,隐蔽性强;②高速远程,危害极大;③人不能至,难以观测。加强早期识别与监测预警是重点工作,要求调查工作围绕定性评估,定量监测与综合判断的需求,确定哪里可能存在灾害隐患,灾害隐患的活动范围与变形幅度,致灾的概率与程度有多大。遥感调查应用在这个要求下主要体现在解决"形态、形变和形势"调查与判断上。在技术手段上,利用高分辨率光学遥感与 LIDAR 测量的模式进行灾害体"形态"调查,研究灾害形成和发育的地质背景、地表覆被变化以揭示潜在的成灾状况;利用 InSAR 监测获取灾害体地表"形变"表征坡体移动变形状态,判别地质灾害体的滑移规模、活动阶段和发展趋势(见图 3-5);最后综合遥感监测数据与地面测量数据,从成灾状况、当前变形状况和潜在致灾形势的评判,是当前面向重大地质灾害的早期有效识别的关键所在。

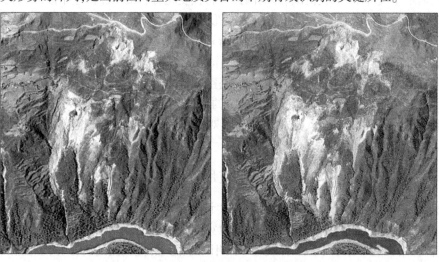

(高分二号影像,左:2015 年 11 月 13 日,右:2018 年 2 月 28 日,滑坡体累积滑移超过 20 m)

图 3-5　2018 年 10 月 10 日金沙江白格堰塞湖灾前滑坡变形情况

### 3.3.3 矿山地质灾害遥感调查监测研究现状

#### 3.3.3.1 国外研究现状

　　总体来说,遥感技术在矿山地质灾害领域的应用研究与遥感技术本身的发展和经济社会发展需求两大因素推动。尤其是在 20 世纪遥感技术发展的早期阶段,在推进卫星遥感技术快速发展的同时,其在各行业领域的应用也逐步深化拓展。卫星遥感技术起步于美国等发达国家,因此在 20 世纪 70 年代,国外就将遥感技术应用于矿山地质灾害的研究。美国最早于 1969 年就应用遥感技术实施了矿山环境与灾害监测,效果明显。与此同时,开展大范围的煤矸石堆动态监测研究和分析,为煤矿开采区地质环境问题治理提供遥感技术支撑。自美国陆地卫星于 20 世纪 70 年代陆续发射后,西方发达国家发射的一系列遥感卫星,为开展遥感应用提供了丰富的数据源。欧洲学者穆拉兹首先采用多时相多源遥感数据融合的方法,提高遥感数据质量和精度,监测了华沙西南地区煤矿露天开采引发的地表环境和土地变化情况。高光谱、干涉雷达等新型传感器的出现,使遥感技术在地质灾害领域的应用效果更加显著。Ferrier 于 1999 年采用光学遥感、高光谱数据结合雷达数据相结合,对地下采煤引发的开采沉陷的空间分布进行了提取研究,同时对地表沉降速率进行了初步测算,开启了多源数据协同应用的先河。美国学者利用多光谱遥感数据与合成孔径雷达差分干涉雷达( D-InSAR)数据相结合,开展了滑坡等自然灾害的系统应用研究,为灾害预报预警与防治规划提供了有力支撑。进入 21 世纪以来,国外商业遥感卫星数据的空间和时间分辨率都有了质的提升,遥感技术在矿山地质灾害领域的应用和研究也向着多元、高精度、动态监测等方向发展。Li Xinzhi 等于 2009 年综合多种数据融合方法,应用法国 Spot-5 卫星数据融合影像,提取矿区地表生态要素信息,结果表明空间分辨率优于 2.5 m 的影像在提前矿区地表覆盖、灾害等地物效果良好。Nouhame	zned 等融合使用了 Spot-5 全色波段和 LandsatETM+多光谱数据,对突尼斯北部地区尾矿库和矿渣堆放区进行提取研究,通过光谱、色彩增强,采用混合图像的提取结果明显优于单一来源数据效果,表明采用不同影像数据的融合方法能够有效提高检测目标的识别精度。合成孔径雷达干涉测量技术( InSAR)作为一种主动式遥感技术,通过相位干涉测量方式,对区域地表沉降变化可以实现动态的高精度监测,近年来被逐步应用于区域地表沉降、滑坡等重大地质灾害监测,成效显著。欧盟委员会和欧洲航天局( ESA)于 2003 年开始实施的在“全球环境监测计划( global montoring for environment and security, GMES)”利用星载 InSAR 数据开展了地表沉降监测,为地质灾害调查评价和预测预报提供技术支撑。总体来看,国外发达国家卫星遥感技术起步早、发展快,在矿山地质灾害调查监测领域的应用研究也开展早,应用广泛深入,且很早就注重多源遥感数据的协同融合,效果显著。

#### 3.3.3.2 国内研究现状

　　1.卫星遥感技术在矿山地质灾害领域的应用

　　遥感技术在中国矿山地质灾害领域的应用起步于 20 世纪 80 年代,在时间上晚于国外,在技术研究和应用深度上总体落后,呈跟进状态。同样在遥感应用领域研究方面,与遥感数据获取来源及数据质量的发展历程基本同步,在矿山地质灾害调查监测研究领域,从早期以航空影像数据开展煤田自燃等热红外监测,到应用中低分辨率的卫星影像开展区域地表覆盖监测,近几年发展到应用高分卫星影像开展重点地区高精度监测。20 世纪八九十年代,国内多采用中低分辨率多光谱卫星数据开展矿山环境调查与监测,主要集中于露天矿土地复垦、矿区土地利用、植被、生态变化等环境因子提取,识别精度较低,提取要素单一。进入 21 世纪,随着卫星遥感数据向着高分辨率方向发展,尤其是国外大量空间分辨率优于 10 m 的商业高分辨率卫星数据的广泛应用,有效推进了国内矿山遥感监测应用与研究。中国地质调查局实施的"矿山开发遥感调查与监测"项目,对全国重点矿区的矿产资源开发状况及引发的矿山环境问题开展了 10 多年的年度连续监测,查明了矿山开发现状和存在问题,为矿山执法管理提供了有力支撑,同时也探索建立了一套较为成熟的矿山遥感监测技术方法流程,为矿山地质灾害遥感应用提供了指导借鉴。2010 年以来,随着国家"高分专项"的实施,国产资源系列卫星和高分系列卫星的发射和稳定在轨运行,为开展矿山地质灾害高精度、动态遥感监测提供了丰富可靠、低成本的数据保障。2014 年,路云阁等应用国产资源卫星和高分卫星数据,开展了西藏地区矿山遥感监测,为推广国产卫星遥感数据在矿山遥感地质灾害应用提供了技术示范;在滑坡等重大地质灾害隐患识别研究方面,应用国产高分 2 号卫星(GF-2)数据,结合数字高程模型(DEM)等数据,建立基于数据驱动的滑坡灾害模型,提取了云南东川区滑坡灾害的空间分布位置。2017 年,肖瑶应用国产高分系列卫星数据,运用面向对象技术,对煤矿区积水塌陷盆地和地裂缝等地质灾害进行自动提取研究,与目视解译结果进行对比分析,表明自动提取的面状地物信息位置重叠率高于 85%,识别效果良好。高丽琰应用 GF-2 数据,采用人机交互解译的方法,提取了宁夏全区各类地质灾害点 1 177 处,应用层次分析法对区域地质灾害易发性进行了评价和区划,充分发挥了遥感快速获取量化灾害评价指标因子的优势。陈玲等总结分析了高分遥感数据在自然资源调查领域的应用现状和发展趋势,认为多源高分遥感数据协同融合,在土地覆盖监测、资源环境及地质灾害等领域应用前景广阔。总体来看,国内矿山地质灾害遥感监测应用和研究整体落后于国外,但近年来发展迅速,且越来越多的学者投入相关研究。主要是一方面受需求驱动,矿山地质环境问题作为生态文明建设的重要内容,要确保实现资源和环境长期协调可持续发展,势必要不断加强对地质环境问题监测评价方法的研究,建立低成本高效的地质灾害早期精准识别与预警体系,为科学防灾减灾提供有效支撑;另一方面受技术驱动,随着卫星遥感技术的快速发展,尤其是国产高分卫星数据的日益丰富,其空间分辨率越来越高,高光谱、合成孔径雷达(SAR)等各类卫星遥感数据也由研发阶段逐步投入使用,使得矿山监测要素和精度向着多元化、高精度、准实时监测的方向发展。

## 2.无人机遥感技术应用现状

无人机遥感是近年来快速发展起来的一种航空(低空)遥感技术。无人机平台具有操作方便、快速、成本低等优势,作为卫星遥感的重要补充手段,在高分辨率航空正摄影像获取、应急监测等领域得到快速推广应用。在矿山地质灾害领域,应用无人机获取矿山区域高分辨率正射影像和 DEM 数据,制作三维模型,准确提取矿山地质灾害高精度要素。向杰等应用无人机采集北京首云铁矿航空正射影像数据,提取矿区 DEM,完成了矿山开采储量体积变化的计算分析,为露天矿山开采资源量动态变化监测提供了新的技术手段;利用无人机搭载三维倾斜摄影仪,获取露天矿区地表 DEM 数据,通过不同期数据叠加可实现矿体体积变化监测。侯恩科等应用旋翼无人机获取高精度航片,在宁夏金凤煤矿开展了地裂缝调查研究,提取宽度5 cm 以上地裂缝的准确位置和空间展布特征。无人机遥感作为新型遥感技术手段,在重点矿区开展高精度、实时动态监测方面具有独特优势,是卫星遥感技术的有力补充。此外,在矿区精细化三维建模和灾害应急调查领域也是无人机遥感未来重点发展的方向。目前无人机遥感的发展总体还处于起步阶段,无人机平台还未实现真正的工程化量产,其安全性稳定性还有待提高。而且无人机质量较轻,多搭载非专业航摄相机,拍摄相片畸变大,后期处理较复杂,受续航能力限制,开展大面积区域航摄效率较低。在应用方面,尝试搭载更多元的传感器类型,充分发挥无人机平台优势,能够获取不同类型的遥感和航摄数据,拓展更广阔的应用领域。

3. 机载激光雷达(LIDAR)技术应用现状

激光雷达(LIDAR)技术是一种新型三维测量技术。LIDAR 系统整合了激光测距仪、惯导系统(IMU)和卫星定位系统(GPS)等模块,是激光技术、计算机技术和高精度惯性测量技术的有机结合。由于其能够快速连续获取高精度点云数据,通过后期处理构建扫描对象的精细三维模型,近年来应用发展迅速。将轻量化、小型化的激光雷达扫描系统集成后搭载于无人机平台,即组成无人机机载 LIDAR 系统。与常规架站式激光雷达扫描系统相比,具有集成度高、地物遮挡少、扫描速度快、适合复杂地形作业等优点,目前在工程测绘、堆积物体积测量、建筑物三维精细化建模等领域应用效果较好。

欧美等发达国家从20世纪60年代起就开始研究 LIDAR 技术。当前世界上成熟的商业化 LIDAR 系统主要包括 Leica、Regal、FARO Focus 3D、Trimble 及德国 Z+F 等。这些设备在扫描速度、精度和操作上都达到了较高的水平,并且配套的数据处理软件也相当完善。国内方面,中国科学院遥感所李树楷等最早于1996年研制出机载三维 LIDAR 系统原理样机,其后于2008年又研制出了飞行相对高度为200~3 500 m 的机载 LIDAR 系统(AOE-LIDAR),并投入实际生产作业;2011~2012年研制出了轻小型机载激光雷达(Lair-Li-DAR)。近年来,为满足国内市场和行业发展的需求,众多从事测绘、遥感专业设备的公司投入机载 LIDAR 的研发和推广应用,呈现蓬勃发展的势头。如北京金景科技有限公司研发的 ScanLook 无人机机载激光扫描系统、杭州吉鸥信息技术有限公司研发的吉欧系列机载激光扫描系统,其最长有效测距达到了1 200 m。可搭载在垂直起降的固定翼无人机,在操控性和航摄效率方面有了很大提高。在应用方面,开展了基于机载 LIDAR 的建筑物三维重建研究。应用机载 LIDAR 开展电力走廊三维要素提取及巡检应用的研究等。阮天宇等应用旋翼无人机搭载 UST-20LX 2维激光雷达系统获取堆料体的点云数据,实现了地表堆料体积三维精细测量,通过实地测试与精度验证,在测量精度和效率方面都有一定的优势。在农业方面,应用无人机机载 LIDAR 结合高光谱数据,开展了冬小麦生植被指数生物量反演研究。陈洪等应用无人机机载 LIDAR 系统,获取新疆石河子研究区小范围棉田 DSM 和 DEM 数据,开展了棉花叶面积指数(LAI)提取研究。在地质灾害识别与监测应用方面,肖春蕾等利用航空机载 LIDAR 扫描系统获取了点云数据,提取了湖南冷水江市浪石滩研究区地裂缝信息,并定性分析了地裂缝继续发育的可能性。石鹏卿等利用地面架站式 LIDAR 开展了矿山塌陷监测研究,通过获取甘肃华亭煤田东峡煤矿塌陷区两期点云数据,叠加对比提取了形变量,精确划定了塌陷活跃区的范围和沉降幅度,且与 GNSS 监测点成果吻合较好,验证了三维激光扫描技术监测应用的可行性和可靠性。目前有关应用无人机机载 LIDAR 开展矿区沉陷灾害监测的相关研究还少有报道。无人机机载 LIDAR 作为一种发射激光的成像系统，通过接收地物反射的激光信号可获取地物精确的空间位置信息，抗干扰能力强，代表着现代新型航测技术发展的方向，应用前景广阔。但目前来看，由于受无人机平台载荷量、续航时间和飞行风险等因素影响，其作业效率相对较低，仅适合在小区域应用。激光扫描仪本身价格较高，扫描数据量大，后期处理软件还不够成熟，实现大范围推广应用还有诸多问题需要研究解决。

### 4. 地质灾害遥感智能识别研究现状

我国地质灾害多发频发，复杂的地形地质条件导致孕灾背景和形成机制复杂，使得开展地质灾害的早期识别、风险评估难度大。在应用遥感技术开展地质灾害隐患智能识别与风险评价研究方面，应用传统的方法在对一些复杂地区或复杂灾害类型显得无能为力，不能满足当前地质灾害早期精准识别和有效预测预警的需求。随着计算机图像识别技术的快速发展，采用机器学习等方法，基于面向对象的自动识别方法成为研究的热点。王鹏等提出基于对象的地质灾害信息提取方法，整体提取精度达到95%。闫琦以高分辨率遥感影像为基础，应用显著性检测和超像素分割方法相结合，可实现快速提取地震次生地质灾害等信息。由于地质灾害类型及背景条件复杂，在色彩、形状、纹理等遥感图像特征表现各异，计算机自动识别精度还达不到实际应用的需求。近年来，人工智能作为新一代信息技术的出现，推进了地质灾害快速自动化识别的研究进程。张茂省等分析了当前在地质灾害识别技术的发展趋势，认为建设基于人工智能技术的综合地质灾害风险智能识别与监测预警体系是未来研究的重要方向。许强提出了综合应用卫星、无人机及激光雷达技术构建天空地一体化的监测体系，以此推进重大地质灾害隐患早期识别和预警预报的精度。

总体来看，地质灾害早期识别是地质灾害防治的最重要环节，应用多源遥感技术，开展基于人工智能技术的地质灾害早期精准识别是建设现代智能减灾防灾体系的重要研究方向。

## 3.3.4　遥感地质灾害调查与监测应用

### 3.3.4.1　孕灾背景调查与研究

由地质灾害预测预报相关理论分析可知，灾害孕育过程中要对一些因素进行长期观测，发现其变化规律。这些因素包括时日降水量、地面坡度、多年平均降水量、植被发育状况、构造发育程度等。这些因素的成功观测是地震预测预报的重要保障。通过气象卫星可以实时检测降雨情况，而资源卫星可以对地表地物进行详细的调查，通过红外波段和微波波段分析地下物质的体貌体征等。结合气象卫星和资源卫星强大的遥感技术，可以对以上孕灾因素进行实时监控和分析，因此利用遥感技术有效调查研究地质灾害孕灾背景是遥感技术的重要应用之一，也是地质灾害最重要的基础准备工作。

### 3.3.4.2　区域地质灾害遥感调查

遥感地质灾害调查是基于多源遥感影像，利用人机交互解译、机器学习、专家知识与GIS 定量计算来获取地质灾害相关信息的技术方法，其应用可追溯到 20 世纪 70 年代末，日本利用航空遥感图像编制了 1:5万比例尺的全国地质灾害分布图。我国地质灾害遥感调查起步于 20 世纪 80 年代初,在二滩水电站开发前期论证中,采用了航空遥感进行库区滑坡分布、规模及发育环境调查。虽然起步较晚,但地质灾害遥感调查技术在服务于众多山区大型工程建设过程中得到快速发展。自从 1999 年国土资源部开展"国土资源大调查"工作以来,应用地质灾害遥感调查技术,先后完成了长江三峡库区、青藏铁路沿线、喜马拉雅山地区、川东缓倾斜坡地区等近 40 万 km² 的滑坡、泥石流等的分布及发育环境调查(见图3-6)。

**图 3-6　2017 年 11 月 18 日雅鲁藏布江色东普冰崩泥石流堵江遥感调查**

### 3.3.4.3　地质灾害动态监测与预警

　　高分辨率遥感影像进行重大地质灾害应急已被公众所熟知,以卫星遥感、无人机等组成的遥感应急技术体系已广泛建立,能快速获取灾区遥感影像、地形数据等空间信息,用于指导灾情判断、房屋与道路损毁评估和灾后救援部署。早在 1985 年三峡新滩滑坡发生时,中国国土资源航空物探遥感中心就利用航空遥感手段获取了滑坡灾害前后的航空图像,开展灾害成因调查。其后,航空遥感手段在几十次突发重大单体地质灾害的应对中被广泛应用,如易贡重大滑坡堵江堰塞湖溃决链式灾害、襄汾尾矿库溃坝、关岭滑坡、舟曲泥石流、武隆滑坡碎屑流、都江堰三溪村滑坡、深圳光明新村滑坡、茂县新磨村滑坡等。在这些应用中,以应对和处理"5·12"汶川地震灾害、"6·5"重庆武隆铁矿乡鸡尾山崩塌灾害、"4·14"玉树地震灾害、"6·28"关岭滑坡灾害、"8·7"甘肃舟曲泥石流灾害为代表,体现了遥感技术快速响应的作用。尤其是"5·12"汶川地震灾区完成的"次生地质灾害航空遥感调查"工作中,调查获取的震后首张航空影像和映秀镇—汶川沿线航空影像,为打开救援通道提供了第一手资料,被抗震救灾前线指挥部称为"对抗震救灾的伟大贡献";调查成果为指挥抗震救灾、防范次生地质灾害、开展灾后重建等工作提供了重要的科学依据,在救灾与灾后重建决策中发挥了重要作用。

#### 3.3.4.4 遥感地质灾害调查工作模式

通过大量应用实践,形成了突发地质灾害遥感应急调查、区域地质灾害遥感调查监测、地质灾害 InSAR 早期识别与隐患排查等应用领域,形成了"空−天−地"协同应用的地质灾害调查与应急遥感监测技术体系(见图 3-7),初步建成了覆盖全国地质灾害易发区的高分辨率光学遥感本底数据库,广泛支撑服务各级部门地质灾害应急管理、防灾减灾决策等工作。在这些工作开展过程中,国产卫星遥感数据发挥了巨大作用,资源一号 02−C、高分一号、高分二号、资源三号、HJ−1C 等高分辨率光学遥感卫星解决了长期对国外遥感数据的依赖,已成为日常地质灾害调查监测中主要的数据源。在此基础上,由机载航空影像、LIDAR 测量等构成了高易发区地质灾害数据库,在三峡等地区的地质灾害防治中发挥了积极作用。

| 综合遥感 | 处理分析 | 系统平台 | 调查监测数据动态更新 |

**图 3-7 地质灾害调查与应急遥感监测技术体系**

### 3.3.5 小结

地质灾害防治工作中的调查监测工作仍是一个复杂的系统工程,利用现代遥感技术对各类地质灾害情况进行实时监测,已经成为我国现代监测技术发展的必然趋势。我国遥感技术经过多年发展,现已形成了具备对全球大气、海洋和陆地系统观测及动态监测的完整体系。随着自主研发能力的不断加强,我国遥感图像数据处理、识别和应用等技术水平不断提高,在由气象卫星、海洋卫星、陆地资源卫星和环境与灾害卫星等组成的空间对地观测体系下,遥感技术为快速获取地质宏观信息,进行地质研究提供了重要的信息依据,特别是在地质灾害监测中获取多时相、多波段、多分辨率遥感图像的数据源,并进行灾害的周期性和重复性、灾害间的相关性、致灾因素的演变、灾害发展趋势、灾源的形成、灾害载体的运移规律和灾害前兆信息等研究和分析,有助于对不同的灾害做出准确程度不等的近期、中期、长期和临灾预报。

# 3.4 微震技术

## 3.4.1 概述

未来矿产资源开发涉及绿色开采、深部开采、智能化采矿三大主题,其中深部开采是统领全局的主题。在深部开采中,包括绿色开发、智能化采矿在内的所有采矿新理念、新模式、新技术都必须有创新性地发展,才能保证深部安全高效开采的实现。就深部开采来讲,动力灾害事故在生产过程中频繁发生,给矿山连续生产带来了极大影响,因此如何精准预测预防动力灾害事故的发生是目前深井开采过程中面临的重要问题。动力灾害事故的发生通常经历岩体微破裂萌生、发展、贯通的过程,微破裂(微震)是动力灾害的重要前兆特征,因此可以利用矿山岩体微震活动的这一特点,对岩体的稳定性进行监测,从而有效预测预防动力灾害事故发生,为矿山安全生产提供技术保障。

微震监测技术可以实时监测到岩体变形和断裂破坏过程中释放出的以弹性波形式发生的微震事件,可以在三维空间实时确定微震事件发生的位置和能量参数,从而对岩体活动范围及稳定性进行安全评价。微震监测技术作为一种先进和行之有效的监测手段,在国外矿山安全生产监测中得到了不少应用,已成为围岩稳定性研究和风险管理的重要手段。

## 3.4.2 微震技术原理

矿山围岩体在开挖过程中总是伴随着微震现象。在较高的应力或应力变化水平较高的岩体内,特别是在施工开挖的影响下,岩体发生破坏或原有的地质构造被活化产生错动,能量以弹性波的形式释放并传播出去。微震(声发射)现象是20世纪30年代末由美国 L·阿伯特及 W.L·杜瓦尔发现。目前,世界各国普遍将微震技术作为一种有效的监测预警手段,为地下工程提供风险管理。在地下岩土工程生产实践中,人们发现高应力水平下岩体的破坏(如岩爆、隐伏断层激活、突水等)过程中,其内部积聚的应变能会以地震波的形式释放并传播,并可记录到微震事件。微震事件中包含了大量的有关围岩介质、围岩受力破坏以及地质破裂活化过程的信息。通过对微震信号的采集、处理、分析和研究,可以推断岩体内部的性态变化,预测岩体是否在发生破坏,反演其破坏机制。微震定位原理如图 3-8 所示。

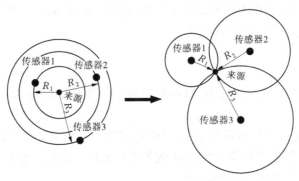

图 3-8 微震定位原理示意图

## 3.4.3 微震监测研究现状

### 3.4.3.1 微震监测系统介绍

目前,国际上发展较为成熟的微震监测系统主要有南非 ISS、波兰 SOS 和 ARAMIS/MS以及加拿大 ESG 等。根据微震监测系统的监测性能和使用特征,现国内外使用较为广泛的微震监测系统又可大致分为三大类:第一类是以测震为重点,主要监测大范围矿区地层震动情况,其震动频率在100 Hz以内,定位精度为100~500 m;第二类以监测地层破坏为重点,主要监测工作面周围较小范围内的岩层震动情况,其震动频率为200~300 Hz,定位精度一般为5~10 m;第三类通常被称为地音系统,主要监测更小范围(如巷道或井筒周围)的岩层破裂情况,其震动频率在300 Hz以上,监测范围小,一般在5 m以内。这三类微震监测系统在使用条件、监测震动频率、定位精度以及性能和用途都存在一定的差异,因此在选用微震监测系统对矿区动力灾害进行监测时,应根据它们的这些差别和现场具体情况,因地制宜地选用合适的微震监测系统,这样才能对动力灾害进行准确的预测预报。

### 3.4.3.2 微震监测研究现状

国内外研究机构和相关学者对微震监测系统的研究现状及工程应用情况做了大量研究。20世纪70年代以来,美国矿业局就用标准微震技术研究地层结构的破坏。同时,采用超声波监测技术来监测岩层响声能量。南非的Gibowicz S. J. 介绍了采矿诱发微震的研究进展,其中包括对诱发微震机制的认识、微震监测系统的改进等方面,并且引入了地球物理方法。国内微震监测系统最早由中国矿业大学的窦林名教授将SOS微震监测系统引入中国,特别是在谢和平、齐庆新、何满潮、袁子清、姜福兴、夏永学、唐春安、李铁等知名学者在科研工作中的不懈努力,分别在实验室和现场对微震监测系统进行了大量的理论研究和工程实践,为我国微震监测系统的迅猛发展做出了巨大贡献。

### 3.4.3.3 微震监测应用现状

通过对微震监测技术在动力灾害预警中的应用,可以得知:

(1)煤岩体在破坏失稳的过程中都存在着裂纹产生、扩展、贯通,直至产生宏观破坏等阶段,并且在破坏前都存在着不同特征的微震前兆模式。

(2)动力灾害发生前,都会有微震事件趋于集中的现象,并且微震事件频次及所释放能量都会有比较明显的变化。

(3)以微震监测技术作为矿井动力灾害的预测模型,从而指导现场采取相应的动力灾害防控措施,具有一定的合理性和有效性。

## 3.4.4 小结

随着微震监测技术的不断发展,近些年实现了突飞猛进的进步,主要体现在以下几方面:

(1)在微震系统的现场布置方案中,已由传统的井下布置实现了地面布置、有线传输实现了无线传输、传感器的种类由单分量速度计实现了三分量加速度计的转变、时间同步也由GPS方式实现了PTP方式的转变。

(2)在微震信号的后期处理过程中,实现了时频分析、双差(到时残差、走时残差)定位及双差成像等自动化功能,为微震事件的空间定位、后期分析等提供了可靠的技术和理论支撑。

(3)微震监测技术的应用,已由在煤矿、金属矿山的单一应用,到油井压裂、油气开采的技术指导,并逐渐成为石油、天然气、煤炭三大战略资源协调开采综合保障措施,对指导我国矿产资源协调开发,保障我国能源需求具有重要意义。

任何一项技术的发展都需要一个过程,微震监测技术在动力灾害监测预警的发展应用,存在过质疑,也得到过支持。未来能否改善微震监测技术的应用局限性,建立微震预警系统,将它的远距离、动态、三维、实时监测效果发挥到极致,从而成为指导矿山开采的安全保障技术,还需要科研工作者做出更大的努力。

# 3.5　光纤传感技术

## 3.5.1　概述

近年来,随着国家建设工程的发展,隧道变形、地面沉降、路基坍塌以及崩塌滑坡地质灾害等问题突出,急需对该类工程地质问题进行有效的监测与治理。监测方法包括:宏观地质监测法、摄影测量法、测量机器人监测系统、大地测量法、全球定位系统方法、地理信息系统方法、遥感方法、孔测斜仪法、声发射方法、时域反射系统方法等。光纤传感监测技术是在20世纪70年代随着光导纤维及光纤通信技术的发展而迅速发展起来的,是一种以光为载体、光纤为媒介、感知和传输外界信号的新型监测技术。光纤传感监测技术具有高精度、远程实时、长距离、耐久性长及抗电磁干扰等突出特点,能够弥补传统监测技术和方法不能满足大型基础工程健康诊断监测要求的不足。20世纪90年代以后,美国、加拿大、日本、德国及英国等国家纷纷将光纤监测技术应用于大坝、桥梁、电站及高层建筑物等大型基础设施的安全检测中,取得了重大的成果与进展。国内,施斌等把远程分布式光电传感应变监测系统应用于南京市鼓楼隧道、玄武湖隧道等多项重大地下工程中,取得了显著的社会效益、经济效益和工程效益;张旭苹等主要进行光纤传感技术的理论研究和光纤感测系统的研制工作;王云才等对分布式光纤传感技术和新型混沌激光器方面进行了研究工作;廖延彪等从事光纤传输和传感方面的原理和应用研究,如光纤光栅传感网和光纤层析技术,以及用于测量温度、压力、振动、位移等光纤传感器的研制。总的来说,国内光纤传感监测技术起步较晚,研究内容侧重于光纤传感技术的理论和实验室科学研究,涉及工程地质领域的应用相对较少。但光纤传感监测技术应用范围广阔,且在分布式、抗干扰等方面具有传统监测技术无法比拟的独特优势。因此,在矿山地质灾害等工程地质问题的监测中应用前景广泛。

## 3.5.2　光纤传感技术

光纤是光导纤维的简称。目前最主要的通信光纤的材质以高纯度的石英玻璃为主,掺少量杂质锗、硼、磷等。单模光纤结构图如图3-9所示,主要由纤芯、包层、涂覆层三部分组成,一般最外层加上一层护套。纤芯采用石英纤维,包层采用玻璃,涂覆层采用聚氨基甲酸乙酯或硅酮树脂,护套采用尼龙或聚乙烯等塑料。核心部分为纤芯和包层,二者共同构成介质光波导,形成对光信号的传导和约束,实现光的传输,所以又将二者构成的光纤称为裸光纤。

### 3.5.2.1　光纤中的光散射

光纤测量原理:作用于光纤表面的外界的温度、压力、电场、位移、流速等参数的改变,

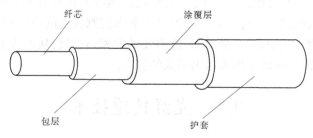

图 3-9　单模光纤基本结构示意图

导致光波的相位、强度(功率)、振幅、波长等特征参量发生改变,通过对光波的解析得到需要的参数。光在光纤中传输会发生散射,包括瑞利散射(rayleigh scattering)、拉曼散射(raman scattering)和布里渊散射(brillouin scattering)三种类型。其中,瑞利散射的频率不发生变化,拉曼散射和布里渊散射是光声子与物质发生非弹性散射时,散射波长会与入射波长发生偏移,如图 3-10 所示。基于瑞利散射和拉曼散射的研究已经趋于成熟。基于布里渊散射在不同的条件下又可以分为受激散射与自发散射两种形式。

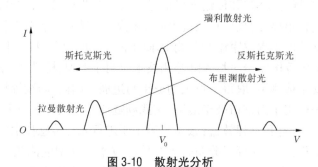

图 3-10　散射光分析

#### 3.5.2.2　分布式和光纤光栅传感技术

1. 分布式

分布式光纤传感技术源于 20 世纪 70 年代末,它是一种基于光时域反射(OTDR)技术而逐渐发展起来的一种新型传感技术。分布式光纤传感技术的传输介质常采用普通的单模光纤,可以实现测量场内的连续性测量,具有以往其他方法无法比拟的特点与优势,逐渐引领新时代的传感技术研究领域。

分布式光纤传感技术的优点:①光纤传感器的光信号作为载体,光纤为媒质,光纤的纤芯材料为二氧化硅,因此该传感器具有耐腐蚀、抗电磁干扰、防雷击等特点,属本质安全;②光纤本身轻细纤柔,光纤传感器的体积小,质量轻,不仅便于布设安装,而且对埋设部位的材料性能和力学参数影响甚小,能实现无损埋设;③灵敏度高,可靠性好,使用寿命长;④可以准确地测出光纤沿线任一点的监测量,信息量大,成果直观;⑤光纤既作为传感器,又作为传输介质,结构简单,不仅方便施工,且其潜在故障大大低于传统技术,可维护性强,而且性能价格比高。从理论被提出到现在二十几年的时间里,分布式传感技术不仅取得了很快的发展,而且在诸多方面获得了突破,代表性的突破就有:基于瑞利散射、布里渊散射以及拉曼散射的分布式传感技术的发展。从信号测量分析方法可分为时域和频域;从测量方式可分为反射式和投射式。

2.光纤光栅

光纤光栅技术诞生于20世纪90年代,它是一种利用测量环境对光纤的影响,将所探测的物理量转化成光束波长的一种新一代光学传感技术。光纤光栅是利用紫外光改变光纤材料性质,在光纤上制作成的一种光学无源器件。起初,由于解调技术限制,在一个解调通道上,只能进行一组光纤光栅的测量。随着技术的发展,尤其是波分复用和频分复用的解调技术的实现,使得在一个光纤测量通道上,能够实现多个光栅的多点测量,有学者将其称为"准分布式"。它除了具有普通光纤传感技术的本质防爆、抗腐蚀、抗电磁干扰、对电绝缘、无电传输等许多优点外,还有一些明显优于其他光纤传感技术的地方:①波长编码的数字式传感,使用可靠性高,寿命长,能进行长期安全监测;②一根光纤中写入多个光栅,易于实现分布式自动化在线监测;③响应时间快、精度高、灵敏度高、分辨率高;④光纤传输信号,适合远距离在线监测和传输,易于组网;⑤光纤光栅体积小、质量轻,纤细柔软,易于施工布设。

### 3.5.3　光纤传感技术的应用现状

光纤传感技术在地质灾害方面的应用主要包括地面变形监测和边坡监测等(见图3-11)。地面变形的主要表现形式为地面沉降、地面塌陷及地裂缝等,边坡问题主要有崩塌、滑坡等。另外,光纤传感技术在隧道结构健康监测、基坑监测中的应用也较多,隧道结构健康问题包括隧道不均匀沉降、环向收敛、接缝处变形等,基坑监测主要是对围护体系和基坑周边环境进行监测。

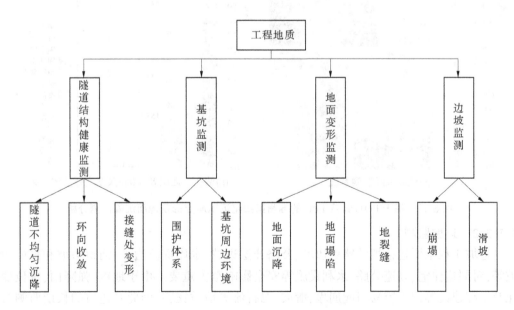

**图3-11　光纤传感技术的应用领域**

#### 3.5.3.1　地面变形监测

地面变形的主要表现形式为地面沉降、地面塌陷及地裂缝。由于地下水和油气资源的过量开采,地面沉降已经成为一个世界范围内普遍发生的地质灾害,地裂缝通常发生在地面沉降较严重的区域,岩溶和采空区是地面塌陷的易发地。地面变形监测技术主要分为基于空间的监测技术和基于地面的监测技术两大类。前者包括合成孔径干涉雷达和全球定位系统监测,但易受天气和地表覆盖物的影响。后者具体包括水准测量、基岩标以及分层标等,但这类技术自动化程度和监测效率较低。光纤监测技术凭借其特有的优势应运而生。

国内,卢毅等利用 BOTDA 监测技术对地面变形开展模型试验研究,采用气囊法模拟了地面变形的发生和发展过程,通过试验结果深入分析了分布式光纤在地面变形监测中的定位性能。吴静红等采用 BOTDR 及 FBG 等分布式光纤感测技术,通过在苏州一个 200 m 的钻孔安装分布式感测光缆,实现了对第四纪沉积层的变形及地面沉降长期的监测分析,从而为研究地面沉降机制提供了参考(见图 3-12)。中铁城建集团近期将点式光纤应用在北京首都国际机场地下的捷运隧道中,通过对点式光纤光栅传感器的二次开发,成功解决了无人员进入条件下如何对跑道和隧道间的土体进行数据采集的难题,这是国内外首次将点式光纤应用在机场跑道下进行土体变形监测的例子。

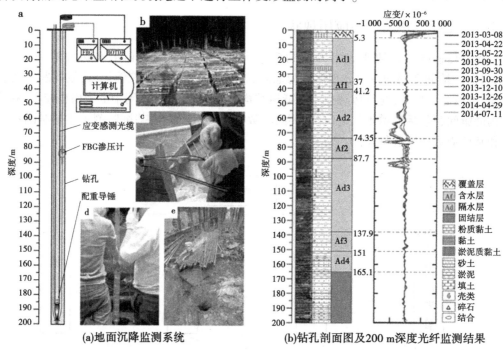

图 3-12　基于 BOTDR 及 FBG 的苏州第四纪沉积层变形及地面沉降监测分析

### 3.5.3.2　边坡监测

边坡工程主要包括填筑路堤边坡、公路开挖边坡、水库堤防边坡、河道边坡和采矿边坡等,对周边住宅、高速公路、水利设施等安全影响至关重要。由于地震、强降雨、水位变化及工程建设等因素容易引起崩塌、滑坡、泥石流等地质灾害,因此对边坡的长期监测必不可少。光纤传感监测系统可对边坡进行实时监测和预警,为边坡失稳机制研究和稳定评估提供依据。堤坝监测主要集中在对混凝土大坝和土石坝的监测研究,监测对象主要是堤坝内部的渗流和坝体的滑移形变。近年来,国内外对边坡变形的分布式光纤监测研究颇多。国外，日本与意大利 2007 年将基于 OTDR 光纤传感技术的监测系统安装在富士山的 Takisaka 边坡上进行监测，研究发现光纤的弯曲虽会引起传输光的衰弱，但该技术测得的位移与位移计测得的结果误差仅有几毫米。剑桥大学 Soga 教授课题组近年来对英国多处边坡、隧道等工程进行了光纤监测，为岩土结构的稳定状态评价提供了宝贵的现场资料。

国内，隋海波等设计了一套利用 BOTDR 技术对边坡格构梁、锚杆、抗滑桩和挡土墙等加固工程进行了变形监测的远程分布式光纤监测系统（见图 3-13），并在人工填土边坡上成功进行了监测试验验证。王宝军等通过室内小比例尺模型试验，将 BOTDR 分布式技术与土工复合材料加固技术相结合进行边坡加固与安全监测，之后对分布式光纤传感器在边坡中的布设工艺进行了试验研究及实践。Zhu 等在前人的基础上将 FBG 和 BOTDA 监测技术同时应用到人工加固边坡的模型试验，用以监测边坡中土钉的应变分布和土体内部位移，研究发现光纤监测数据能有效识别边坡的失稳临界状态。殷建华等在北川县西山坡滑坡群监测和香港鹿径道公路边坡监测中运用光纤传感技术，分析了部分光纤监测成果，总结了光纤监测技术在边坡现场应用的经验。

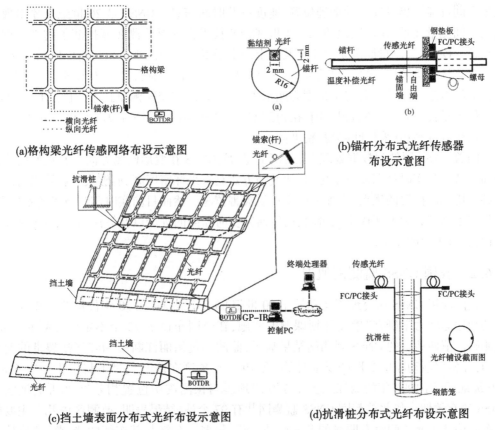

(a)格构梁光纤传感网络布设示意图

(b)锚杆分布式光纤传感器布设示意图

(c)挡土墙表面分布式光纤布设示意图

(d)抗滑桩分布式光纤布设示意图

图 3-13　基于 BOTDR 的边坡分布式光纤监测系统构成

近年来,光电传感技术在地质灾害监测方面的重要性日益凸显,无论在基础研究还是应用研究方面,均呈现蓬勃发展的态势。国内外学者尝试采用钻孔埋入长期稳定性高的光纤传感器和传感光缆来获取深部土层的变形、水压、温度等多维信息分布,为深部岩土工程监测提供一种新思路。目前,光纤监测技术在工程技术领域发展迅速,同时逐渐在地质灾害监测预警过程中发挥重要作用。

# 3.6　GNSS 技术

## 3.6.1　概述

GNSS 是所有导航定位卫星的总称,即全球导航卫星系统(global navigation satellite system,GNSS),凡是可以通过捕获跟踪其卫星信号实现定位的系统,均可纳入 GNSS 系统的范围,其中包含了美国的 GPS、中国的 BDS、俄罗斯的 GLONASS 和欧洲的 GALILEO 等;我们也可以简单理解为是一种以人造地球卫星为基础的定位系统,它在全球任何地方和近地空间都能够提供准确的地理位置、速度以及时间信息。GNSS 是 20 世纪末才出现的新的空间测量技术,在这短短的几十年里,GNSS 技术在变形监测领域扮演了越来越重要的角色。GNSS 的测量原理是对 4 个及以上的空间卫星的距离观测值进行空间后方交会,从而解算接收机的三维坐标。精度方面,基于伪距观测值的标准定位为米级,基于相位观测值的绝对定位以及相对定位精度为厘米级或毫米级。GNSS 测量技术的优点有:①24 h全天候测量;②站间不必通视;③直接得到监测点坐标值;④测量距离远,可达几千千米;⑤自动化程度高;⑥采样间隔短,精度高。

随着 GNSS 硬件和数据处理方法的不断发展,GNSS 在变形监测方向上有更好的应用空间。特别是实时动态差分定位,相比其他方式具有采样密度高,能够实时解算出待测点在各个历元的位置的优点,更加适合于地质灾害监测。然而目前实时监测技术还不成熟,正处于不断试验和不断探索的阶段,所以研究实时监测的理论以及算法,对地质灾害监测来说,具有重要的意义。

## 3.6.2　我国 GNSS 监测网概况

我国应用 GNSS 研究地壳运动始于 20 世纪 80 年代中期,在 90 年代初期,"现代地壳运动和地球动力学研究"攀登计划课题的实施,在全国布设了 22 个不定期复测的 GNSS 观测站。滇西地区的 GNSS 观测站结果显示,监测到剑川丽江断裂和红河断裂带的明显活动,并根据活动断层变形的反演计算,在 1993 年预测在该断裂带上将发生一次 6.8～7.0 级地震,而 1996 年的丽江发生了 7.0 级地震与预测震中位置相差仅 30 km,证实了 GNSS 的有效性。华北首都圈 GNSS 监测网共有 97 个站,结果表明,监测区内几个主要的北东向构造单元之间没有明显的差异运动,而鄂尔多斯东缘与其东侧的晋、冀、鲁块体的强烈拉张最为明显。中国地质调查局与美国自然科学基金会合作在我国西南地区进行 GNSS 观测,资料表明,鲜水河-小江断裂以西的藏东-滇中地区的运动速率总体为 8 mm/a以上,在该断裂以东地区的运动速率为 3 mm/a,这对两个顺时针漩涡的认定,以及为青藏高原东部流变构造模型提供了证据。

从 1991 年至今,中国地震局地震研究所 GPS 研究室组织了 50 多次青藏高原 GPS 观测,在高原及周边地区设置了 340 个观测点,全国共设置了 1 056 个 GPS 观测点。他们采用全球卫星定位系统对中国大陆地壳运动进行了长期监测,从中获得了在国际地球科学领域内最为丰富的青藏高原 GPS 数据;同时使用独自研制的高精度 GPS 数据处理软件,获得了中国大陆现今最为精细的地壳运动图像,特别是对"世界第三极"青藏高原地壳运动的描述,在国际上处于领先地位。

最新研究成果表明:青藏高原南部的拉萨地块以约 30 mm/a 的速率向北东 38°推移;中部的昆仑地块以 21 mm/a 的速率向北东 61°推移;再向北到祁连山地块,以 7～14 mm/a 的速率向北东约 80°推移,也就是说,青藏高原整体正以 7～30 mm/a 的速率向北和向东移动。

### 3.6.3 GNSS 定位原理

GNSS 的设计思想是将空间的人造卫星作为参照点,确定一个物体的空间位置。根据几何学理论可以证明,通过精确测量地球上某个点到三颗人造卫星之间的距离,能对此点的位置进行三角形的测定,这就是 GNSS 最基本的设计思路及定位功能(见图 3-14)。

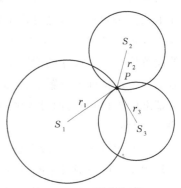

图 3-14　三球定位原理

假设地面测得某点 $P$ 到卫星 $S_1$ 的距离为 $r_1$,那么从几何学可知,$P$ 点所在的空间可能位置集缩到这样一个球面上,此球面的球心为卫星 $S_1$,半径为 $r_1$。再假设测得 $P$ 点到第二颗卫星 $S_2$ 的距离为 $r_2$,同样意味着 $P$ 点处于以第二颗卫星 $S_2$ 为球心、半径为 $r_2$ 的球面上。如果同时测得 $P$ 点到第三颗卫星 $S_3$ 的距离为 $r_3$,意味着 $P$ 点也处于以第三颗卫星 $S_3$ 为球心、半径为 $r_3$ 的球面上,这样就可以确定 $P$ 点的位置,也就是三个球面的交会处,如图 3-14 所示。从 GNSS 进行定位的基本原理可以看出,GNSS 定位方法的实质,即测量学的空间后方交会。由于 GNSS 采用单程测距,且难以保证卫星钟与用户接收机钟的严格同步,因此观测站和卫星之间的距离均受两种时钟不同步的影响。卫星钟差可用导航电文中所给的有关钟差参数进行修正,而接收机的钟差大多难以精准确定,通常采用的优化做法是将其作为一个未知参数,与观测站的坐标一并求解,即一般在一个观测站上需求解 4 个未知参数(3 个点位坐标分量和 1 个钟差参数),因此至少需要 4 个同步伪距观测值,即需要同时观测 4 颗卫星。

根据用户站的运动状态可将 GNSS 分为静态定位和动态定位。静态定位是指待定点固定不变,将接收机安置在待定点上进行大量的重复观测。动态定位是指待定点处于运动状态,测定待定点在各观测时刻运动中的点位坐标,以及运动载体的状态参数,如速度、时间和方位等。此外,还可以根据定位模式分为绝对定位和相对定位。绝对定位只用一台接收机来进行定位,又称作单点定位,它所确定的是接收机天线在坐标系统中的绝对位置。相对定位是指将两台接收机安置于两个固定不变的待定点上,或将一个点固定于已知点上,另一个点作为流动待定点,经过一段时间的同步观测,可以确定两个点之间的相对位置,从而获得高精度的位置坐标。

### 3.6.4　GNSS 在地质灾害监测中的应用

目前,GNSS 定位技术已经在各种地质灾害监测中得到了广泛的应用,主要运用的是GNSS 静态相对定位技术对地质灾害变形体及治理工程按照监测计划进行周期性的观测,因为其精度高,被广泛地运用于滑坡、地质灾害治理工程位移沉降、地面沉降的监测,但这种方法会消耗大量的人力、物力,而且自动化程度不高。GNSS 实时定位技术能够易于实现监测系统的自动化,且能够实现对灾害体的动态监测,但目前仍然处于不断试验和摸索阶段。

#### 3.6.4.1　地面水平位移监测方法

用常规精密工程测量方法对地质灾害体以及治理工程体进行水平位移监测时,应该先在地质灾害影响区域之外稳定岩层或者稳定原土层上布设基准点建立基准控制网,使用全站仪进行观测,一般不少于 3 个基准点,重要地区应该视实际情况增加基准点,基准点的设置应是一定尺寸的混凝土墩标,并符合相关规范规定。监测点必须布设在能够反映监测体变形特征的位置上,应该在基准网稳定的情况下才能进行后续观测。所以应最先对基准网进行观测,通过观测数据对基准网进行评定,只有在基准网稳定的情况下,才能按一定时间间隔对监测点进行多期观测。通过不同观测时段的数据对比,计算出监测点的坐标变化量,进而可以分析得到监测点的空间变形数据和特征等情况。

常规工程可以通过组网进行观测计算并进行观测结果的校核和精度评定,该方式多变灵活,测量精度高,适合用于不同外界条件、不同地质灾害类型、不同精度要求的地质灾害及其治理工程试运行效果监测。

变形体的水平位移监测主要有边角测量、导线测量、三角测量等方法。最常用的是布设测边测角方法进行地质灾害及治理工程试运行效果监测。常规精密工程测量进行水平位移监测方法较成熟,可靠性高,适应性强,但是受现场条件影响较大,有时网型较复杂,观测周期长、工效低、预算大,且受人为因素影响较大,适合小型的地质灾害监测。变形体的水平位移监测方法还有激光准直法、视准线法、垂线法、引张线法。这些方法较容易实现自动化连续测量,测量过程简便易行且相对精度较高,但这些测量方法只能提供局部的相对变形信息,难以取得变形体监测点的绝对变形量,监测范围有限,不适用于大范围的地质灾害监测及其治理工程试运行效果监测。

#### 3.6.4.2　沉降监测方法

沉降观测,即是用常规精密水准测量方法对地质灾害变形体及其治理工程进行垂直位移监测。根据地质灾害监测要求不同,一般采用电子水准仪或者 DS$_1$ 级水准仪配铟钢条码尺,按照一等水准测量或者二等水准测量的精度进行测量。

我国早在清代末年至民国时期就开始采用精密水准测量方法进行沉降观测。测绘工程技术人员通过不同时间的观测发现同一水准标志的高程有着显著的区别,最初工程技术人员质疑是观测的水准标识的稳定性,可经过多年对相关水准标识的重复观测,发现水准标识的高程差别不是标识自身引起的,而是由于该布设该水准标识地区的地面沉降引起的,从而开创了用水准测量对地面沉降进行观测的方法。

进行沉降观测一般需要在稳定基岩层或者稳定原生土层布设基准点,基准点采用一定尺寸的符合规范规定的混凝土墩标,再在沉降区域或者治理工程体上布设沉降观测点。以一定的观测周期对沉降观测点进行水准测量,通过不同时期的水准测量数据进行分析,就可得出沉降点的沉降量、累积沉降量、沉降速率等数据,从而为地质灾害评价及预警提供数据支撑。

在进行水准测量前应对水准仪进行检验和校正,精密水准仪须按照国家一等、二等水准测量相关规范进行检验校核,包括检验自动安平水准仪补偿器灵敏度,圆水准器、十字丝位置的正确性,仪器 $i$ 角检验等;铟钢条码尺使用前也应当进行相应检验。精密水准测量在具体施测过程中要采取一定的方法措施。

1.每期观测做到"四固定"

"四固定"包括固定观测时间、固定观测仪器、固定观测人员、固定观测路线。这样可以有效地消除大部分系统误差。

2.保持前后视距相等

保持前后视距相等时,大部分与视线长度有关的调焦镜运行误差、大气折光、$i$ 角误差、地球弯曲差等都可以被消除,这是水准测量中最基本的消除测量误差的方法。

### 3.6.4.3　地面三维变形监测方法

1.三维激光扫描变形监测

20世纪90年代中期,各种高新科学技术层出不穷,三维激光扫描技术应运而生。它通过对被测对象进行高速激光扫描,可以快速地、大面积高分辨率地获取被测对象表面的空间坐标数据,可以大批量、快速精确地采集空间点位信息,快速建立物体对应的三维影像模型,是继 GNSS 空间定位系统之后又一项测绘技术新突破。由于三维激光扫描的特性,可以使得地质灾害监测分析更加快捷、更加形象直观,可以在一定范围内利用三维激光扫描对地质灾害变形体进行监测代替传统的监测方法。

2.全站仪三维变形监测

随着科学技术的发展,全站仪观测精度以及可靠性都越来越高,全站仪的短边三角高程测量精度有了较大的提高,可以在一定范围内代替水准测量,从而使得全站仪能对地质灾害变形体进行三维变形观测。自动全站仪的技术组成包括操纵器、坐标系统、计算机和控制器、换能器、决定制作、目标捕获、闭路控制传感器和集成传感器等8大部分,是一种集自动目标跟踪、自动目标识别、自动照准、自动测角与测距、自动记录于一体的测量平台,又被称为"测机器人"。

有些自动全站仪还提供了二次开发平台,用户利用该平台开发适用于自己的相关软件,可以直接在自动全站仪上运行。利用计算机软件实现测量与数据处理的自动化,从而在一定程度上实现了监测一体化和自动化,极大地提高了观测精度和效率,在地质灾害中的滑坡监测、崩塌监测中都得到了很大的应用。

3. 数字摄影测量监测方法

摄影测量方法包括近景摄影测量和地面立体摄影测量。数字摄影测量是基于数字影像和摄影测量的基本原理,应用模式识别、影像匹配、数字影像处理、计算机技术等多学科的理论方法,提取所摄对象以数字方式表达的物理信息与几何信息的摄影测量学的分支学科。我国王之卓教授称为全数字摄影测量,而美国等国家称为软拷贝摄影测量。随着科学技术的发展,现代数字摄影测量使用了高分辨率的量测仪器以及高质量数字摄影机,其点位精度与以前的摄影测量相比得到了很大的提高,使得摄影测量在变形监测中广泛的应用提供了可能,可以有效地应用到地质灾害监测中的大型滑坡、崩塌以及大型的治理工程试运行效果监测中。

## 3.6.5　GNSS 监测相对于常规监测方法的优点

### 3.6.5.1　观测站之间无须通视

既要保持良好的通视条件,又要保障测量控制网的良好结构,这一直是经典测量技术在实践方面的困难问题之一。GNSS 测量不要求观测站之间相互通视,因而不再需要建造觇标,这一优点既可大大减少测量工作的经费和时间,同时也使点位的选择变得更为灵活。不过为了使接收 GNSS 卫星的信号不受干扰,必须保持观测站的上空开阔(净空),这一点可以利用卫星可见性预报来减小一定的影响。

### 3.6.5.2　定位精度高

现已完成的大量试验表明,目前在小于 50 km 的基线上,其相对定位精度可达 $(1 \sim 2) \times 10^{-6}$,而在 100 km、500 km 的基线上可达 $10^{-6} \sim 10^{-7}$。随着观测技术与数据处理方法的改善,可望在大于 1 000 km 的距离上,相对定位精度可达到或优于 $10^{-8}$。

### 3.6.5.3　观测时间短

目前,利用经典的静态定位方法,完成一条基线的相对定位所需要的观测时间,根据要求的精度不同,一般为 $1 \sim 3$ h。为了进一步缩短观测时间,提高作业速度,近年来发展的短基线(例如不超过 20 km)快速相对定位法,其观测时间仅需数分钟。

### 3.6.5.4　提供三维坐标

GNSS 测量,在精确测定观测站平面位置的同时,可以精确测定观测站的大地高程。GNSS 测量的这一特点,不仅为研究大地水准面的形状和确定地面点的高程开辟了新途径,同时也为其在航空物探航空摄影测量、航空物探及精度导航中的应用,提供了重要的高程数据。

### 3.6.5.5　操作简便

GNSS 测量的自动化程度很高,在观测中测量员的主要任务只是安置并开关仪器,量取仪器高,监视仪器的工作状态和采集环境的气象数据,而其他观测工作,如卫星的捕获、跟踪观测和记录等均由仪器自动完成。另外,GNSS 用户接收机一般质量较轻,体积较小,因此携带和搬运都很方便。

### 3.6.5.6　全天候作业

GNSS 观测工作,可以在任何地点、任何时间连续地进行,一般也不受天气状况的影响。

### 3.6.6 小结

综上所述,我国地质条件相当复杂多变,并且属于多发地灾的国度,相应的地灾影响也很大且类别多、分布广,明显威胁着群众的人身和财产安全,还大幅制约了社会经济的增长。而这些地质灾害之所以会带来严重后果,很重要的原因就是未有效地监测地灾威胁体,或监测不到位而无法反映出来灾害的整体发展趋势,使人们未做好充足防备。而 GNSS 系统具有功能强大、星座框架合理、定位精度高、操作灵活便捷等优点,能够全天候地定位监测任何地点,并以多模式、多系统展开工作。所以,在监测地灾中,宜积极应用这项技术来提供有效的决策依据,进而保护好广大民众、充分减免损失。

# 4　GIS 技术在埇桥区地面沉降地质灾害风险评价中的应用研究

## 4.1　概　述

安徽省宿州市埇桥区属于平原丘陵区,崩塌、岩溶塌陷地质灾害不发育,地面沉降和采空塌陷是该地主要的地质灾害。本节主要以地面沉降灾害为例,阐述 GIS 技术在宿州市埇桥区地面沉降地质灾害风险评价中的应用。

## 4.2　地面沉降地质灾害风险评价

建立全面合理的评价指标体系是评价地面沉降风险性的基础,也是风险性评价最为重要的一个环节,所选择的评价指标要遵循定性定量结合,全面、系统、科学、可操作的原则。在充分考虑地面沉降形成的原因,引起的影响,造成的危害,治理的措施及投入的前提下,有针对性地建立评价体系,为后续的建立风险性评价模型提供有力的保障。构建地面沉降风险评价指标体系是进行地面沉降风险评价的首要任务。地面沉降风险性由两部分构成:地面沉降危险性和地面沉降易损性。

本次地面沉降地质灾害风险评价采用规范定性评价和综合指数评价两种方法,并将两种评价方法结果进行综合对比分析,从而选取更符合实际的评价结果。

### 4.2.1　地质灾害危险性评价(规范定性评价法)

#### 4.2.1.1　评价方法

根据《地面沉降调查与监测规范》(DZ/T 0283—2015),对工作区进行危险性分区划分。划分方法见表4-1。

表 4-1　宿州市地面沉降危险性判别

| 判别要素 | 要素分区 |
|---|---|
| 地面沉降易发程度 | 高易发区 |
| | 中–低易发区 |
| | 不易发区 |
| 地面沉降历史灾害强度 | 大–较大强度区 |
| | 中强度区 |
| | 较小–小强度区 |
| 预测沉降速率 | 大–较大速率区 |
| | 中速率区 |
| | 较小–小速率区 |

续表 4-1

| 判别要素 | 要素分区 |
|---|---|
| 地面高程 | 低–较低地势区 |
| | 中地势区 |
| | 较高–高地势区 |

符合表 4-1 中任意二项或以上判别要素的最高者,确定为地面沉降危险性大;符合任意三项判别要素的最低者,确定为地面沉降危险性小;除上述外地区确定为地面沉降危险性中等。

1. 地面沉降易发程度

根据《地面沉降调查与监测规范》(DZ/T 0283—2015)第 7.2.1 条,地面沉降易发性评价的主要判别要素有地形地貌、松散沉积层厚度、软土层厚度、地下水主采层数量等。划分的方法见表 4-2。

表 4-2　宿州市地面沉降易发性评价

| 判别要素 | 易发性评价 | | | |
|---|---|---|---|---|
| | 高易发区 | 中易发区 | 低易发区 | 不易发区 |
| 地形地貌 | 河口三角洲、内陆平原、盆地 | | | |
| 松散沉积层厚度/m | ≥150 | 100~150 | 50~100 | <50 |
| 软土层厚度/m | ≥30 | 20~30 | 10~20 | <10 |
| 地下水主采层数量/层 | ≥3 | 2 | 1 | 无 |

2. 地面沉降历史灾害强度和预测沉降速率

参考《地质灾害危险性评估规范》(GB/T 40112—2021),地面沉降历史灾害强度评价指标为累积沉降量,预测沉降速率指标为近 5 年平均沉降速率。划分的方法见表 4-3。

表 4-3　宿州市地面沉降发育程度评价

| 发育程度 | 发育特征 | |
|---|---|---|
| | 近 5 年平均沉降速率/(mm/a) | 累积沉降量/mm |
| 强发育 | ≥30 | ≥800 |
| 中等发育 | 10~30 | 300~800 |
| 弱发育 | ≤10 | ≤300 |

注:上述二项因素满足一项即可,并按照由强至弱的顺序确定。

3. 地势高程

地势高程按表 4-1 分为低–较低地势区、中地势区、较高–高地势区三级。

#### 4.2.1.2　评价单元

本次采用规则栅格单元评价法,以 25 m×25 m 栅格单元为最小评价单元,研究区共 7 753 152 个栅格单元,在此基础上展开评价。

#### 4.2.1.3　地面沉降易发性评价

地面沉降易发性评价的主要判别要素有地形地貌、松散沉积层厚度、软土层厚度、地下水主采层数量。

**1. 地形地貌**

　　埇桥区地形地貌如图 4-1 所示,位于淮北北部丘陵与平原的过渡地区。地形大致以符离镇东西方向为界,以北多为丘陵山区,标高一般为 30~150 m,最低 27 m,最高 311.8 m。以南为大片平原区,地形平坦,标高一般为 24~27 m,最低 23.2 m。地形总趋势西北和北部稍高,向东南和南缓倾。

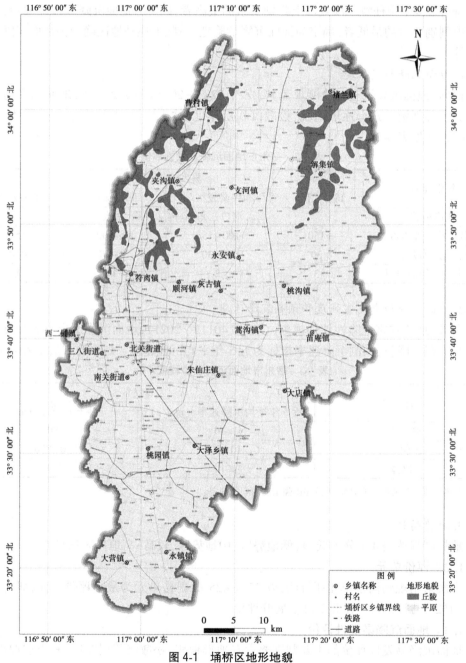

图 4-1　埇桥区地形地貌

**2. 松散沉积层厚度**

新生界松散沉积物广布全区,厚50~200 m,北薄南厚,最厚处在朱仙庄和桃园一带。埇桥区松散沉积层厚度见图4-2。

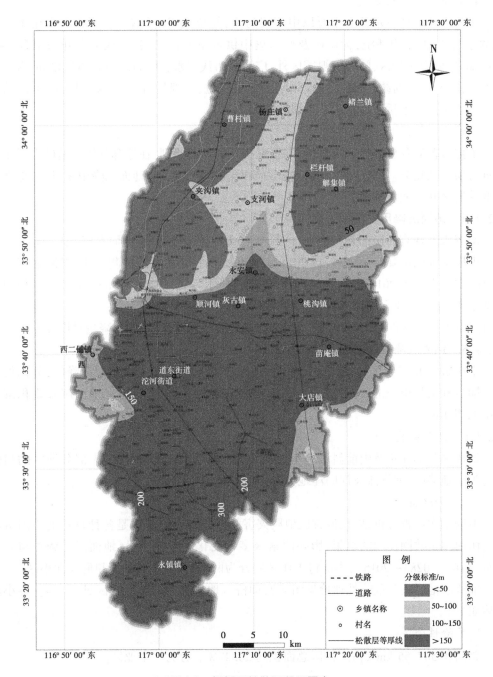

**图4-2　埇桥区松散沉积层厚度**

3.软土层厚度

根据宿州地区工程地质勘查资料,工作区一般20 m以浅分布有软土,但累积厚度一般小于10 m,对开采中深层及深层地下水区域一般影响不大。

4.地下水主采层数量

目前埇桥区地下水开采主要以中深层为主,符离镇以南均有分布,埋深多在43~84 m,含水层为中、下更新统,为厂矿及城镇集中供水主要目的层位,地下水开采层数3~4层;北部主要为灰岩区,除基岩裸露区外,广泛分布浅层水,埋深在1.60~33.42 m,含水层位为全新统、上更新统,为该区农业用水的主要层位,一般发育1~3含水层,靠近山前地带一般为1层。埇桥区地下水开采层数见图4-3。

5.结果分析

依据规范对各要素进行了分析,本着就高不就低的原则,在综合分析的基础上对工作区进行易发区划分。本次将工作区划分为地面沉降高易发区、地面沉降中易发区、地面沉降低易发区和地面沉降不易发区,如图4-4所示。

#### 4.2.1.4 地面沉降历史灾害强度评价

调查未发现有明显的井口抬升、桥洞净空减少、房屋开裂等地面沉降现象,由于埇桥区缺少历史地面沉降监测资料,自2014年才开始开展地面沉降监测工作,推测宿州市地面沉降主要发生于2010年之后,根据历史资料显示埇桥区2014~2020年最大累积地面沉降量达82 mm,年平均沉降速率5~25 mm/a,结合InSAR解译结果,认为埇桥区累积地面沉降量不超过300 mm,全区属于弱发育。埇桥区地面沉降累积沉降量见图4-5。

#### 4.2.1.5 地面沉降沉降速率

本次InSAR遥感解译结果显示,埇桥区城区具有两个较为明显的沉降区,分别位于西二铺乡和宿州市经济技术开发区,沉降速率10~20 mm/a。埇桥区地面沉降累积沉降速率见图4-6。

#### 4.2.1.6 地势高程

埇桥区北部丘陵及山前斜坡地为较高-高地势区,分布于工作区大部分地区的河间平地为中地势区,河漫滩及河间洼地为低-较低地势区。

#### 4.2.1.7 分区结果

根据本次调查分析结果,调查区地质灾害的形成与发生基本是各种自然地质因素和人为作用因素共同作用的结果,影响因素众多且变化复杂。根据《地面沉降调查与监测规范》(DZ/T 0283—2015),本次将工作区划分为两类:危险性中等区和危险性小区。

埇桥区地质灾害危险性评价见图4-7,埇桥区地质灾害危险性分区见表4-4。各小区分述如下。

1.危险性小区

总面积587.55 km²,占工作区总面积的20.49%。分为二个亚区。

1) 符离镇—夹沟镇—曹村危险性小区(L₁)

该亚区面积 308.07 km²，占工作区总面积的 10.74%。该区位于埇桥区北西部。易发程度为低易发、不易发区，地貌为平原与低丘的过渡带，地势平坦，地面沉降地质灾害不发育。

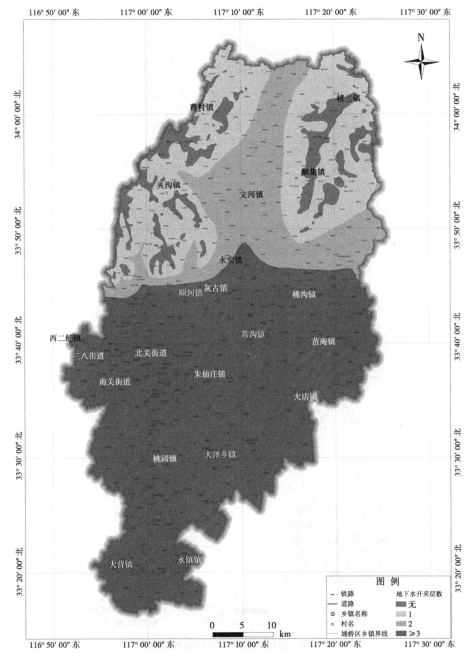

图 4-3　埇桥区地下水开采层数

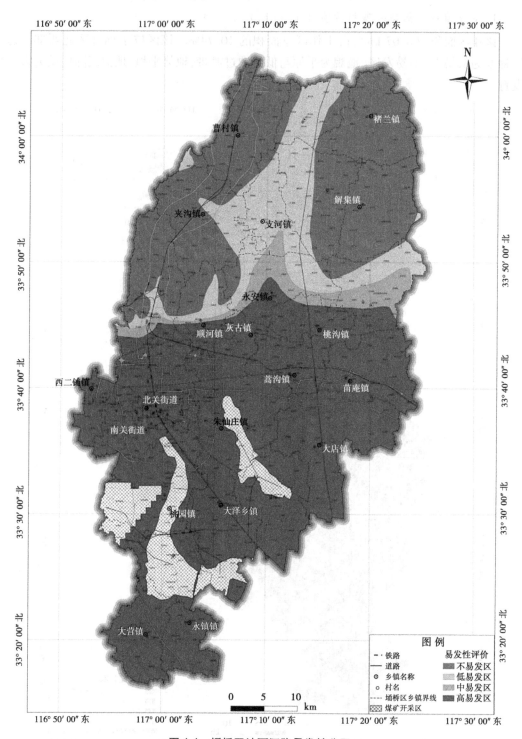

图 4-4 埇桥区地面沉降易发性分区

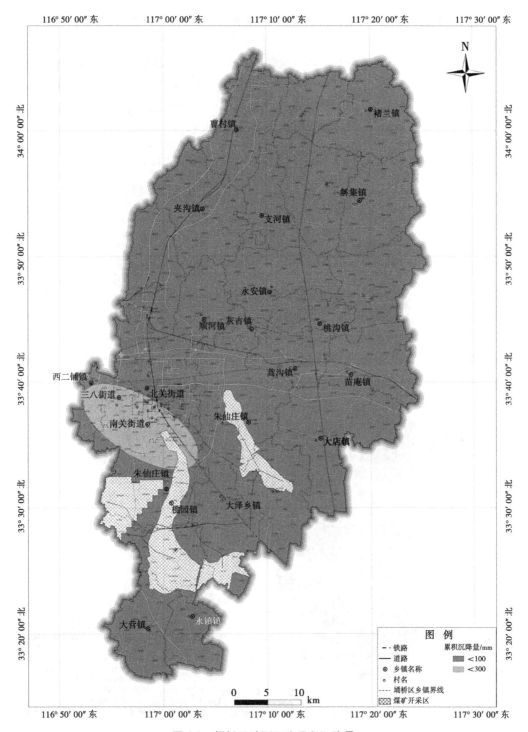

图 4-5　埇桥区地面沉降累积沉降量

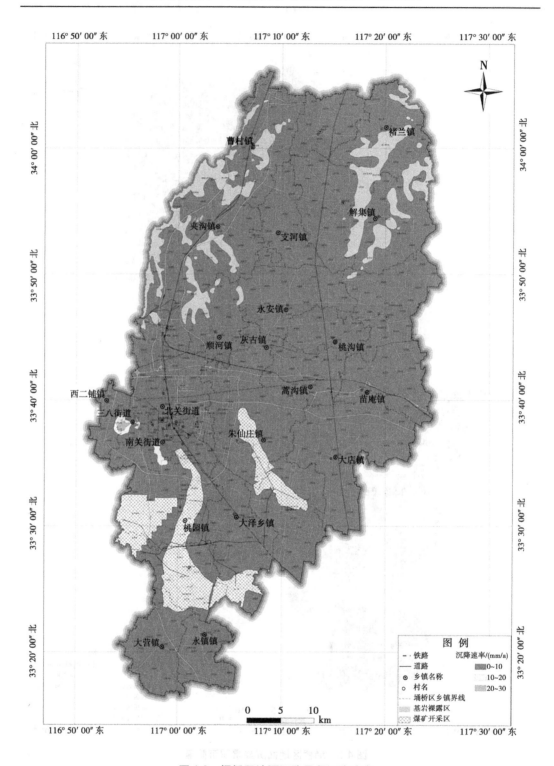

图 4-6 埇桥区地面沉降累积沉降速率

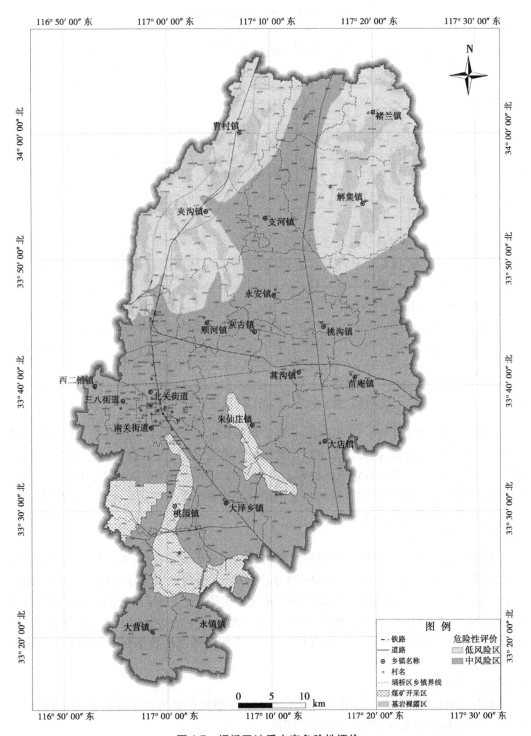

图 4-7 埇桥区地质灾害危险性评价

表 4-4　埇桥区地质灾害危险性分区

| 危险程度 | 面积/km² | 比例/% | 亚区代号 | 面积/km² | 比例/% | 位置 |
|---|---|---|---|---|---|---|
| 危险性小 | 587.55 | 20.49 | L₁ | 308.07 | 10.74 | 符离镇—夹沟镇—曹村危险性小区 |
| | | | L₂ | 279.48 | 9.74 | 解集镇—褚兰镇危险性小区 |
| 危险性中等 | 1 890.12 | 65.90 | M₁ | 1 890.12 | 65.90 | 埇桥区南部各乡镇—城区—支河镇危险性中等区 |
| 煤矿开采区 | 196.87 | 6.86 | | 196.87 | 6.86 | |
| 基岩裸露区 | 193.46 | 6.75 | | 193.46 | 6.75 | |

2) 解集镇—褚兰镇危险性小区($L_2$)

该亚区面积 279.48 km²,占工作区总面积的 9.74%。该区位于埇桥区北东部,易发程度为低易发、不易发区,地貌为平原与低丘的过渡带,地势平坦,地面沉降地质灾害不发育。

2. 危险性中等区

该区总面积 1 890.12 km²,占工作区总面积的 65.9%,仅有埇桥区南部各乡镇—城区—支河镇危险性中等区($M_1$)。该区位于工作区南中部及北部支河镇一带。易发程度为高易发、中易发,地貌为平原,主城区地面沉降较发育,其他地区地面沉降发育较弱。

## 4.2.2　地质灾害危险性评价(综合指数评价法)

考虑到不同地区环境承载力的不同,地面沉降风险性是相对的,需要综合考虑到地质条件和社会影响两方面,因此地面沉降评价指标应相互独立,又具有一定的隶属关系,需要建立综合模型方法来进行定量化处理。本次评价采用综合指数评价法,建立全面合理的评价指标体系,再利用层次分析法将复杂系统的决策思维进行层次化,把决策过程中定性和定量的因素有机结合起来。

### 4.2.2.1　评价方法

考虑到地面沉降发育地质环境条件、灾害影响因素的复杂性等,本次评价采用定性与定量相结合的方法进行。通过 ArcGIS 划分评价单元;根据地面沉降地质灾害特征,地面沉降发育背景及现状、地面沉降形成机制等确定评价因子;利用层次分析法确定各致灾因子权重;将参与评价的各因子(图层)量化数值分配到不同的评价单元上,采用相应数学评价模型计算出各单元地质危险程度指数,再将叠加后的网格数据化进行地质灾害危险性分区。

### 4.2.2.2　评价单元

本次采用规则栅格单元评价法,以 25 m×25 m 栅格单元为最小评价单元,研究区共7 753 152 个栅格单元,在此基础上展开评价。

### 4.2.2.3　评价因子选取

危险性评价是地面沉降灾害研究的基本内容,地面沉降的危险性取决于其产生机制和发育环境,主要包括风险来源的自然因素(构造条件、第四系地质条件、水文地质条件、水土物理力学性质、海平面上升速度等)、人为因素(地下水开采强度、水位变化速率、工程活动程度等)和地面沉降情况(规模、发生概率、发展速率)等。

本次评价因子参考《地面沉降调查与监测规范》(DZ/T 0283—2015),地面沉降危险评价的主要判别要素有地形地貌、松散沉积层厚度、软土层厚度、地下水主采层数量、沉降速率、累积沉降量。

根据层次分析法的基本原理,建立危险性评价层次评价模型(见图 4-8)。目标层(A)为地质灾害危险性评价。准则层(B)为危险性评价影响因素,包括易损性($B_1$)和危险性($B_2$)。指标层(C)为各准则层所包含的地面沉降影响因素评价指标。

根据以往资料和地面沉降调查资料,对 6 个指标因子进行统计分析,确定赋值表(见表 4-5)。在已建立的层次结构上,建立判断矩阵,通过一致性检验,采用方根法计算指标权重,判断矩阵和权重结果见表 4-6 和表 4-7。地质灾害各评价因子分类与分类标准见表 4-8。

危险性评价的综合指数评价模型如下:

$$W_{危险性评价} = C_1\lambda_1 + C_2\lambda_2 + C_3\lambda_3 + C_4\lambda_4 + C_5\lambda_5 + C_6\lambda_6 \tag{4-1}$$

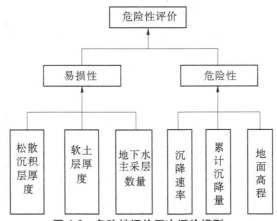

**图 4-8　危险性评价层次评价模型**

**表 4-5　危险性评价因子判断矩阵权重计算**

| 序号 | 危险性评价 | 易损性 | 危险性 | 权重 |
|---|---|---|---|---|
| 1 | 易损性 | 1 | 1/2 | 0.333 3 |
| 2 | 危险性 | 2 | 1 | 0.666 7 |

**表 4-6　易损性因子判断矩阵权重计算**

| 易损性 | 松散沉积层厚度 | 软土层厚度 | 地下水主采层数量 | 权重 |
|---|---|---|---|---|
| 松散沉积层厚度 | 1 | 2 | 1/3 | 0.229 7 |
| 软土层厚度 | 1/2 | 1 | 1/5 | 0.122 |
| 地下水主采层数量 | 3 | 5 | 1 | 0.648 3 |

表 4-7　危险性因子判断矩阵权重计算

| 序号 | 危险性 | 沉降速率 | 累积沉降量 | 地面高程 | 权重 |
|---|---|---|---|---|---|
| 1 | 沉降速率 | 1 | 2 | 5 | 0.581 6 |
| 2 | 累积沉降量 | 1/2 | 1 | 3 | 0.309 |
| 3 | 地面高程 | 1/5 | 1/3 | 1 | 0.109 5 |

表 4-8　地质灾害各评价因子分类与分类标准

| 一级指标 | 二级指标 | 指标分类 | 指标权重 | 重要程度赋值 | 分级权重 |
|---|---|---|---|---|---|
| 易发性 | 松散沉积层厚度/m | <50 | 0.08 | 1 | 0.08 |
| | | 50~100 | | 2 | 0.16 |
| | | 100~150 | | 3 | 0.24 |
| | | ≥150 | | 4 | 0.32 |
| | 软土层厚度/m | <10 | 0.04 | 1 | 0.04 |
| | | 10~20 | | 2 | 0.08 |
| | | 20~30 | | 3 | 0.12 |
| | | ≥30 | | 4 | 0.16 |
| | 地下水主采层数量/层 | 无 | 0.22 | 1 | 0.22 |
| | | 1 | | 2 | 0.44 |
| | | 2 | | 3 | 0.66 |
| | | ≥3 | | 4 | 0.88 |
| 危险性 | 沉降速率 | ≤10 | 0.4 | 1 | 0.4 |
| | | 10~20 | | 2 | 0.8 |
| | | 20~30 | | 3 | 1.2 |
| | | ≥30 | | 4 | 1.6 |
| | 累积沉降量 | ≤100 | 0.2 | 1 | 0.2 |
| | | 100~300 | | 2 | 0.4 |
| | | 300~500 | | 3 | 0.6 |
| | | ≥500 | | 4 | 0.8 |
| | 地面高程 | 低-较低地势 | 0.06 | 1 | 0.06 |
| | | 中地势 | | 2 | 0.12 |
| | | 较高-高地势 | | 3 | 0.18 |

#### 4.2.2.4 分区结果

据计算结果统计分析,将危险性评价结果为 2.2~3.95,定义为高易发区;危险性评价结果为 1.72~2.2,定义为中易发区;危险性评价结果为 0~1.72,定义为低易发区。从而得到地质灾害危险性分区图(见图 4-9)和危险性评价统计表(见表 4-9)。

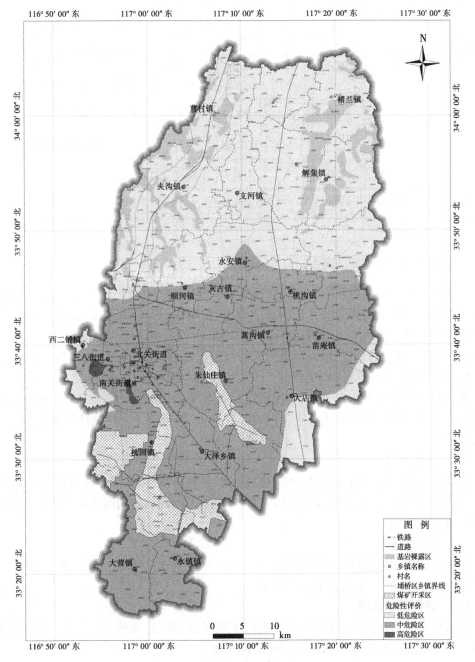

图 4-9 埇桥区地质灾害危险性评价

表 4-9　调查区危险性评价统计

| 危险程度 | 面积/km² | 比例/% | 亚区代号 | 面积/km² | 比例/% | 位置 |
|---|---|---|---|---|---|---|
| 危险性大区 | 8.98 | 0.31 | H₁ | 5.78 | 0.20 | 城西水源地危险性大区 |
| | | | H₂ | 3.2 | 0.11 | 经济开发区危险性大区 |
| 危险性中等区 | 1 326.33 | 46.25 | M₁ | 1 326.33 | 46.25 | 埇桥区南部乡镇危险性中区 |
| 危险性小区 | 1 142.36 | 39.83 | L₁ | 1 042.74 | 36.36 | 埇桥区北部乡镇危险性小区 |
| | | | L₂ | 27.38 | 0.95 | 西二铺—邵圩村危险性小区 |
| | | | L₃ | 72.24 | 2.52 | 大店镇危险性小区 |
| 煤矿开采区 | 196.87 | 6.86 | | 196.87 | 6.86 | |
| 基岩裸露区 | 193.46 | 6.75 | | 193.46 | 6.75 | |

## 4.2.3　地质灾害易损性评价

易损性是指在区域范围内,人身财产和经济社会对灾害的抵抗能力以及灾后的治理能力。本次地面沉降易损性的评价因子主要有经济状况因子(经济越发达,地面沉降所造成的损失就越大)、人口密度因子(人口密度越大,地面沉降所引起损失就越大)、道路交通因子(距道路交通越近,地面沉降引起的损失越大)和功能分区因子(功能越复杂、越重要的分区,地面沉降危害影响越大)。

本次易损性评价工作主要参考《地质灾害风险调查评价技术要求(1:50 000)》中"一般调查区承灾体易损性赋值建议表",同时结合埇桥区自然、社会环境特点对各类承灾体进行赋值。

### 4.2.3.1　评价方法

本次易损性评价采用了人口密度、道路密度、建筑密度、重大工程建设作为评价因子,根据现有的数据和已有的评价报告,结合野外地质调查资料,运用改进的层次分析法对其分析评价。

### 4.2.3.2　评价单元

本次采用规则栅格单元评价法,以 25 m×25 m 栅格单元为最小评价单元,研究区共7 753 152 个栅格单元,在此基础上展开评价。

### 4.2.3.3　评价因子选取

根据层次分析法的基本原理,对 4 个指标因子进行统计分析,在已建立的层次结构上,建立判断矩阵,判断矩阵和权重结果见表4-10。

表4-10　危险性因子判断矩阵权重计算

| 易损性 | 人口密度 | 道路密度 | 建筑密度 | 重大工程建设 | 权重 |
|--------|----------|----------|----------|--------------|------|
| 人口密度 | 1 | 2 | 5 | | 0.28 |
| 道路密度 | 1/2 | 1 | 3 | | 0.12 |
| 建筑密度 | 1/5 | 1/3 | 1 | | 0.20 |
| 重大工程建设 | | | | 1 | 0.4 |

1. 人口密度

人口是地面沉降的最主要受灾体,是评价沉降易损性必不可少的因素之一,故采用单位面积人口数作为地面沉降的评价因子。通常情况下,人口密度越大,地面沉降造成的损失就会越大;反之,则越小。本次评价以埇桥区各个街道、乡镇的人口密度为基础,将人口密度分为5级。具体分级情况如表4-11所示。人口密度图如图4-10所示。

表4-11　人口密度分级

| 密度等级 | 小 | 较小 | 中等 | 较大 | 大 |
|----------|-----|------|------|------|-----|
| 人口密度/<br>(人/km²) | <500 | 500~1 000 | 1 000~3 000 | 3 000~10 000 | >10 000 |
| 分布区域 | 汴河街道、大店镇、大营镇、夹沟镇、褚兰镇、朱仙庄镇、大泽乡镇、永镇镇、蒿沟镇、苗庵镇、支河镇、解集镇 | 永安镇、杨庄镇、栏杆镇、灰古镇、顺河镇、西二铺镇、芦岭镇、桃源镇、桃沟镇、时村镇、祁县镇、符离镇、城东街道、曹村镇、金海街道 | | 三八街道、沱河街道、北关街道、道东街道、三里湾街道 | 西关街道、南关街道、东关街道、埇桥街道 |

2. 道路密度

地面的差异性沉降,会造成道路凹凸不平或开裂,加之部分道路本身车流量和荷载等诸多因素的影响,可能会产生不同程度的差异沉降,严重时则会影响到道路的结构及行车安全,增加城市道路的维护成本。相同程度的地面沉降对道路密集区域造成的损失要大。因此,有必要将城市道路密度作为地面沉降易损性评价的指标。通常,交通密度越大,其面临的易损性风险越大。

本次评价以村级行政界线为评价单元,以人口密度为基础,将道路密度分为5级。具体分级情况见表4-12。道路密度图见图4-11。

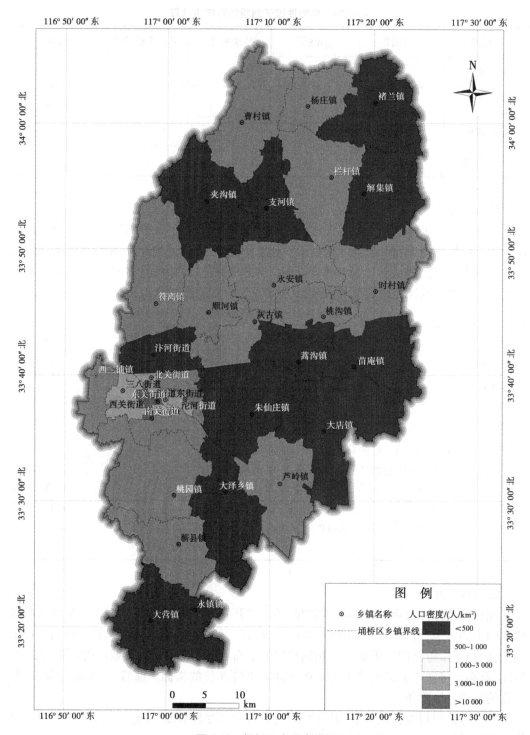

图 4-10　埇桥区人口密度图

表 4-12  道路密度分级

| 密度等级 | 小 | 较小 | 中等 | 较大 | 大 |
|---|---|---|---|---|---|
| 人口密度/（人/km²） | <0.68 | 0.68~0.98 | 0.98~1.13 | 1.13~1.45 | >1.45 |

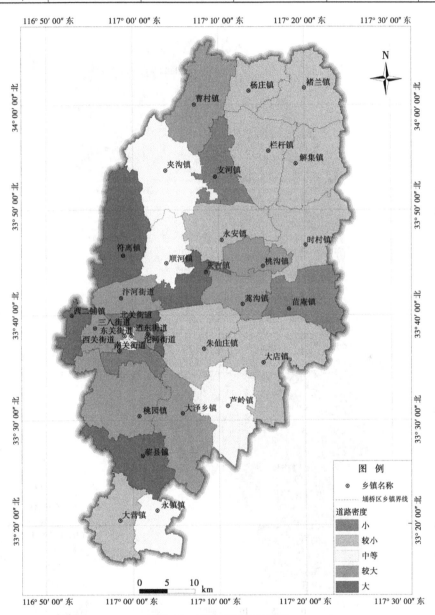

图 4-11  埇桥区道路密度图

## 3. 建筑密度

地面的差异性沉降,使建筑物产生裂缝和倾斜或倒塌,道路凹凸不平或开裂,地下管线扭曲变形甚至断裂破损,码头及其他港口设施下沉等,是地面沉降破坏的主要对象。通常相同程度的地面沉降对建筑物密集区域造成的损失要大。单位面积建设用地所占比重反映房屋建筑、公益设施规模等。比重越大,面临的易损性风险越大。如图 4-12 所示为埇桥区建筑密度图,根据埇桥区建筑密度情况,可将单位面积建设用地比重划分五个等级(见表 4-13)。

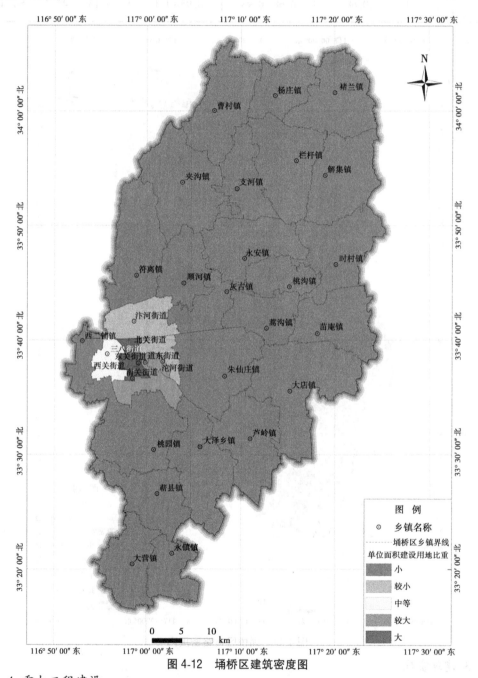

图 4-12　埇桥区建筑密度图

## 4. 重大工程建设

重大工程建设一般指经过地面沉降区的高速公路、高铁、地下管线等。这些重要交通路线对于地面沉降特别是不均匀地面沉降比较敏感,容易受到破坏。埇桥区内有京沪高速铁路和地下天然气管道。因此,这些重要交通路线的易损性比一般地区要高。

**表 4-13 建筑密度分级**

| 等级 | 小 | 较小 | 中等 | 较大 | 大 |
|---|---|---|---|---|---|
| 单位面积建设用地比重/% | 0~20 | 20~40 | 40~60 | 60~80 | 80~100 |

**5. 分区结果**

根据地面沉降易损性分区图 4-13 可知:极高易损区主要分布在埇桥区中心城区;高

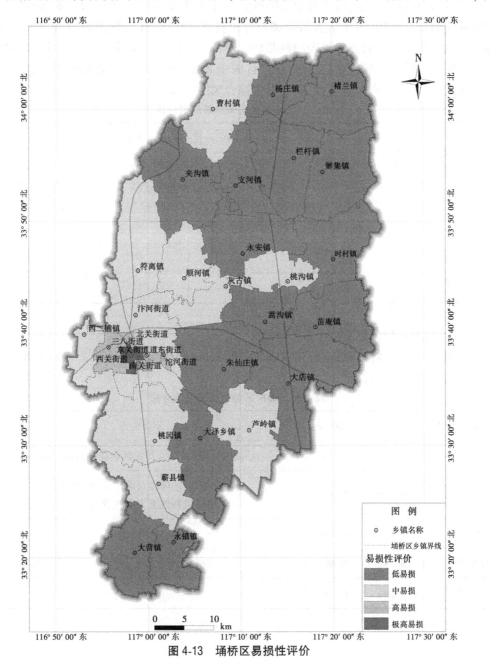

**图 4-13 埇桥区易损性评价**

易损区分布在极高易损区周边街道;中易损区主要分布在曹村镇、符离镇、芦岭镇和城区外围乡镇;其他地区为低易损区。

## 4.2.4　地质灾害风险性评价

### 4.2.4.1　风险评价分级

　　地质灾害风险是由得到的危险性、承灾体易损值共同决定的,完成风险估算的过程。常用定性、定量计算方法,为了减少易损性定量评价带来的干扰,考虑地方实际情况,采用定性评价方式。参照《地质灾害风险调查评价技术要求 2020 试行版》表(见表 4-14),依据地质灾害风险等级划分建议表的判断矩阵进行风险评价分级,按照人口、财产承灾体类别确定极高风险、高风险、中风险、低风险区四个等级,而综合风险采取就高原则,即对比斜坡单元内人口、财产风险等级,取高者为综合风险等级。

表 4-14　地质灾害风险等级划分建议

| 易损性 | 不同危险性下的风险等级 | | | |
|---|---|---|---|---|
| | 极高 | 高 | 中 | 低 |
| 极高 | 极高 | 极高 | 高 | 中 |
| 高 | 极高 | 高 | 中 | 中 |
| 中 | 高 | 高 | 中 | 低 |
| 低 | 高 | 中 | 低 | 低 |

### 4.2.4.2　风险评价结果

　　按照地质灾害风险等级划分建议表的判断矩阵,得到综合的地质灾害风险评价结果(见表 4-15 和图 4-14)。

表 4-15　埇桥区地质灾害风险分级

| 风险评价 | 面积/km² | 比例/% | 分布位置 |
|---|---|---|---|
| 高风险区 | 31 | 1.08 | 城西水源地、经济开发区和高铁沿线地区 |
| 中风险区 | 602.56 | 21.01 | 埇桥区城区周边及蒿沟镇、桃沟镇、芦岭镇和地下天然气管道地区 |
| 低风险区 | 1 844.11 | 64.30 | 其他乡镇地区 |
| 煤矿开采区 | 196.87 | 6.86 | |
| 基岩裸露区 | 193.46 | 6.75 | |

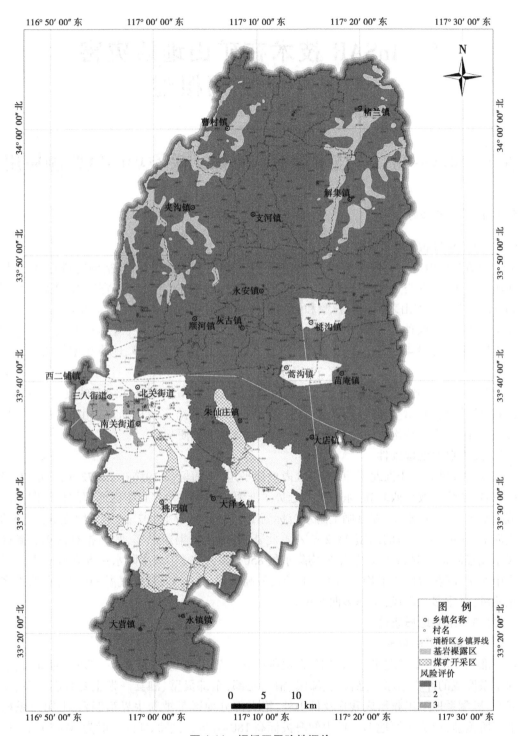

图 4-14　埇桥区风险性评价

# 5　InSAR 技术在矿山地质灾害监测中的应用概述

## 5.1　SBAS-InSAR 技术对钱营孜煤矿采空塌陷区监测应用

### 5.1.1　矿区概况

#### 5.1.1.1　地理位置与交通

安徽某煤电股份有限公司钱营孜煤矿位于安徽省宿州矿区西部,宿南向斜北段,东与桃园矿山为邻、南与邹庄井田相接。东西走向长约 10.8 km,南北倾斜宽约 10.2 km,面积 74.123 7 km²。矿山采用走向长壁和倾斜长壁两种采煤方法。地质储量 5.45 亿 t,可采储量 2.18 亿 t,煤种以气煤和焦煤为主;井田内可采煤层 8 层,其中主采煤层为 $3_2$、$8_2$ 两个煤层,平均总厚 4.67 m。矿井为高瓦斯矿井、水文地质类型中等、地质类型复杂。矿井核定生产能力 385 万 t/a,是国家 74 家先进产能煤矿之一。现有一个开采水平,水平标高−650 m。地面配套建有选煤厂、煤矸石砖厂。区内有宿蒙公路和众多的支线与祁东、许疃、任楼、桃园、童亭、临涣等矿井相连。青疃—芦岭铁路支线从勘查区由东向西通过,分别与濉阜、京沪线沟通。另有合徐高速穿过,交通十分便利。

#### 5.1.1.2　自然地理条件

钱营孜煤矿位于淮北平原中部,区内地势平坦,地面标高 19.68~24.72 m,一般在 23 m 左右,地势大致呈西北高、东南低的趋势。淮河支流——浍河自本区西部的孙疃向东南流经本区,年平均水位:祁县闸上游水位标高 17.22 m,下游 16.07 m;年平均流量:上游的临涣 7.85 m³/s,下游的固镇 23.2 m³/s。此外,区内人工渠道纵横,水网相对密集。矿区属季风暖温带半湿润性气候,年平均降水量 850 mm 左右,年最小降水量 520 mm,雨量多集中在 7、8 两个月;年平均气温 14~15 ℃,最高气温 40.2 ℃,最低气温−14 ℃;春秋季多东北风,夏季多东南风,冬季多西北风。

#### 5.1.1.3　水文地质条件

1. 区域地形和地表水

淮北煤田位于淮北平原的北部,在地貌单元上属于华北大平原的一部分,为黄河、淮河水系形成的冲积平原。除肖县、濉溪、宿州北部,东部灵璧、泗县一带主要有震旦系、寒武系、奥陶系地层出露形成残丘及低山外,绝大部分地区都被新生界第四系、上第三系松散层所覆盖,形成平原地形。低山的海拔标高 180~408 m,平原地区一般为 20~50 m。地势总体上由西北向东南微微倾斜。

区域河流属淮河水系的一部分,主要有岱河、闸河、濉河、新汴河、沱河及浍河等,它们由西北流向东南流入淮河。这些河流均属季节性河流,河水受大气降水影响,雨季各河流河水上涨,流量剧增,枯水期间河水流量减少甚至干涸。各河年平均流量为 3.52~72.10 m³/s,年平均水位标高为 14.73~26.56 m。

2. 区域矿井水文地质特征

淮北煤田各生产矿正常涌水量为 100~500 m³/h,煤层顶底板砂岩裂隙含水层为矿坑直接充水水源,出水点水量大小与补给水源和构造裂隙发育程度有紧密联系,通常水量呈衰减趋势,水量在初期开采时增长较快,投产几年后,涌水量逐渐稳定,随着开采水平延伸和采区的接替,涌水量变化不大。勘探和水文地质资料证实,淮北煤田断层一般富水性较弱,导水性也差。

3. 矿井地表水

井田内地形平坦,地面标高一般在 23 m 左右。井田内最大地表水体是浍河,它从井田中部穿过,自西北流向东南。浍河及其支流和人工沟渠组成了密如蛛网的地表水系。浍河是淮河的支流,河床蜿蜒曲折,宽 50~150 m,深 3~5 m,两岸有人工河堤,每年 7~9 月为雨季,河水位较高,流量较大,每年 10 月至次年 3 月为枯水期,干旱严重时甚至断流。浍河属季节性河流,中华人民共和国成立以来曾发生过 3 次较大洪灾,其中最大一次洪灾发生在 1956 年 7 月,上游水文站观测资料显示,当时洪峰最大流量为 865 m³/s,洪水位标高达到 +28.34 m;普遍积水 1 m 左右,但新汴河于 1968 开挖以后,极大地增强了泄洪能力,根除了本地区水患,目前地表水未对矿区开采和建设造成危害。

## 5.1.2　矿区地表沉降

### 5.1.2.1　以往观测结果

钱营孜煤矿为地下开采矿山,存在的地质灾害主要为采空塌陷,采煤沉陷引起的损害现状主要有采空塌陷地质灾害、含水层破坏、地形地貌景观破坏及土地资源破坏。地面建筑物、构筑物、水利、交通、电力等工农业生产设施因采煤沉陷而遭受不同程度的损毁。2017 年矿区内共有采煤沉陷区 2 处(见图 5-1),均为一般采煤沉陷区,总面积 14.97 km²。

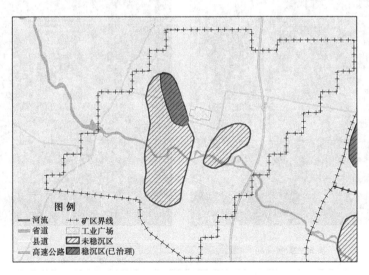

**图 5-1　钱营孜煤矿 2017 年采空塌陷范围**

Ⅰ区位于西一采区和西二采区 3₂ 煤层采空塌陷区,工业广场西南部,沉陷区总面积 11.54 km²,2009 年开始下沉,在地面形成一定长度和宽度的裂缝,最大塌陷深度 3.0 m,目前暂未稳沉。Ⅱ区位于东一采区 3₂ 煤层采空塌陷区,地表下沉值小于 1.5 m 的塌陷区这部分由于塌陷深度较小,对农业生产、农田耕种有一定影响,农田需做平整方可耕作。

#### 5.1.2.2 SBAS-InSAR 结果

通过对 SBAS 处理后的 2019 年、2020 年、2021 年埇桥区的形变速率数据分析可知,钱营孜煤矿采空塌陷区是埇桥区形变速率变化最大的一个区域。为了解钱营孜煤矿采空塌陷区地表形变速率随时间的变化,对该区域形变速率进行提取并做比较(见图 5-2)。

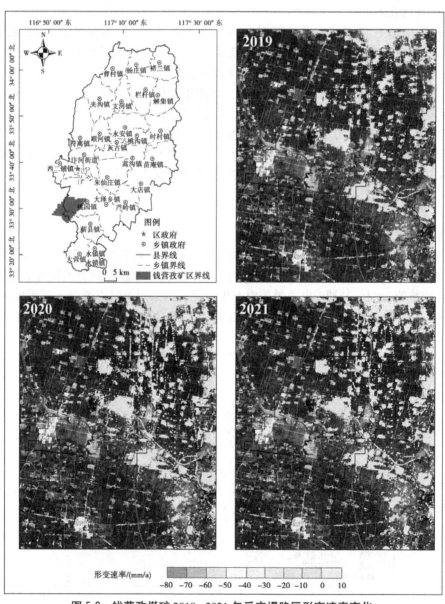

图 5-2 钱营孜煤矿 2019~2021 年采空塌陷区形变速率变化

从图 5-2 可知,该区域具有明显的形变特征,对该区域形变明显部分速率进行提取并分析。2019 年钱营孜煤矿采空塌陷区地表最大沉降速率为 78.75 mm/a,2020 年该区域最大沉降速率为 37.37 mm/a,2021 年该区域最大沉降速率为 37.5 mm/a。同时该区域平均形变速率进行计算,结果如下,2019 年钱营孜煤矿采空塌陷区平均形变速率为 -32.35 mm/a,2020 年该区域平均形变速率为 -15 mm/a,2021 年该区域平均形变速率为 -8.09 mm/a,总体上看,钱营孜煤矿采空塌陷区特征区最大沉降速率变化较大,2019~2021 年速率减缓了约 35 mm/a,平均形变速率持续为负并逐年增大,表明该区域地表沉降呈现减慢趋势。

2019 年、2020 年、2021 年钱营孜煤矿采空塌陷区形变速率等值线显示,钱营孜煤矿具有一个明显的沉降区。从图 5-3 可知,该沉降区呈不规则多边形,2019~2021 年沉降区面积分别为 3.18 km², 1.96 km² 和 1.93 km²,3 年来沉降中心最大沉降速率分别为 78.75 mm/a、37.37 mm/a、37.50 mm/a,呈减弱趋势,该沉降区沉降速率变化较大,属于未稳沉塌陷区。

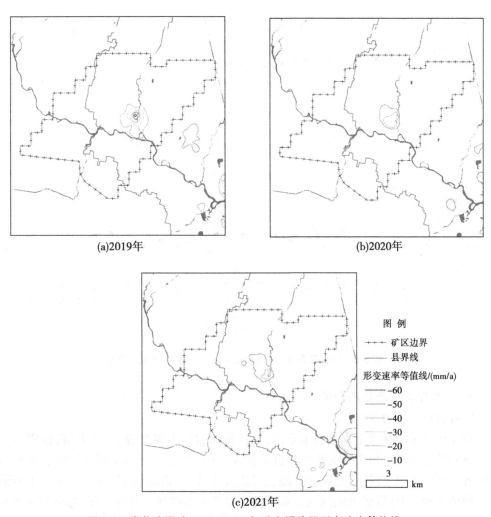

(a)2019年

(b)2020年

(c)2021年

图 5-3  钱营孜煤矿 2019~2021 年采空塌陷区形变速率等值线

以矿区为统计单元,分别统计 2019 年 1 月 10 日至 2020 年 1 月 5 日、2020 年 1 月 17 日至 12 月 30 日、2021 年 1 月 11 日至 12 月 13 日期间钱营孜煤矿区域内累积沉降量的平均值,结果如图 5-4 所示。从图 5-4 可以看出,在监测时间内,矿区内的地面平均累积形变量为负值,整体呈沉降趋势。随着时间的推移,累积沉降量不断增加,2019 年平均累积沉降量为 20.72 mm,2020 年平均累积沉降量为 18.25 mm,2021 年平均累积沉降量为 20.93 mm。

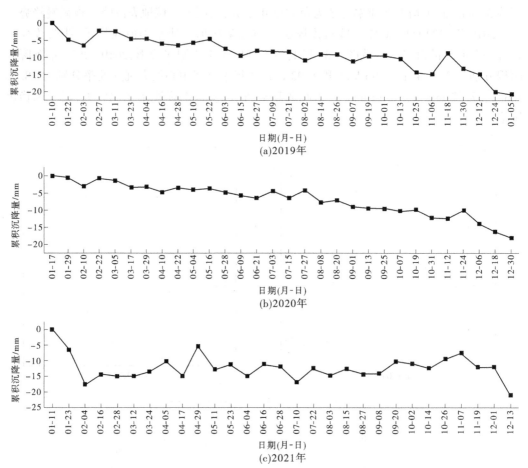

图 5-4　钱营孜煤矿 2019~2021 年时序平均累积沉降量

### 5.1.2.3　采空区塌陷影响因素

#### 1. 对耕地资源的损坏

在煤矿开采中会产生大量的采空区,导致覆盖岩层出现裂缝、弯曲下沉,使得采空区地面连同部分周围区域出现大规模的沉陷情况,并且还会伴有不规则的裂缝。如果该地区的沉陷深度超过了潜水位,就会使地表径流发生改变,造成塌陷区积水,导致不能继续进行种植活动,因此煤矿沉陷问题会对耕地产生严重的破坏。此外,沉陷造成的地下水位下降,也会加剧干旱问题,严重时还会引发土地沙化,消耗土地资源。

根据钱营孜煤矿三勘调查报告,沉陷区耕地 8.07 km²(宿州市耕地面积 4.46 km²,淮北市耕地面积 3.61 km²),林草地面积 0.44 km²(宿州市林草地面积 0.28 km²,淮北市林草地面积 0.16 km²)。

2.对建筑设施的损坏

矿区井下开采时,岩层的原始应力就会遭受破坏,进而导致应力的重新分布,在应力重新达到平衡前,整个地层都在一直发生着变化,岩体产生移动、变形等,向上波及地表,最终会引起地表的移动变形,从而可能影响地面建筑物的安全稳定,使地面建筑物发生裂缝、倒塌等现象。

根据钱营孜煤矿三勘调查报告,矿区内受影响村庄面积 1.38 km²(宿州市村庄面积 0.94 km²,淮北市村庄面积 0.44 km²),建设用地面积 1.68 km²(宿州市建设用地面积 112.05 hm²,淮北市建设用地面积 0.56 km²)。

## 5.1.3　小结

本次 InSAR 遥感解译结果显示,在钱营孜煤矿区工业广场东侧监测到明显沉降,沉降区影响面积 1~3 km²,3 年来工业广场东侧沉降区中心最大沉降速率为 78.75 mm/a。钱营孜煤矿开采引发的沉降影响范围,主要沉降集中在矿区工业广场,周边后湖村等村庄受到一定影响,但村庄等区域的沉降速率在 10 mm/a 左右,在建筑物的承受范围之内。建议该矿区使用充填采煤法,随采煤工作面的推进,通过合理的充填技术与工艺向采空区输送充填物料。通过该方法缓和工作面支承压力产生的矿压显现,改善采场和巷道维护状况,减少地表下沉和变形,提高采出率,保护地面建筑物、构筑物、生态环境和水体。

# 5.2　SBAS-InSAR 技术对芦岭煤矿采空塌陷区监测应用

## 5.2.1　矿区概况

### 5.2.1.1　地理位置与交通

芦岭煤矿坐落于宿州市东南方向,西北距离淮北市约 85 km,经采矿许可证圈定,芦岭煤矿的矿井范围为西以补 13 号勘探线为界,东与 F3₂ 断层为界限,面积 19 km²。与朱仙庄煤矿相邻。矿井的主井筒和副井筒位于矿井中央地带,工业广场平均标高为 24 m,井口标高均为 25.3 m。芦岭煤矿北距芦岭火车站 9 km,西临京沪铁路且矿区专用铁路与其接轨。芦岭煤矿交通条件便利,向西 20 km 处有合(肥)—徐(州)高速公路东坪出口,南有宿(州)—蚌(埠)101 省道穿过,矿区公路与之相连,矿井北边有宿(州)—泗(县)省道。

### 5.2.1.2　自然地理条件

沱河和塌陷区积水是井田范围的主要地表水。沱河斜切井田,是一条人工修整的季节性河流。南部,河床压在 1010 采区南部及 9~12-13 线间 8、9、10 煤层露头附近,与矿坑充水无直接关系。沱河长年流水,可通行木船,但受季节影响,并经沱湖与淮河相通;历史最高水位 24.3 m,枯水季节水位标高 19.9 m,矿区东西两侧尚有南北向的卜陈沟、孟家沟与沱河相通,汛期成为东三铺至大店间以南地区的主要排水通道,汇水面积 200 km²。东塌陷区最高水位为 23.06 m,正常水位平均在 20.76 m;西塌陷区最高水位为 22.43 m,正常水位平均在 20.33 m。芦岭矿塌陷区总面积 4.72 km²,水深 0~15 m,平均 6.0 m,蓄水量 3 172.42 万 m³。由于有松散层一、二、三隔水层的存在,尤其是"三隔"黏土层厚,黏性好,隔水性能良好,能有效地阻隔大气降水和地表水与煤系水的水力联系。

本区是北温带季风区海洋–大陆性气候,通常情况下气候温和,四季分明。一般春秋两季气候温和,夏季炎热多雨,冬季则寒冷风大。根据宿州气象站资料统计,本地区年最大降雨量为 1 107.2 mm,年最小降雨量 594.5 mm,年平均降雨量 766 mm。7 月、8 月为雨季持续多发期。年平均风速 2.2 m/s,最大风速 20 m/s,主导风向为东–东北风。每年 6~8 月天气炎热,每年的 12 月至次年的 2 月为主要降雪季节,平均积雪厚度 0.35 m。无霜期 210~240 d。冻结期一般在 12 月上旬至次年 2 月中旬,冻结深度 0.3~0.5 m。

### 5.2.1.3　水文地质条件

1. 区域含水层(组、段)

按照区域地层岩性及含水层赋存空间的分布情况,区域含水层(组、段)可分为三大类。

(1)由于受古地形影响,新生界松散含水层厚度变化非常大,厚度变化范围为 40~500 m。其主要变化规律是自东向西、自北向南逐渐变厚,但也有少数区域出现基岩裸露现象。含水层主要由第四系、第三系砂层以及砾石层夹黏土层组成,自上而下可分为一、二、三、四含(局部地区缺失"四含"或"三含"),其中位于最顶端的"一含"和"二含"的主要补给水源为大气降水,同时地表水也能随时补给,导致"一含"和"二含"水量充沛,富水性强、水质好。

(2)碎屑岩和局部地区分布的岩浆岩类裂隙含水层(段)。该含水层富水性弱,由二叠系沉积岩和火成岩组成,按煤层划分,可分为 3 煤含水层段、K 砂岩含水层段、8 煤含水层段及 10 煤含水层段四个砂岩裂隙含水层(段)。

(3)碳酸盐岩类裂隙深隙含水层(段)。根据碳酸盐岩含量的多少可划分为碎屑岩夹碳酸盐岩含水层(段)、碳酸盐岩含水层(段)和碳酸盐岩夹碎屑岩含水层(段)。

2. 隔水层(组、段)

(1)新生界松散层隔水层(组)。相对含水层就要有对应的隔水层,在新生界第一含水层、第二含水层和第三含水层下对应的是第一隔水层、第二隔水层和第三隔水层。"四含"位于"三隔"下面,直接覆盖在煤系地层之上。新生界松散隔水层组差异较大,厚度不均匀,最薄的地方只有几米,有的隔水层有 100 多 m 厚。其中隔水层主要由黏土层组成,黏土塑性指数为 19~38,也有部分区域含有砂质黏土和钙质黏土,分布稳定,隔水性能良好。

(2)二叠系隔水层(段)。二叠系隔水层(段)分布在各煤层之间的砂岩裂隙含水段。泥岩粉砂岩构成其主要组成成分,隔水性好。

### 5.2.2 矿区地表沉降

#### 5.2.2.1 以往观测结果

芦岭煤矿为地下开采矿山,存在的地质灾害主要为采空塌陷,采煤沉陷引起的损害现状主要有采空塌陷地质灾害、含水层破坏、地形地貌景观破坏及土地资源破坏。芦岭煤矿开采活动超过 50 年,区内开采面积大,受影响范围广,现矿区内共有采煤沉陷区 1 处,基本覆盖全矿区,走向长约 8.5 km,倾斜宽 3.6 km,沉陷区面积 10.96 km$^2$。

采煤沉陷区以往的调查显示,沉陷区内不同时期均出现过不同程度的地面沉降、塌陷。煤矿开采历史长,现状地表塌陷面积大,矿区内采空塌陷影响面积约 10.96 km$^2$,积水区面积约 5.50 km$^2$,积水最大深度 13 m,位于 3 采区,其主要影响的土地类型为耕地、村庄及水塘。2017 年芦岭煤矿采空塌陷范围见图 5-5。

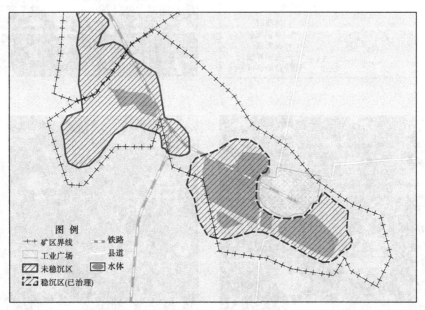

图 5-5  2017 年芦岭煤矿采空塌陷范围

#### 5.2.2.2 SBAS-InSAR 结果

通过对 SBAS 处理后的 2019 年、2020 年、2021 年埇桥区的形变速率数据分析可知,该区域具有明显的沉降趋势。为了解芦岭煤矿采空塌陷区地表形变速率随时间的变化,对该区域形变速率进行提取并做比较,如图 5-6 所示。

由图 5-6 可以看出,芦岭煤矿采空塌陷区呈现出明显的沉降漏斗特征,对该区域形变速率进行提取,结果如下,2019 年该区域地表最大沉降速率为 67.72 mm/a,2020 年该区域最大沉降速率为 69.69 mm/a,2021 年该区域最大沉降速率为 79.36 mm/a。同时对该区域平均形变速率进行计算,结果如下,2019 年芦岭煤矿采空塌陷区平均形变速率为

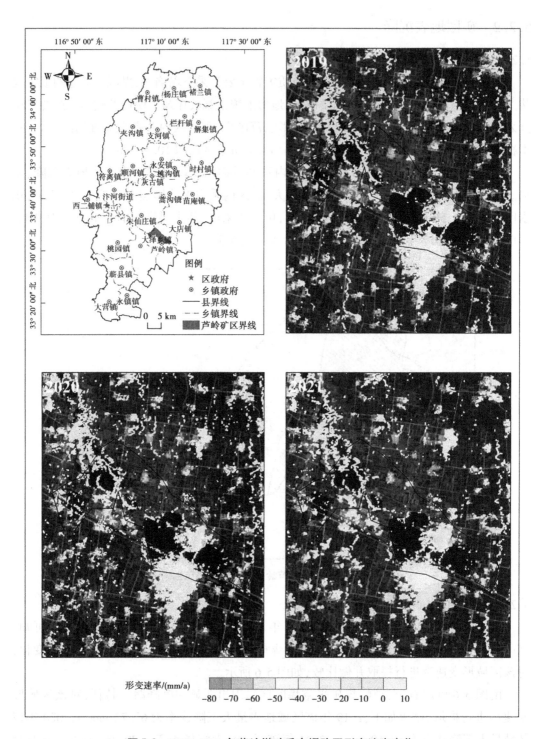

图 5-6  2019~2021 年芦岭煤矿采空塌陷区形变速率变化

-4.94 mm/a,2020 年该区域平均形变速率为-3.31 mm/a,2021 年该区域平均形变速率为
-5.33 mm/a。总体上看,2019~2021 年最大沉降速率增大约 10 mm/a,平均形变速率持
续为负,表明该矿区具有缓慢下沉趋势。

2019 年、2020 年、2021 年芦岭煤矿采空塌陷区形变速率等值线(见图 5-7)显示,芦岭
煤矿具有一个明显的沉降区。从图 5-7 可知,该沉降区呈不规则多边形,2019~2021 年沉
降区面积分别为 3.48 km²、1.65 km² 和 1.78 km²,该沉降区位于芦岭煤矿工业广场东侧,
3 年来沉降中心最大沉降速率分别为 67.72 mm/a、69.69 mm/a、79.36 mm/a,呈增大趋
势,该沉降区沉降速率变化较大。

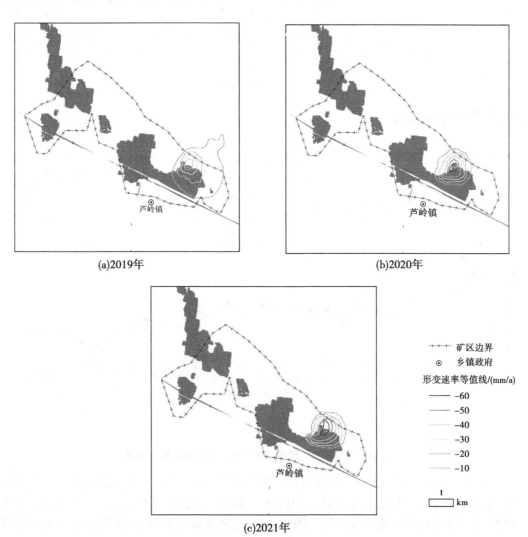

(a)2019年

(b)2020年

矿区边界
⊙  乡镇政府
形变速率等值线/(mm/a)
——— -60
——— -50
——— -40
——— -30
——— -20
——— -10

1
└──┘ km

(c)2021年

**图 5-7  2019~2021 年芦岭煤矿采空塌陷区形变速率等值线**

以矿区为统计单元,分别统计 2019 年 1 月 10 日至 1 月 5 日、2020 年 1 月 17 日至 12 月 30 日、2021 年 1 月 11 日至 12 月 13 日期间芦岭煤矿区域内累积沉降量的平均值,结果如图 5-8 所示。由图 5-8 可以看出,在监测时间内,矿区内的地面平均累积形变量为负值,整体呈沉降趋势。随着时间的推移,累积沉降量不断增加,2019 年平均累积沉降量为 8.58 mm,2020 年平均累积沉降量为 9.65 mm,2021 年平均累积沉降量为 9.98 mm。

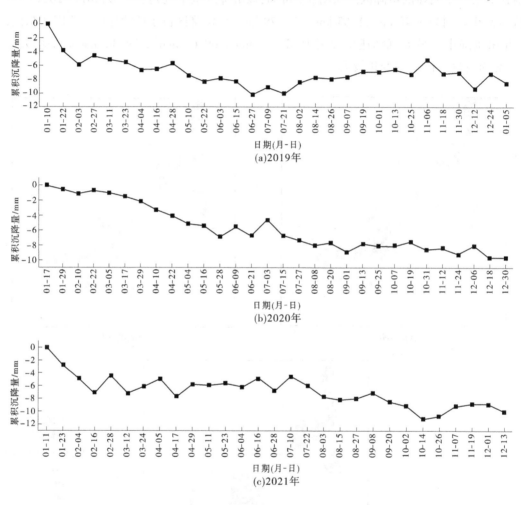

**图 5-8　芦岭煤矿 2019~2021 年时序平均累积沉降量**

采煤活动在产生巨大的经济效益和社会效益的同时也给矿区生态环境带来严重的影响,尤其是采空区失稳造成地表破坏,极易形成塌陷。在地下水位较高的地区易出现积水现象,并产生大面积的塌陷积水区。因此,对塌陷积水区进行遥感动态监测,有助于矿区水环境治理,以及矿区生态环境的可持续发展。对 1975~2020 年的矿区水体范围进行提取,并将多期水域矢量进行叠加(见图 5-9),从而反映该矿区由于煤炭开采所导致的水域变化。

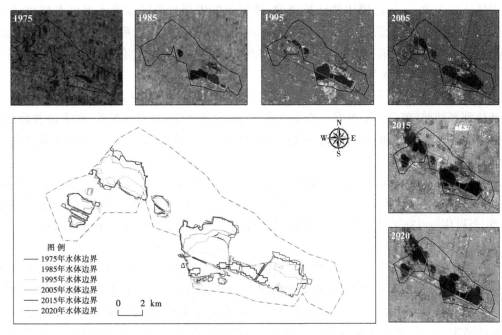

图 5-9 芦岭煤矿采空塌陷积水区变化

统计 6 期的芦岭矿区水体面积如表 5-1 所示。在 1975～2020 年期间,水体面积相对变化幅度较大,1975 年面积最小,为 0.35 km²;2020 年面积最大,为 6.16 km²。芦岭煤矿于 20 世纪 60 年代动工并投入生产,从图 5-9 可以看出,随着生产年限的拉长,矿区的水体面积也不断扩大。但随着近些年对采空塌陷区的治理,塌陷区水体面积变化幅度正在逐渐减小。芦岭矿区东南侧水体面积在 2015～2020 年变化较小,说明该区域沉降在逐渐变缓,该区域可划分为稳沉塌陷区。

表 5-1 芦岭矿区水体面积变化

| 年份 | 1975 | 1985 | 1995 | 2005 | 2015 | 2020 |
| --- | --- | --- | --- | --- | --- | --- |
| 采空区水体面积/km² | 0.35 | 1.54 | 2.77 | 4.50 | 5.34 | 6.16 |

### 5.2.2.3 采空区塌陷影响评价

1. 对耕地资源的损坏

在煤矿开采中会产生大量的采空区,导致覆盖岩层出现裂缝、弯曲下沉,使得采空区地面,连同部分周围区域出现大规模的沉陷情况,并且还会伴有不规则的裂缝,如果该地区的沉陷深度超过了潜水位,就会使地表径流发生改变,造成塌陷区积水。

根据芦岭煤矿三勘调查报告,沉陷区耕地面积 2.36 km²、林草地面积 0.06 km²。本次遥感调查结果显示,芦岭矿区由于采空塌陷产生的积水区面积较大,基本覆盖全矿区,积水区面积约为 6.16 km²。由于芦岭煤矿开采活动超过 50 年,区内开采面积大,受影响范围广,矿区内塌陷区与北侧朱仙庄煤矿区内塌陷区已连成一体。塌陷坑周边降水以及地表径流发生改变,导致周边耕地被淹没,使原有的农田生态转变为水生生态或沼泽生态,不能继续进行种植活动。因此,煤矿沉陷问题会对耕地造成严重的破坏。芦岭煤矿北侧已进行治理,利用塌陷水塘复垦成公园、林地,总面积 0.20 km²,有效改善了矿区环境。

2. 对建筑设施的损坏

矿区井下开采时,岩层的原始应力就会遭受破坏,进而导致应力的重新分布,在应力重新达到平衡前,整个地层都在一直发生着变化,岩体产生移动、变形等,向上波及地表,最终会引起地表的移动变形,从而可能影响到地面建筑物的安全稳定,使地面建筑物发生裂缝、倒塌等现象。

根据芦岭煤矿三勘调查报告,矿区内受影响村庄面积 0.50 km²,建设用地面积 1.67 km²。自建矿至今,芦岭煤矿矿山采空塌陷已造成 20 多个村庄严重受损,已经搬迁安置了 20 个村庄,2 736 户 11 037 人。已搬迁的村庄旧址占地 1 603 亩,新址征用 638 亩。

3. 对自然生态的损坏

在煤矿层被开采后,其上部的覆盖岩层所承受的应力就会出现变化,当应力变化发育到地表时,就会使地表出现裂缝、塌陷等情况,改变地表汇水条件,其中存在的水径流会随着汇水条件的改变而变化,此时地表水就会大量地流入地下,导致河流流量减小甚至出现断流的情况,同时,沉陷问题还会破坏地下原有的蓄水结构,使得原有的地下水向更深的岩层中渗漏,导致地下水位降低,供水资源枯竭,这会直接导致大量的供水系统失效,出现供水紧张的问题,严重地影响了当地人民群众的正常生活。

沱河是矿区范围内的主要河流,自西北向东南从矿区南侧穿过,为矿内第一大河。目前,沱河在部分区域与塌陷湖相互贯通,受采空塌陷影响长度为 4.45 km,河堤最大下沉值为 11 m。目前,矿山已对沱河河堤受采空塌陷影响区段采取了加高培厚等维修措施,采空塌陷地质灾害对区内河道、堤坝影响严重,危险性大。

## 5.2.3　小结

本次 InSAR 遥感解译结果显示,在芦岭矿区工业广场东侧监测到明显沉降,沉降区影响面积约 1.78 km²,3 年来工业广场附近沉降区中心最大沉降速率为 79.36 mm/a。芦岭煤矿开采引发的沉降影响范围,主要集中在矿区工业广场,对周边村庄及建筑的影响较小。建议该矿区使用充填采煤法,随采煤工作面的推进,通过合理的充填技术与工艺向采空区输送充填物料。通过该方法缓和工作面支承压力产生的矿压显现,改善采场和巷道维护状况,减少地表下沉和变形,提高采出率,保护地面建筑物、构筑物、生态环境和水体。

# 5.3　SBAS-InSAR 技术对朱仙庄煤矿采空塌陷区监测应用

## 5.3.1　矿区概况

### 5.3.1.1　地理位置与交通

朱仙庄煤矿位于宿州市东南 13 km 处,属宿州市埇桥区管辖,西北距淮北市 64 km。

其边界:南以补 13 勘探线和Ⅵ～Ⅶ勘探线为界与芦岭煤矿相邻,北、东、西均以 10 煤层露头为界,南北走向长 9 km,东西走向宽 1.5～5.8 km,面积 21.555 km²。开采深度为−250～−700 m。矿区的南侧与芦岭煤矿相邻,矿区内及周边没有小煤矿。矿井交通方便,铁路专用线在芦岭车站与京沪线接轨,可通往全国各大城市,宿州市是皖北地区公路交通枢纽,横跨豫、皖、苏三省的新汴河从矿区北部向东流入洪泽湖,可通航中小型轮船。

### 5.3.1.2　自然地理条件

矿区地处淮北平原,气候温和,属季风暖温带半湿润气候,春秋季温和少雨,夏季炎热多雨,冬季寒冷多风;平均风速 3 m/s,最大风速为 18 m/s;年平均降雨量 940.55 mm,7 月多暴雨;1 月最低气温−23.2 ℃,7 月最高气温 41 ℃,年平均气温为 14.3 ℃;年蒸发量为 1 553～1 920.7 mm,以 6～8 月蒸发量最大;冻结期一般为 12 月上旬至次年 2 月中旬,冻结深度在 80 mm 左右。

### 5.3.1.3　水文地质条件

本矿煤系均被第四系、新近系、古近系松散层所覆盖,北部厚 250～260 m,向南逐渐变薄至 246～250 m,松散层内含水层与隔水层交互沉积形成多层复合结构,按岩性结构自上而下可分为四个含水层(组)和三个隔水层(组)。"一含"为近地表的潜水或半承压孔隙含水层,"二、三、四含"为孔隙承压含水层。"四含"直接覆盖在煤系之上,该层砂砾层厚度大,含水较丰富,是矿井突水的主要补给水源之一。第一、二隔水层厚 14～17 m,第三隔水层厚 80 m,分布稳定,各含水层之间基本无水力联系。

矿井东北部煤系之上有侏罗系砾岩含水层("五含"),该层岩溶发育,含水性强。二叠系裂隙不发育,含水性弱。太原群石灰岩总厚 62 m,含薄层石灰岩 11 层,其中三、四灰厚度较大,岩溶发育,含水丰富。从以上综合结果分析,朱仙庄煤矿在井田南部由于"四含"沉积厚度较小,富水性弱,而"四含"的天窗区和"五含"分布区,富水性强,故总体来说,该井田的水文地质类型为复杂型。

矿区内含、隔水层按沉积年代和垂直剖面分布自上而下可分为五种类型,分述如下:

(1)新近系、第四系含、隔水层(组)。

新近系、第四系为新生界松散层,总厚 218～261 m,按其岩性及含水性自上而下分为四个含水层(组)和三个隔水层(组)。下部为厚层黏土类分布,构成第三隔水层(组),隔水性强。底部以砂砾、砂质黏土、黏土互层为主,组成第四含水层,含水性弱−中等。区内第一、二、三含水层,由于受第三隔水层的阻隔,与矿井充水无直接关系,"四含"与煤系直接接触,构成矿井充水的直接补给水源。

(2)侏罗系第五含水层(组)。

本组分布在朱仙庄煤矿东北部,经物探和钻探查明井田以北 1 700 m 处有落差 1 000 m 的塔桥断层,使下盘"五含"成为孤立块段,"五含"的影响面积由原来的 500 km² 缩小为 9 km²,其中矿内有 2.8 km²。"五含"与"四含"及煤系均为不整合接触,属山麓洪积相沉积,砾石成分以石灰岩较多,主要为石灰岩碎块。

（3）二叠系含、隔水层（段）。

煤系由泥岩、粉砂岩及砂岩组成，裂隙不发育，泥浆消耗量小，含水性弱，含水层不易划分，现依据煤层顶、底板岩性将二叠系划分为二个含水层（组）和三个隔水层（段）。

（4）太原组石灰岩岩溶裂隙含水层（段）（"八含"）。

该含水层总厚 140 m 左右，含石灰岩 11~12 层，石灰岩总厚 62 m 左右，约占该组的 44%，各层石灰岩间有一定的泥岩、粉砂岩隔水层。石灰岩的富水性取决于岩溶裂隙发育程度。根据 06-观 1"太灰"水文观测孔资料，1984 年 1 月"太灰"水位为-14.39 m，至 2013 年 5 月 29 日"太灰"水位为-48.9 m，"太灰"水位已明显下降，说明"太灰"水也是矿井涌水的补给水源之一。

（5）奥陶系石灰岩岩溶裂隙含水层（段）（"九含"）。

该层区域探明厚度大于 500 m，分布在本矿两翼，远离煤层，对矿井开采无直接充水影响，富水性与岩溶裂隙发育程度密切相关，但总的来说，该含水层富水性不均一，局部富水性强。

## 5.3.2　矿区地表沉降

### 5.3.2.1　以往观测结果

朱仙庄煤矿为地下开采矿山，存在的地质灾害主要为采空塌陷，采煤沉陷引起的损害现状主要有采空塌陷地质灾害、含水层破坏、地形地貌景观破坏及土地资源破坏。2017 年朱仙庄煤矿采空塌陷范围见图 5-10。

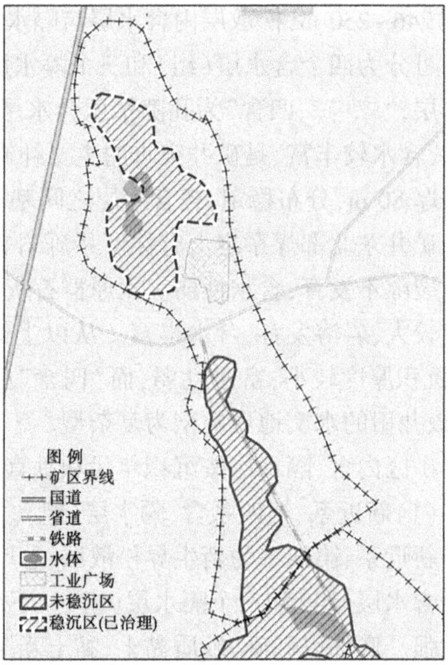

朱仙庄煤矿开采活动超过 50 年，区内开采面积大，现状地表塌陷面积大，南北翼均有塌陷。现矿区内共有采煤沉陷区 2 处，基本覆盖全矿区。北侧 I 区南北长约 4.5 km，东西宽 2.1 km，面积 6.71 km²，为一般采煤沉陷区；南侧 II 区南北长约 4.5 km，东西宽 1.3 km，面积 4.98 km²，为一般采煤沉陷区，与南侧芦岭煤矿区内沉陷区已连成一体。朱仙庄煤矿积水区面积约 4.71 km²，影响的土地类型主要为耕地、村庄及水塘。

图 5-10　2017 年朱仙庄煤矿采空塌陷范围

### 5.3.2.2　SBAS-InSAR 结果

通过对 SBAS 处理后的 2019 年、2020 年、2021 年埇桥区的形变速率数据分析可知，该区域具有沉降趋势。为了解朱仙庄煤矿采空塌陷区地表形变速率随时间的变化，对该区域形变速率进行提取并做比较，如图 5-11 所示。

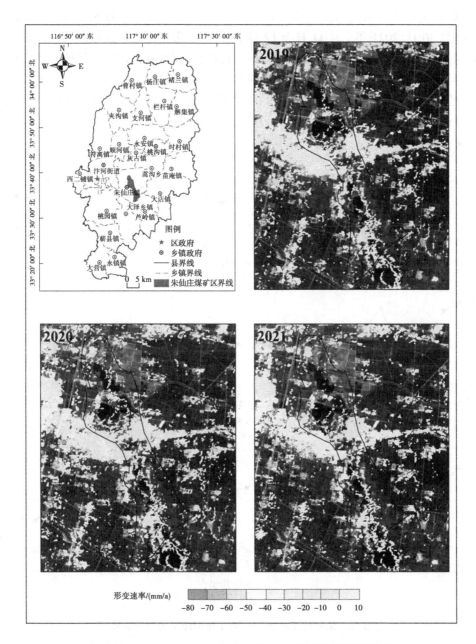

图 5-11 2019~2021 年朱仙庄煤矿采空塌陷区形变速率变化

2019 年朱仙庄煤矿采空塌陷区最大沉降速率为 35.33 mm/a,2020 年该区域最大沉降速率为 39.7 mm/a,2021 年最大沉降速率为 33.02 mm/a。为分析该区域形变速率随时间的变化趋势,对该区域平均形变速率进行计算,结果如下,2019 年朱仙庄煤矿采空塌陷区平均形变速率为 -3.72 mm/a,2020 年该区域平均形变速率为 -4.30 mm/a,2021 年该区域平均形变速率为 -3.73 mm/a。总体上看,2019~2021 年最大沉降速率变化范围为 2~4 mm/a,平均形变速率持续为负,表明该矿区整体下沉趋势缓慢。

以矿区为统计单元,分别统计 2019 年 1 月 10 日至 2020 年 1 月 5 日、2020 年 1 月 17 日至 12 月 30 日、2021 年 1 月 11 日至 12 月 13 日期间朱仙庄煤矿区域内累积沉降量的平均值,结果如图 5-12 所示。由图 5-12 可以看出,在监测时间内,矿区内的地面平均累积形变量为负值,整体呈沉降趋势。随着时间的推移,累积沉降量不断增加,2019 年平均累积沉降量为 7.03 mm,2020 年平均累积沉降量为 5.05 mm,2021 年平均累积沉降量为 7.12 mm。

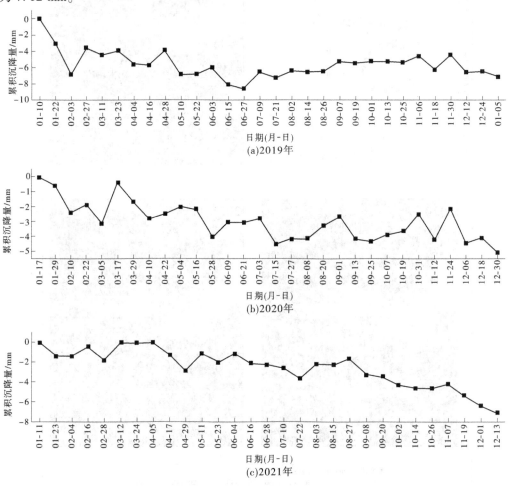

图 5-12　朱仙庄煤矿 2019~2021 年时序平均累积沉降量

对 1985~2020 年朱仙庄矿区水体范围进行提取,并将多期水域矢量进行叠加(见图 5-13),从而反映该矿区由于煤炭开采所导致的水体变化。

统计 5 期的朱仙庄矿区水体面积,如表 5-2 所示,在 1985~2020 年期间,水体面积相对变化幅度较大,在 1985 年面积最小,为 0.14 km²;2020 年面积最大,为 4.35 km²。朱仙庄煤矿于 20 世纪 80 年代正式投入生产,从图 5-13 可以看出,随着生产年限的拉长,矿区的水体面积也不断扩大。

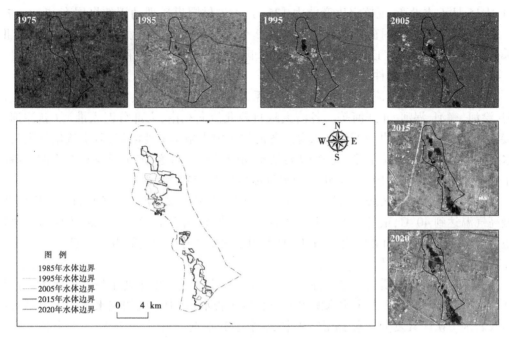

图 5-13　朱仙庄煤矿采空塌陷区水体变化

表 5-2　朱仙庄矿区水体面积变化

| 年份 | 1985 | 1995 | 2005 | 2015 | 2020 |
| --- | --- | --- | --- | --- | --- |
| 采空区水体面积/km² | 0.14 | 0.85 | 2.05 | 3.67 | 4.35 |

　　2017 年安徽省林业厅批准建设宿州市仙湖省级湿地公园试点工作,将朱仙庄煤矿采煤塌陷区形成的水面以及小黄河组成仙湖省级湿地公园,使得朱仙庄矿区北部塌陷区得到了有效治理。InSAR 监测结果也显示该区域沉降速率变化缓慢,该区域可划分为稳沉塌陷区。

# 5.4　SBAS-InSAR 技术对桃园煤矿采空塌陷区监测应用

## 5.4.1　矿区概况

### 5.4.1.1　地理位置与交通

　　桃园煤矿位于安徽省宿州市埇桥区北杨寨乡、桃园镇、祁县镇境内。北距宿州市约 11 km,行政区划属于埇桥区管辖。桃园煤矿出行非常便捷,G206 国道与高速公路在矿区附近,去往全国各地十分快捷,宿州市高速入口距离矿区 13 km。浍河是淮河的一条分支河流,可径直流入矿区南部,浍河通航便捷,乘小型机动船即可航行附近县市。本矿山为生产矿山,开采方式为地下开采,采用走向长壁式采煤方法,综放开采工艺,全部垮落法管理顶板,此种开采方法形成地下大面积采空区,造成地表采空塌陷。桃园煤矿于 1995 年

11 月 15 日正式投产,现核定生产能力 175 万 t/a。桃园煤矿现动用的煤层有:$5_2$、$6_3$、$7_1$、$7_2$、$8_2$、10 等计 6 层。目前矿井有生产采区 2 个,即南三、$Ⅱ_2$ 采区;准备采区 1 个,即 $Ⅱ_4$ 采区;目前有 2 个综采工作面生产,即南三采区 7137 工作面、$Ⅱ_2$ 采区 $Ⅱ$1028 工作面。

### 5.4.1.2　自然地理条件

区内河渠纵横,河流较多,多属淮河水系。主要河流有岱河、闸河、濉河、新汴河、沱河、浍河、獬河、涡河、北涨河等。各河大致自西北流向东南,大部分汇入淮河(新汴河直接汇入洪泽湖),流经洪泽湖然后入海。各河均属中小型季节性河流,河水流量受大气降水控制。雨季各河水位上涨,流量突增;枯水期间河水位回落,流量减少甚至干涸。各河年平均流量 3.52~72.10 $m^3$/s,年平均水位标高为 14.73~26.56 m。

矿区气候属季风区海陆气候。气候宜人,四季差异明显,年平均气温为十几摄氏度,最高气温达到 40 ℃,最低气温零下十几摄氏度。年平均降雨量约 800 mm,7 月、8 月雨量集中。全年大约有 200 d 的无霜期,12 月上旬至次年 2 月中旬一般为冻结期。

### 5.4.1.3　水文地质条件

桃园矿区水文地质条件复杂,使得矿井在安全生产过程中遭遇了较多的水害。据统计,矿井从投产至今,矿井突水水源主要为底板灰岩水,其中矿区的充水水源主要是太原组灰岩水。矿区共发生突水 35 次,其中 25 个小突水点,9 个中等突水点,1 个特大突水点。其中底板突水 17 次,顶板突水 15 次,采空区突水 3 次。

矿区主要含水层由新生界松散层第四含水层、煤系砂岩裂隙含水层和太原组灰岩类含水层组成,各含水层特征如下所述:

(1)新生界松散层第四含水层。

"四含"厚度 0~47.30 m,"四含"岩性泥质含量比较高,渗透性差,含水性弱,此地带古地形为低盆,处于孤立的封闭状态,与外面联系不紧密,故含水性不强,$K = 0.009~0.54$ m/d,矿化度为 1.015~2.42 g/L。"四含"富水性弱-中,水质为 $HCO_3 · SO_4$-Na · Ca 或 $HCO_3$Cl-Na · Ca 型。

(2)煤系砂岩裂隙含水层。

主要岩性为沉积岩、火成岩,富水性弱,主要分为 7~8 煤、10 煤上下两个砂岩裂隙含水层,这些主采煤层都是 2011 年之后开始开采的。

①7~8 煤砂岩含水层。厚度为 20~40 m,$q = 0.0022~0.12$ L/(s · m),$K = 0.0066~1.45$ m/d,水质为 $HCO_3 · C1$-Na · Ca 和 $SO_4$-Ca · Na 型,富水性弱。

②10 煤上下砂岩含水层。厚度为 25~40 m,$q = 0.003~0.13$ L/(s · m),$K = 0.009~0.67$ m/d,水质为 $HCO_3 · Cl$-Na · Ca 和 $HCO_3$-Na 型,富水性弱。

(3)太原组灰岩含水层。

太原组灰岩厚度较大,约占总厚度的 90% 以上,该含水层一般含水丰富,正常情况下距主采煤层较远,对煤矿无直接充水影响,但若与"太灰"和导水陷落柱存在水力联系,会给矿井带来极大危害。据抽水资料:单位涌水量为 0.0065~45.56 L/(s · m),渗透系数为 0.0072~60.24 m/d,富水性强,水质为 $HCO_3$-Ca · Mg 和 $SO_4HCO_3$-Ca · Mg 型。

## 5.4.2 矿区地表沉降

### 5.4.2.1 以往观测结果

桃园煤矿于 1995 年 11 月 15 日正式投产,为地下开采矿山,存在的地质灾害主要为采空塌陷,采煤沉陷引起的损害现状主要有采空塌陷地质灾害、含水层破坏、地形地貌景观破坏及土地资源破坏。地面建筑物、构筑物、水利、交通、电力等工农业生产设施因采煤沉陷而遭受不同程度的损毁。桃园煤矿开采活动超过 20 年,区内开采面积大,受影响范围广,现矿区内共有采煤沉陷区 2 处,均为一般采煤沉陷区。沉陷区 I 位于矿区北侧,总面积 5.99 km²,南北长约 7 km,东西宽约 1.2 km;沉陷区 II 位于矿区南侧,总面积 1.65 km²,南北长约 2 km,东西宽约 1 km,两个沉陷区最近处相距 1.7 km。2017 年桃园煤矿采空塌陷范围见图 5-14。

### 5.4.2.2 SBAS-InSAR 结果

通过对 SBAS 处理后的 2019 年、2020 年、2021 年埇桥区的形变速率数据分析可知,该区域具有沉降趋势。为了解祁南矿采空塌陷区地表形变速率随时间的变化,对该区域形变速率进行提取并进行比较,如图 5-15 所示。

2019 年祁南煤矿采空塌陷区最大沉降速率为 37.93 mm/a,2020 年该区域最大沉降速率为 34.20 mm/a,2021 年该区域最大沉降速率为 40.69 mm/a。为分析该区域形变速率随时间的变化趋势,对该区域平均形变速率进行计算,结果如下,2019 年朱仙庄煤矿采空塌陷区平均形变速率为 -11.45 mm/a,2020 年该区域平均形变速率为 -6.36 mm/a,2021 年该区域平均形变速率为 -4.58 mm/a。总体上看,2019～

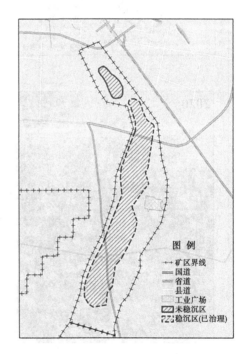

图 5-14 2017 年桃园煤矿采空塌陷范围

2021 年最大沉降速率变化小于 5 mm/a,平均形变速率持续为负,并且逐年增大,表明该矿区整体沉降具有减慢趋势。

2019 年、2020 年、2021 年桃园煤矿形变速率等值线显示(见图 5-16),桃园矿区北部具有两个较为明显的沉降区。从图 5-16 可知,沉降区均呈不规则多边形,靠北侧 2019～2021 年沉降区面积分别为 1.69 km²、2.49 km²、5.27 km²,3 年来沉降区中心最大沉降速率分别为 37.93 mm/a、34.20 mm/a、40.69 mm/a,呈增大趋势;小沉降区 2019～2021 年沉降区面积分别为 1.68 km²、0.46 km²,沉降中心最大沉降速率为 20～30 mm/a,该矿区北

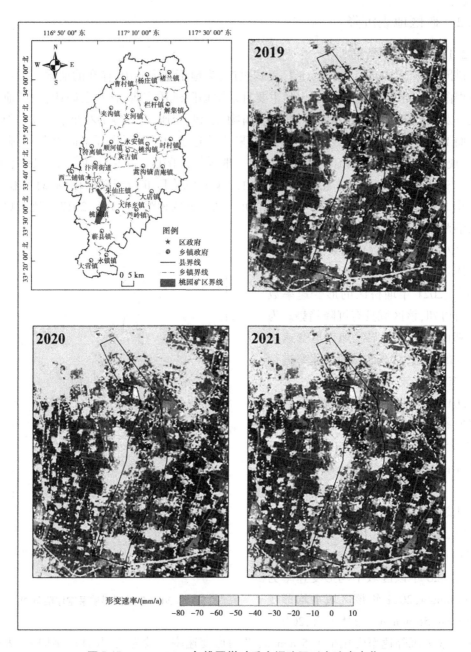

图 5-15　2019~2021 年桃园煤矿采空塌陷区形变速率变化

侧沉降区中心速率变化较大,属于未沉稳塌陷区。

以矿区为统计单元,分别统计 2019 年 1 月 10 日至 2020 年 1 月 5 日、2020 年 1 月 17 日至 12 月 30 日、2021 年 1 月 11 日至 12 月 13 日期间桃园煤矿区域内累积沉降量的平均值,结果如图 5-17 所示。

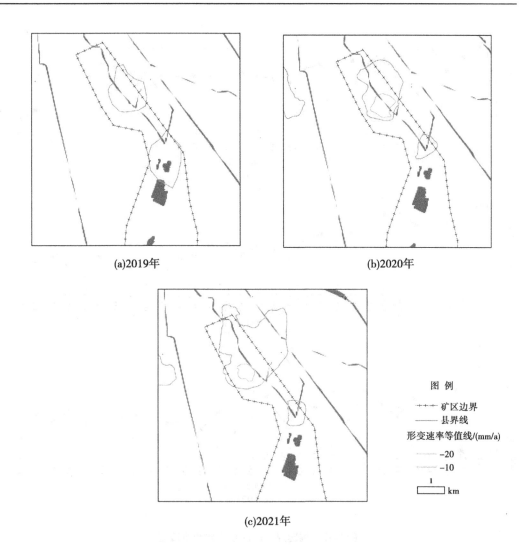

(a)2019年    (b)2020年

(c)2021年

图 例

+++ 矿区边界
—— 县界线

形变速率等值线/(mm/a)

—— −20
—— −10

1
[  ] km

**图 5-16    2019~2021 年桃园煤矿采空塌陷区形变速率等值线**

由图 5-17 可以看出,在监测时间内,矿区内的地面平均累积形变量为负值,整体呈沉降趋势。随着时间的推移,累积沉降量不断增加,2019 年平均累积沉降量为 12.89 mm,2020 年平均累积沉降量为 8.17 mm,2021 年平均累积沉降量为 8.71 mm。

对 1975~2020 年桃园矿区水体范围进行提取,并将多期水域矢量进行叠加(见图 5-18),从而反映该矿区由于煤炭开采所导致的水域变化。对桃园矿区水域面积进行统计可知,在 1975~1995 年期间,该矿区几乎没有明显水体。1995 年桃园煤矿正式投产后,该矿区开始出现一些水体,2005 年、2015 年和 2020 年新增水体面积分别为 0.33 km²、0.71 km² 和 0.97 km²,对应位置的 InSAR 监测结果显示,水体面积增加区域的地表沉降速率也在不断变化。

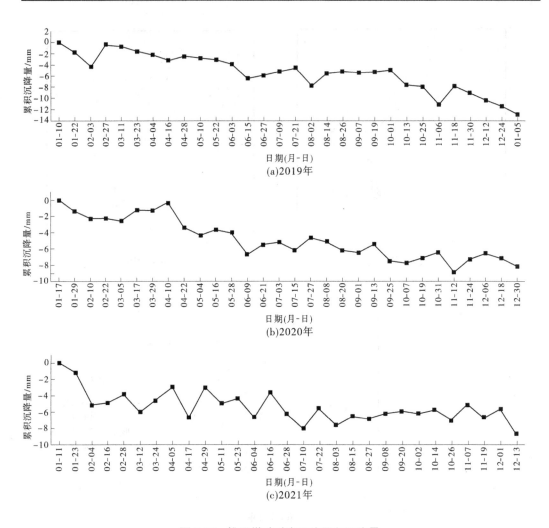

图 5-17 桃园煤矿时序平均累积沉降量

### 5.4.2.3 采空区塌陷影响评价

**1. 对耕地资源的损坏**

在煤矿开采中会产生大量的采空区,导致覆盖岩层出现裂缝、弯曲下沉,使得采空区地面连同部分周围区域出现大规模的沉陷情况,并且还会伴有不规则的裂缝,如果该地区的沉陷深度超过了潜水位,就会使地表径流发生改变,造成塌陷区积水。

根据桃园煤矿三勘调查报告,沉陷区耕地面积 1.94 km², 林草地面积 0.11 km²。本次遥感调查结果显示,桃园矿区北侧具有许多采空塌陷积水区,面积约为 0.97 km²。由于塌陷坑周边耕地降水丰富,导致周边耕地被淹没,使原有的农田生态转变为水生生态或沼泽生态,不能继续进行种植活动。因此,煤矿沉陷会对耕地产生严重的破坏。

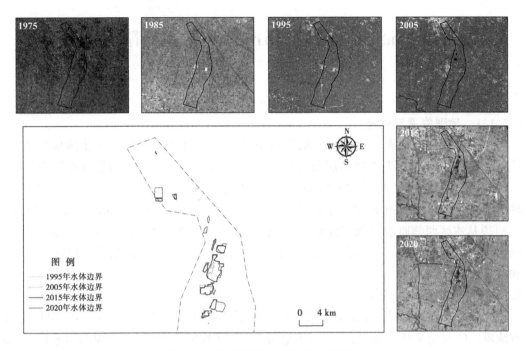

图 5-18　桃园煤矿采空塌陷区水体变化

2.对建筑设施的损坏

由于人口的迅速攀升,人类活动的范围越来越广泛,同时配套的建筑设施覆盖面积也不断扩大,而部分采矿区就位于建筑设施下,采空区的存在在很大程度上降低了岩层的承载能力,导致土地的塌陷,使上方的建筑设施直接损毁,严重威胁了居民的安全。

根据桃园煤矿三勘调查报告,矿区内受影响村庄面积 0.25 km²、建设用地面积 0.50 km²。自建矿至今,桃园煤矿已经搬迁安置了 30 个村庄,3 543 户 11 782 人,搬迁企事业单位 3 家。已搬迁的村庄及单位原址占地 2 347 亩,新址征用 3 317 亩。

## 5.4.3　小结

本次 InSAR 遥感解译结果显示,在桃园矿区内监测到明显沉降,沉降区影响面积约 5.73 km²,3 年来最大沉降速率为 40.69 mm/a。桃园煤矿主要沉降区影响范围在宿州市农业科技示范园附近,虽然对周边村庄及建筑产生一定影响,但沉降速率为 10 mm/a 左右,在建筑物的承受范围之内。建议该矿区使用充填采煤法,随采煤工作面的推进,通过合理的充填技术与工艺向采空区输送充填物料,并且对已经稳定沉降的区域开展综合治理,减少地表下沉和变形,保护地面建筑物、构筑物、生态环境和水体。

# 5.5 SBAS-InSAR 技术对祁南煤矿采空塌陷区监测应用

## 5.5.1 矿区概况

### 5.5.1.1 地理位置与交通

祁南煤矿位于安徽省宿州市南部,距市中心直距约 15 km,在场桥区北杨寨乡、桃园镇、祁县镇境内。东部与 F22 断层及祁东煤矿相接,北部以勘查许可的拐点连线为界,西与桃园煤矿接壤,矿区面积 120.23 km²。井田的交通便利,京沪铁路从祁南煤矿及深部勘探区东北侧通过,煤矿铁路运输专线在芦岭编组站与其相接;公路 206 国道宿(州)蚌(埠)段从本区西侧通过,西距合(肥)徐(州)高速公路南坪出口约 8 km,接入国家公路网,可直通全国各地。本区南侧有淮河支流浍河,长年通航小型机动船,可直接进入淮河和洪泽湖。

### 5.5.1.2 水文及地质条件

二叠系含煤地层根据地层剖面岩性及其与主要可采煤层赋存的位置关系,根据安徽省地质三队祁南矿地质报告,自上而下划分为 $3_2$~4 煤间含水层、6~9 煤间含水层和 10 煤含水层,四个隔水层:1~3 煤间隔水层(段)、4~6 煤隔水层(段)、9~10 煤上隔水层(段)、10 煤下至太原组一灰间隔水层(段),它们的隔水性能一般较好。根据《煤炭防治水细则》,$7_2$ 煤层顶板煤系砂岩裂隙水单位涌水量为 0.000 4~0.001 87 L/(s·m),$q \leqslant$ 0.1 L/(s·m),属热富水性。二叠系煤系砂岩裂隙含水层其地下水受新生界四含补给,区域层间径流补给微弱,总的来说,补给水源不足,处于封闭或半封闭的水文地质环境,地下水以储量为主,基本处于停滞状态。

地下水类型主要为松散层中第二层粉质黏土夹粉土中赋存的孔隙性潜水。主要通过大气降水和侧向径流补给,排泄方式主要为水平径流、蒸发。稳定水位埋深为 1.50~2.50 m,高程为 16.73~17.51 m,水位呈季节性变化,年度变化幅度为 1.00 m 左右。据调查,近年来最高水位标高 19.50 m,50 年一遇(祁县镇白陈村)洪水位标高 21.00 m。

工程建设过程中,地质环境将发生变化,从而场地地下水补给、径流、排水等将随之发生变化。

### 5.5.1.3 地质构造

祁南煤矿位于淮北煤田东南部。大地构造环境处在华北古大陆板块东南缘,淮坳陷带东部、徐宿弧形推覆构造南端。根据祁南煤矿地质报告和深部勘探区地质报告,东邻宿东向斜,南有光武-固镇断裂,西接童亭背斜,北有宿北断裂。淮北煤田的区域基底格架受南、东两侧板缘活动带控制,总体表现为受郯庐断裂控制的近南北向(略偏北北东)褶皱断裂,叠加并切割早期东西向构造,形成了许多近似网状断块式的隆坳构造系统。而低序次的北西向和北东向构造分布于断块内,且以北东向构造为主。随着徐宿弧形推覆构造的形成和发展,形成了一系列由南东东向北西西推掩的断片及伴生的一套平卧、斜歪、紧闭线形褶皱,并为后期裂陷作用、重力滑动作用及挤压作用所叠加而更加复杂化。推覆构造以废黄河断裂与宿北断裂为界,自北而南可分为北段北东向褶断带、中段弧形褶断带与南部北西向褶断带。

　　宿南向斜位于支河——宿东向斜系南部之西端,为一轴向北 20°～25°,东北部被一组北西向西寺坡逆断层切割(此组逆断层应属徐宿弧形推覆构造体系),破坏了向斜构造的完整性。西翼较为平缓,东翼较陡,南翼平缓,并发育与地层走向大体一致的褶曲构造。该向斜受北北东向断裂所控制,控制煤层分布,含煤岩系的基底为奥陶系中下统地层。

## 5.5.2　矿区地表沉降

### 5.5.2.1　以往观测结果

　　祁南煤矿 1992 年 12 月 26 日破土动工,1998 年 5 月开始试生产,2000 年 12 月 26 日正式投产。祁南煤矿为地下开采矿山,存在的地质灾害主要为采空塌陷,采煤沉陷引起的损害现状主要有采空塌陷地质灾害、含水层破坏、地形地貌景观破坏及土地资源破坏。地面建筑物、构筑物、水利、交通、电力等工农业生产设施因采煤沉陷而遭受不同程度的损毁。祁南煤矿开采活动超过 20 年,区内开采面积大,受影响范围广,现矿区内共有采煤沉陷区 2 处,其中一处位于矿区东侧边界,为相邻矿井安徽某煤电股份有限公司祁东煤矿采煤影响形成;另一处位于矿区西侧,东西长约 9 km,南北宽约 3.5 km,部分影响了北侧桃园煤矿矿区范围,面积 17.87 km²(26 809.15 亩),均为一般采煤沉陷区。

　　塌陷区域大量房屋、土地损毁,在矿区西南部多处形成地裂缝。对于多煤层开采区域,开采逐渐向深部进行,原先塌陷过的土地会再次产生塌陷,由于该区域地下潜水位较浅(淮北地区潜水位平均深度为 2.0 m),在全矿区范围内分布有大大小小、深浅不一、独立或连片的水塘,塌陷水域面积达 3.20 km²,开采沉陷最大深度达 5.0 m。2017 年祁南煤矿采空塌陷范围见图 5-19。

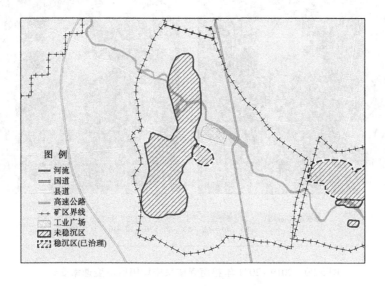

图 例
—— 河流
═══ 国道
——— 县道
——— 高速公路
+—+ 矿区界线
▨ 工业广场
▨ 未稳沉区
▨ 稳沉区(已治理)

**图 5-19　2017 年祁南煤矿采空塌陷范围**

##### 5.5.2.2　SBAS-InSAR 结果

　　通过对 SBAS 处理后的 2019 年、2020 年、2021 年埇桥区的形变速率数据分析可知，该区域具有沉降趋势。为了解祁南煤矿采空塌陷区地表形变速率随时间的变化，对该区域形变速率进行提取并进行比较，如图 5-20 所示。

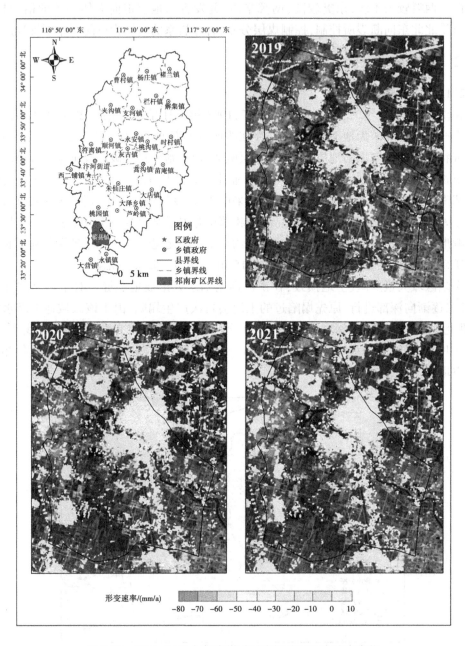

图 5-20　2019~2021 年祁南煤矿采空塌陷区形变速率变化

　　由图 5-20 可以看出,2019 年祁南煤矿采空塌陷区最大沉降速率为 46.27 mm/a,2020
年该区域最大沉降速率为 40.8 mm/a,2021 年该区域最大沉降速率为 56.58 mm/a。为分
析该区域形变速率随时间的变化趋势,对该区域平均形变速率进行计算,结果如下,该区
域的平均形变速率,由 2019 年的 -14 mm/a 增大至 2021 年的 -15.13 mm/a。总体上看,
祁南矿区 2019~2021 年最大沉降速率增大了约 10 mm/a,平均形变速率变化较小。

　　2019 年、2020 年、2021 年祁南煤矿形变速率等值线(见图 5-21)显示,祁南煤矿具有
一个较为明显的大沉降区以及多个较小的沉降区,位于祁南煤矿的西北侧。

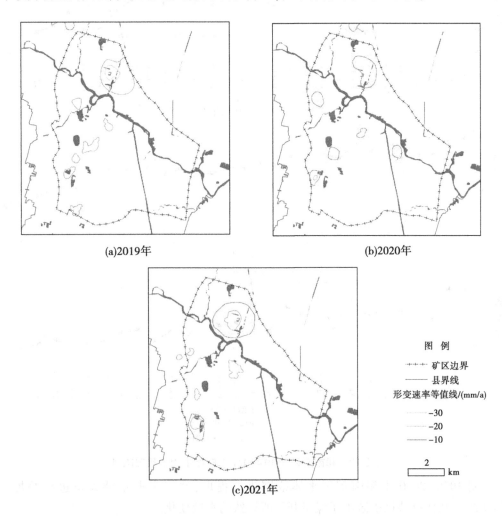

**图 5-21　2019~2021 年祁南煤矿采空塌陷区形变速率等值线**

　　从图 5-21 可知,各沉降区均呈不规则多边形,祁南煤矿北部的大沉降区面积由 2019
年的 2.68 km² 增大至 2021 年的 3.47 km²,3 年来沉降区中心最大沉降速率分别为 46.27
mm/a、40.8 mm/a、56.58 mm/a,呈增大趋势;其余小沉降区 2019~2021 年沉降区面积总
和分别为 1.45 km²、1.43 km² 和 1.66 km²,沉降区中心最大沉降速率为 20~30 mm/a,该
矿区沉降区中心速率变化较大,属于未沉稳塌陷区。

以矿区为统计单元,分别统计 2019 年 1 月 10 日至 2020 年 1 月 5 日、2020 年 1 月 17 日至 12 月 30 日、2021 年 1 月 11 日至 12 月 13 日期间祁南煤矿区域内累积沉降量的平均值,结果如图 5-22 所示。可以看出,在监测时间内,矿区内的地面平均累积形变量为负值,整体呈沉降趋势。随着时间的推移,累积沉降量不断减少,2019 年平均累积沉降量为 15.09 mm,2020 年平均累积沉降量为 12.99 mm,2021 年平均累积沉降量为 12.24 mm。

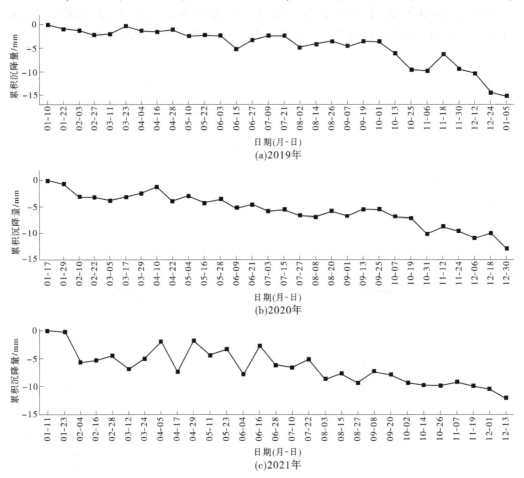

图 5-22　祁南煤矿 2019~2021 年时序平均累积沉降量

对 1975~2020 年祁南矿区水体范围进行提取,并将多期水域矢量进行叠加(见图 5-23),从而反映该矿区由于煤炭开采所导致的水域变化。

由统计 6 期的祁南矿区水体面积可知,在 1975~1995 年期间,水体面积相对变化较为稳定,矿区范围内只有浍河一类水体,且水体面积变化基本稳定。1998 年祁南煤矿开始试生产后,由于煤炭开采出现了除浍河外的水体,2005 年、2015 年和 2020 年新增水体面积分别为 0.08 km²、1.13 km² 和 1.75 km²,对应位置的 InSAR 监测结果也显示,水体面积增加区域的地表沉降速率也在不断变化。

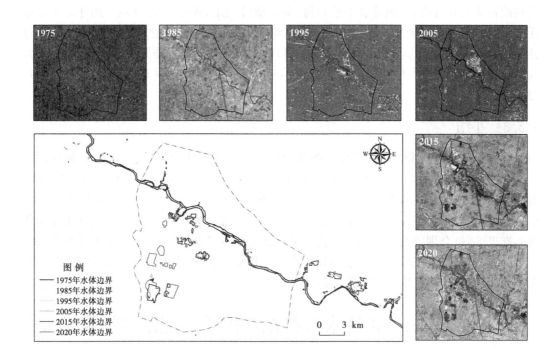

图 5-23　祁南煤矿采空塌陷区水体变化

### 5.5.2.3　采空区塌陷影响评价

1.对耕地资源的损坏

在煤矿开采中会产生大量的采空区,导致覆盖岩层出现裂缝、弯曲下沉,使得采空区地面连同部分周围区域出现大规模的沉陷情况,并且还会伴有不规则的裂缝,如果该地区的沉陷深度超过了潜水位,就会使地表径流发生改变,造成塌陷区积水。

根据祁南煤矿三勘调查报告,沉陷区耕地面积 9.36 km²、林草地面积 0.93 km²。本次遥感调查结果显示,祁南矿区西侧具有许多的采空塌陷积水区,面积约为 1.75 km²。塌陷坑周边耕地降水丰富,导致周边耕地被淹没,使原有的农田生态转变为水生生态或沼泽生态,不能继续进行种植活动。因此,煤矿沉陷问题会对耕地产生严重的破坏。

2.对建筑设施的损坏

由于人口的迅速攀升,人类活动的范围越来越广泛,同时配套的建筑设施覆盖面积也不断扩大,而部分采矿区就位于建筑设施下,采空区的存在在很大程度上降低了岩层的承载能力,导致土地的塌陷,使上方的建筑设施直接损毁,严重威胁了居民的安全。

根据祁南煤矿三勘调查报告,矿区内受影响村庄面积 1.91 km²、建设用地(建制镇、设施农用地、采矿用地、风景名胜及特殊用地)面积 0.73 km²。自建矿至今,祁南煤矿已经搬迁安置了 56 个村庄,5 849 户 23 302 人,搬迁企事业单位 7 家。已搬迁的村庄及单位原址占地 4 095 亩,新址征用了约 3 193 亩。前期搬迁都在祁县镇及大营镇镇区周围,现共设置 4 处安置点,分别是袁小寨新村、刘圩新村、忠陈新村、祁北新城。历年来矿方搬迁村庄及企事业单位征用土地投入资金 15 000 万元,搬迁村庄及企事业单位共投入搬迁补偿资金 43 964 万元。近期(2019~2021 年)根据采煤计划矿方需要搬迁村庄 5 个,涉及人口 567 户 2 422 人。最终(至设计开采结束年限)需要搬迁村庄 80 个,约 8 250 户 32 122 人。

### 5.5.3　小结

本次 InSAR 遥感解译结果显示,在祁南矿区内监测到明显沉降,沉降区影响面积约 3.47 km²,3 年来最大沉降速率为 56.58 mm/a。祁南煤矿主要沉降区影响范围北至潘园,南至浍河,矿区西侧也有部分沉降,主要沉降集中在浍河北侧,虽然对周边村庄及建筑产生一定影响,但仍处于建筑物的承受范围之内。建议该矿区使用充填采煤法,随采煤工作面的推进,通过合理的充填技术与工艺向采空区输送充填物料。通过该方法缓和工作面支承压力产生的矿压显现,改善采场和巷道维护状况,减少地表下沉和变形,提高采出率,保护地面建筑物、构筑物、生态环境和水体。

## 5.6　SBAS-InSAR 技术对祁东煤矿采空塌陷区监测应用

### 5.6.1　矿区概况

#### 5.6.1.1　地理位置与交通

祁东煤矿地处安徽省宿州市东南约 20 km,位于北纬 33°22′~33°27′,东经 117°03′~117°10′,是安徽省皖北煤电公司所属生产矿井,国家 95 计划重点工程项目。矿井设计年产量 150 万 t,服务年限为 90 年。其行政区划:跨宿州市的龙王庙乡、祁县镇、自寺坡镇以及固镇县的湖沟镇和官沟镇等乡、镇所辖区域,西与祁南煤矿接壤,东与龙王庙乡毗邻。井田范围:西起 F22 断层,东至 33 勘探线,南自石炭系第一层灰岩隐状露头,北到 3₂ 煤层底板等高线—800 m 高程的地面垂直投影线。井田东西走向长 9 km,南北宽 3.5~5.0 km,井田总面积约 45 km²。井田的东北有京沪铁路,北有青(瞳)芦(岭)矿区铁路通过,东有宿蚌公路、西有 206 国道,区内有纵横成网的简易公路通往各乡镇,交通较为便利。

#### 5.6.1.2　自然地理条件

矿区所在地位于亚热带与暖湿带的过渡地带,属季风暖湿带半湿润气候,其特点是:四季分明、季风显著、光照充足、热量丰富、降水适中、无霜期较长。冬季寒冷干燥夏季炎热多雨。因受季风影响,降水呈年际变化大、季节分配不均的特点。

矿井位于淮北平原中部,地势平坦。地面高程为 17.02~22.89 m,一般在 21 m 左右。总体地势为西北略高于东南,浍河两侧较为低洼。区内的地表水系主要为浍河,其历年最高洪水位为 20.74 m。此外,井田范围内还有繁多的小支流和纵横交错的灌溉沟渠。水系的流向多为由西北至东南,其中浍北沟为人工开挖的农业灌溉沟渠,主要功能为农业灌溉和泄洪排涝,具有明显的季节性,在枯水期,一般呈断流状态,局部地段有少量积水。

### 5.6.1.3 水文地质条件

祁东煤矿属淮北煤田。淮北煤田在地质构造上属华北地台、鲁西台隆之南段、徐蚌拗褶皱带。其东限于郯庐断裂,西抵丰涡断层与河南永城煤田相邻,北起丰沛凸起,南止板桥固镇断层与蚌埠隆起相接。全区揭露地层为第四系、二叠系、石炭系,奥陶系等。第四系覆盖全区,松散层属黄淮平原的黄土冲积层和湖积层。层厚 110~140 m,主要由黏土、粉砂岩和砂岩组成。表层土由耕植土、砂礓和砂质黏土组成,厚度约 30 m。松散层内含水层和隔水层交互沉积,形成多层复合结构。二叠系的石盒子组和山西组为本区的主要含煤地层。二叠系下统石盒子组,层厚约 200 m,主要由泥岩、粉砂岩和砂岩组成;二叠系下统山西组,层厚 92 m,主要由粉砂岩、细砂岩、泥岩和中砂岩组成。煤层是以孔隙水和裂隙水为主要充水水源的矿床。地表水和松散层上部"一含""二含""三含"的地下水被"三隔"所阻隔,它们对矿床开采无影响。"四含"直接覆盖在煤系地层上,厚度和岩性组合变化大,残坡积和漫滩沉积区富水性弱,谷口冲洪积扇沉积区富水性中等,但其分布范围有限,"四含"对矿床开采有影响。煤系砂岩裂隙不发育,从简易水文、抽水实验分析,富水性弱,有的甚至具有水量衰减疏干趋势,亦表明煤系地下水具有以静储量为主、动储量补给不足的特点。

### 5.6.1.4 地下水的补给和各含水层间的水力联系及动态变化

(1)第一含水层地下水。

上部属于潜水,下部属半承压水,以大气降水和地表水垂直渗透补给为主,区域层间径流和越流次之。

(2)第二、三含水层地下水。

属承压水,以区域间径流补给为主,其次是在第一隔水层和第二隔水层局部变薄地段,隔水层具有弱透水性,形成了对第二、第三含水层地下水的越流补给关系。

(3)第四含水层地下水。

属于承压水,其上由隔水性良好的第三隔水层所阻隔,本层地下水与地表水及第一、二、三含水层地下水无水力联系,只有区域间径流补给。

(4)煤系裂隙地下水。

煤系岩层裂隙不发育,渗透性弱,只能沿煤层浅部露头带接受第四含水层地下水缓慢渗入补给和区域间径流补给。

综上所述,井田的煤层属于孔隙水和裂隙水为主要的充水水源的矿床。

## 5.6.2 矿区地表沉降

### 5.6.2.1 以往观测结果

祁东煤矿于 1997 年 10 月 1 日破土动工,2002 年 5 月建成投产。祁东煤矿为地下开采矿山,存在的地质灾害主要为采空塌陷,采煤沉陷引起的损害现状主要有采空塌陷地质灾害、含水层破坏、地形地貌景观破坏及土地资源破坏。地面建筑物、构筑物、水利、交通、电力等工农业生产设施因采煤沉陷而遭受不同程度的损毁。祁东煤矿开采活动近 20 年,区内开采面积大,受影响范围广,现矿区内共有采煤沉陷区 1 处,基本覆盖全矿区,南北长约 8.5 km,东西宽约 2.5 km,最宽处超过 3.5 km,面积 18.59 km²,均为一般采煤沉陷区。

矿区工业广场东、西两侧分别产生了较大面积的采空塌陷区,塌陷区内部分道路出现裂痕,农田被水面淹没,形成湿地,失去其耕作功能,塌陷坑周边耕地雨季易被水淹没,造成减产。目前存在塌陷积水区两处:一处位于矿区西侧浍河以北的高小街沉陷区,距浍河仅 35 m,目前积水面积约 0.50 km²,积水深度一般 3~4 m;另一处位于矿区东侧,原刘瓦房村北侧塌陷区,目前积水面积约 1.22 km²,积水深度一般 2~3 m。2017 年祁东煤矿采空塌陷范围见图 5-24。

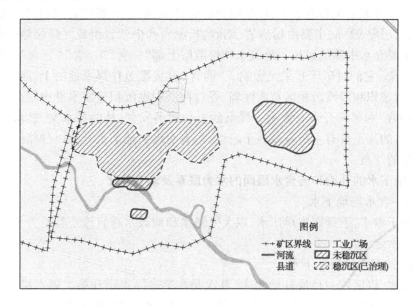

图 5-24　2017 年祁东煤矿采空塌陷范围

#### 5.6.2.2　SBAS-InSAR 结果

祁东矿区位于宿州市埇桥区东南部与蚌埠市固镇县西北部交界处,为了解该区域地表形变速率随时间的变化,通过对 SBAS 处理后的 2019 年、2020 年、2021 年调查区的形变速率数据对该区域形变速率进行提取并做比较,见图 5-25。

从监测结果看,祁东矿区的形变速率变化较为稳定。从图 5-25 可知,2019 年祁东矿区地表最大沉降速率为 43.8 mm/a,2020 年该区域最大沉降速率为 35.8 mm/a,2021 年该区域最大沉降速率为 49.4 mm/a。同时对该区域平均形变速率进行计算,结果如下:2019 年祁东矿区平均形变速率为-10.72 mm/a,2020 年该区域平均形变速率为-13.8 mm/a,2021 年该区域平均形变速率为-17.8 mm/a,总体上看,祁东矿区最大沉降速率变化不大,2019~2021 年速率变化范围为 6~10 mm/a,平均形变速率有明显变化趋势,由-10.72 mm/a 减小至-17.8 mm/a,该区域地表沉降速率呈现增加趋势。

以矿区为统计单元,分别统计 2019 年 1 月 10 日至 2020 年 1 月 5 日、2020 年 1 月 17 日至 12 月 30 日、2021 年 1 月 11 日至 12 月 13 日期间祁东煤矿区域内累积沉降量的平均值,结果如图 5-26 所示。

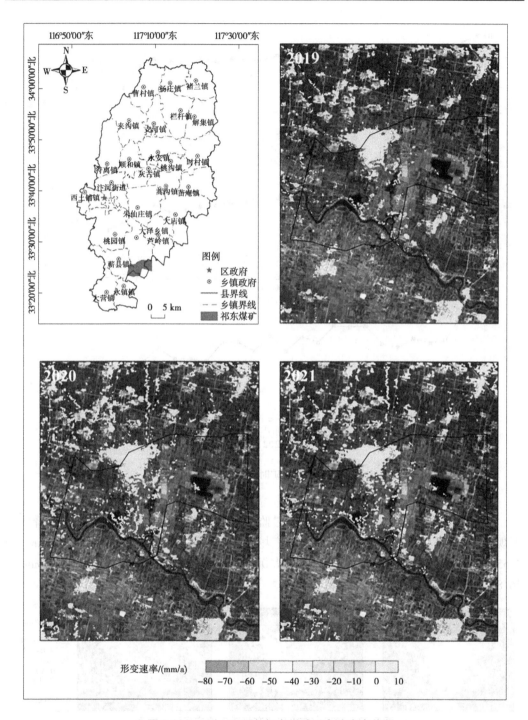

图 5-25 2019~2021 年祁东煤矿形变速率变化

由图 5-26 可以看出,在监测时间内,矿区内的地面平均累积形变量为负值,整体呈沉降趋势。随着时间的推移,累积沉降量不断增加,2019 年平均累积沉降量为 13.76 mm,2020 年平均累积沉降量为 14.61 mm,2021 年平均累积沉降量为 16.35 mm。

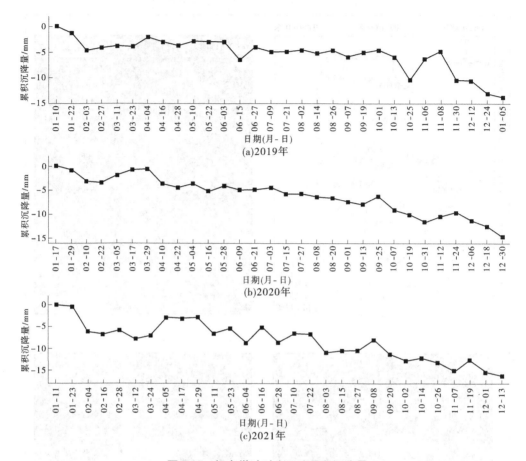

(a)2019年

(b)2020年

(c)2021年

**图 5-26 祁东煤矿时序平均累积沉降量**

### 1. 工业广场的沉降

祁东煤矿工业广场位于矿区北侧,通过监测发现工业广场具有明显的沉降,沉降区呈不规则多边形(见图 5-27)。3 年来工业广场沉降区面积分别为 2.32 km²、2.53 km² 和 2.55 km²,3 年来工业广场沉降区中心最大沉降速率分别为 20.66 mm/a、20.78 mm/a、26.80 mm/a,呈增大趋势。

形变速率/(mm/a)
- □ −30~−20
- □ −20~−10
- □ −10~ 0
- □ 0~10
- ▨ 工业广场

0  500 m

**图 5-27 2019~2021 年祁东煤矿工业广场沉降速率**

引起煤矿工业广场的地表及主要建(构)筑物沉降的因素,主要是松散层疏水压缩与工矿内存在的大于临界值的静、动荷载的共同影响。具体表现特征如下:如果建筑物承载巨大的附加静荷载,对应局部地表的下沉值明显相应增大。说明一个现象就是工业广场内的建筑物自身重量及附加静荷载的和存在着一个临界值。以 $Q$ 来表示临界值,小于 $Q$ 时,建筑物本身的沉降量与自身的荷载无关;如果大于这个临界值 $Q$,就会引起建筑物和它附近的地表下沉。对于祁东煤矿来说,其受到工业、生活用水和开采疏排水影响,引起地表的沉降量与静荷载引起地表的沉降量之和就是实际的沉降量。工业广场的地表小于临界荷载值时,建筑物和地表的下沉具有相似性。当超过临界荷载值的时候,将会出现随着静荷载的增加,建(构)筑物以及附近地表的沉降量也会随之增大,这就造成了地表的差异沉降,而不再是均匀沉降。它会引起祁东煤矿连接选煤楼和煤仓之间的皮带机走廊发生断裂的情况,从而影响了煤矿的安全生产,进而会造成很大的经济损失。

2. 塌陷积水区演化

由于矿山的开采,自 2002 年以来,矿区内产生了较大面积的采空塌陷区,其影响的村庄主要包括祁县镇单寨、东圩等自然村和龙王庙乡腾庄、陈桥、刘瓦房等自然村,以及魏庙乡小张庄、老庙庄等自然村。祁东煤矿东侧塌陷积水区见图 5-28。

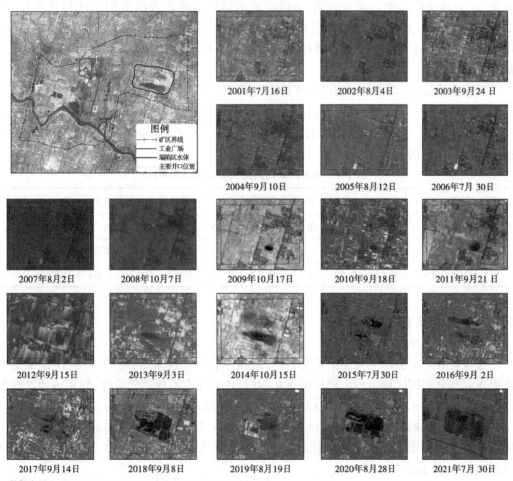

数据来源:Landsat 5 TM、Landsat 7 ETM、Landsat 8 OLI-ITIRS
影像时间:选取每年7~10月内影像
标准假彩色合成(绿波段赋蓝,红波段赋绿,红外波段赋红):植被显示红色,有助于区分植被与其他地类

**图 5-28　祁东煤矿东侧塌陷积水区**

根据矿山地质环境现状调查,结合地表移动变形现状,区内采空塌陷从 2002 年投产一直持续到现在,形成了大小不等的沉陷区,目前存在塌陷积水区两处,一处位于矿区西侧浍河以北的高小街沉陷区,距浍河仅 35 m;另一处位于矿区东侧,原刘瓦房村北侧塌陷区。祁东煤矿东侧采空塌陷积水区面积见表 5-3。

表 5-3　祁东煤矿东侧采空塌陷积水区面积

| 年份 | 2009 | 2010 | 2011 | 2012 | 2013 | 2014 | 2015 | 2016 | 2017 | 2018 | 2019 | 2020 | 2021 |
|---|---|---|---|---|---|---|---|---|---|---|---|---|---|
| 积水区面积/km² | 0.08 | 0.08 | 0.17 | 0.20 | 0.32 | 0.49 | 0.69 | 0.85 | 0.95 | 1.49 | 1.45 | 1.67 | 1.90 |

遥感影像显示(见图 5-28),自 2009 年开始,矿区东侧采空塌陷影响范围内已出现较明显的地面变形及地表积水。塌陷区内部分道路出现裂痕,农田被水面淹没,形成湿地,失去其耕作功能。开采初期,各煤层开采后形成的地表沉陷积水区相互独立,但随着矿井开采深度的增加,各煤层开采后的塌陷区范围不断加大,且相互叠加;目前,塌陷区积水范围已连成一片,塌陷区整体形状呈矩形。至 2021 年该区域塌陷积水区面积为 1.90 km²。

遥感影像显示,自 2003 年开始,矿区西侧采空塌陷影响范围内已出现较明显的地面变形及地表积水。塌陷区内部分道路出现裂痕,农田被水面淹没,形成湿地,失去其耕作功能。截至 2021 年该区域塌陷积水区面积为 0.87 km²,如表 5-4 所示。祁东煤矿塌陷区遥感影像如图 5-29 所示。

表 5-4　祁东煤矿西侧采空塌陷积水区面积

| 年份 | 2003 | 2004 | 2005 | 2006 | 2007 | 2008 | 2009 | 2010 | 2011 | 2012 |
|---|---|---|---|---|---|---|---|---|---|---|
| 积水区面积/km² | 0.08 | 0.1 | 0.15 | 0.19 | 0.75 | 0.32 | 0.27 | 0.35 | 0.44 | 0.49 |
| 年份 | 2013 | 2014 | 2015 | 2016 | 2017 | 2018 | 2019 | 2020 | 2021 | |
| 积水区面积/km² | 0.52 | 0.69 | 0.77 | 0.82 | 0.88 | 1.07 | 0.92 | 0.84 | 0.87 | |

### 5.6.2.3　采空区塌陷影响评价

#### 1. 对耕地资源的损坏

在煤矿开采中会产生大量的采空区,导致覆盖岩层出现裂缝、弯曲下沉,使得采空区地面连同部分周围区域出现大规模的沉陷,并且还会伴有不规则的裂缝,如果该地区的沉陷深度超过了潜水位,就会使地表径流发生改变,造成塌陷区积水。

根据祁东煤矿三勘调查报告,沉陷区耕地面积 9.73 km²,埇桥区耕地面积 5.09 km²,固镇县耕地面积 4.64 km²;林草地面积 1.10 km²,埇桥区林草地面积 0.97 km²,固镇县林草地面积 0.13 km²。

本次遥感调查结果显示,祁东矿区工业广场东、西两侧具有较大面积的采空塌陷积水区,面积约为 2.77 km²。塌陷坑周边耕地降水丰富,导致周边耕地被淹没,使原有的农田生态转变为水生生态或沼泽生态,不能继续进行种植活动。因此,煤矿沉陷问题会对耕地

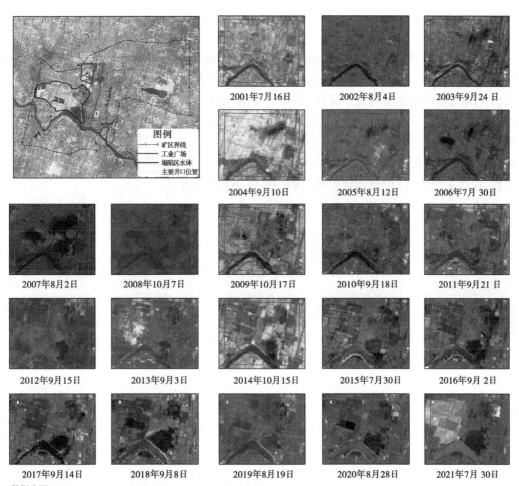

数据来源: Landsat 5 TM、Landsat 7 ETM、Landsat 8 OLI–ITIRS
影像时间:选取每年7~10月内影像
标准假彩色合成(绿波段赋蓝,红波段赋绿,红外波段赋红):植被显示红色,有助于区分植被与其他地类

**图 5-29　祁东煤矿西侧塌陷积水区**

产生严重的破坏。

2. 对建筑设施的损坏

由于人口的迅速攀升,人类活动的范围越来越广泛,同时配套的建筑设施覆盖面积也不断扩大,而部分采矿区就位于建筑设施下,采空区的存在在很大程度上降低了岩层的承载能力,导致土地的塌陷,使上方的建筑设施直接损毁,严重威胁了居民的安全。

根据祁东煤矿三勘调查报告,矿区内受影响村庄面积 1.57 km²,埇桥区村庄面积 1.34 km²,固镇县村庄面积 0.23 km²;建设用地面积 2.29 km²,埇桥区建设用地面积 1.97 km²,固镇县建设用地面积 0.32 km²。自建矿至今,祁东煤矿矿山现状采空塌陷影已造成 40 多个村庄严重受损,已经搬迁安置了 43 个村庄,10 358 户 46 611 人(其中固镇县境内 20 个村庄已搬迁完毕,老村址已复垦;埇桥区境内 23 个村庄已搬迁完毕,部分原村址已复垦)。已搬迁的村庄原址占地 4 038.61 亩,新址征用了约 2 899.67 亩。埇桥区境内剩余 2 个村庄(乔东、乔西)正在搬迁过程中。

### 5.6.3　小结

本次 InSAR 遥感解译结果显示,在祁东矿区工业广场监测到明显沉降,沉降区影响面积约 2.55 km²,3 年来工业广场沉降区中心最大沉降速率为 26.80 mm/a。祁东煤矿开采引发的沉降影响范围西至后王寨,东至浍北沟,主要沉降集中在矿区工业广场,虽然对周边村庄及建筑产生一定影响,但仍处于建筑物的承受范围之内。建议该矿区使用充填采煤法,随采煤工作面的推进,通过合理的充填技术与工艺向采空区输送充填物料。通过该方法缓和工作面支承压力产生的矿压显现,改善采场和巷道维护状况,减少地表下沉和变形,提高采出率,保护地面建筑物、构筑物、生态环境和水体。

# 6 遥感技术在黄山市地质灾害风险调查评价中的应用

## 6.1 研究区概况

黄山市地处皖浙赣三省交界处,下辖 3 个区、4 个县,区划总面积 9 807 km²。境内地貌多样,以山地、丘陵为主,呈现出"八山一水一分田"的格局。黄山市地层以古老变质岩为主,晋宁期以来,受多期构造运动影响,岩石片理、劈理、节理等十分发育,易风化,稳定性较差。特殊的地形地貌与地层岩性导致黄山市地质灾害频发,安徽省约 80% 的地质灾害均分布于该地区。黄山市地质灾害的研究工作始于 20 世纪 80 年代,先后开展 1:50 万地质灾害调查、1:10 万地质灾害调查与区划、1:5 万地质灾害详细调查工作,初步归纳了安徽省地质灾害的类型及其成因,划分了各区县地质灾害易发性边界。本章结合黄山市 1:5 万地质灾害风险调查评价项目,利用遥感技术对黄山市地质灾害进行风险调查评价,旨在为国土空间规划、土地用途管制、地质灾害防治服务。黄山市区位图见图 6-1。

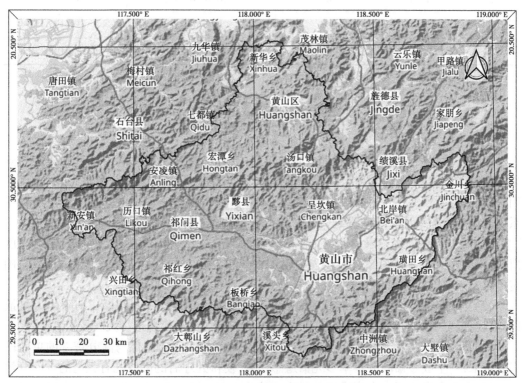

图 6-1 黄山市区位图

## 6.2　遥感数据源

地质灾害解译与监测对时效性、分辨率等条件要求较高。影像数据时效性控制在 2 年以内,云、雪等覆盖率控制在 5% 以下,一般调查区选用空间分辨率优于 2 m 的多光谱遥感数据。结合规范要求,选用高分六号(GF-6)作为主要数据源。GF-6 是一颗低轨光学遥感卫星,具有高分辨率和高效能成像、宽覆盖等特点,其影像可用作整体解译的数据源。卫星配置有 2 m 全色/8 m 多光谱高分辨率相机,16 m 多光谱中分辨率宽幅相机,2 m 全色/8 m 多光谱相机观测幅宽 90 km,16 m 多光谱相机观测幅宽 800 km。研究区数据选用情况见表 6-1。

表 6-1　研究区数据选用情况

| 序号 | 卫星 | 传感器 | 采集时间(年-月-日) | 景序列号 |
| --- | --- | --- | --- | --- |
| 1 | GF-6 | PMS | 2020-04-26 | 325902 |
| 2 | GF-6 | PMS | 2020-05-04 | 328545 |
| 3 | GF-6 | PMS | 2020-09-08 | 368146 |
| 4 | GF-6 | PMS | 2020-09-08 | 368145 |
| 5 | GF-6 | PMS | 2020-10-23 | 380196 |
| 6 | GF-6 | PMS | 2020-10-23 | 380197 |
| 7 | GF-6 | PMS | 2020-10-23 | 380198 |

## 6.3　遥感影像处理

遥感传感器在接收来自地物的电磁波辐射能时,电磁波在大气层中传输和传感器测量中受到遥感传感器本身特性、地物光照条件(地形影响和太阳高度角影响)以及大气作用等影响,会导致遥感传感器测量值与地物实际的光谱辐射率不一致。这时需要进行一系列预处理流程来消除这些影响。影像处理流程见图 6-2。

(1)辐射定标。将记录的原始 DN 值转换为大气外层表面反射率(或称为辐射亮度值)。消除或改正遥感图像成像过程中附加在传感器输出的辐射能量中的各种噪声,确定传感器入口处的准确辐射值。

(2)大气校正。将辐射亮度或者表面反射率转换为地表实际反射率,消除由大气散射、吸收、反射引起的辐射误差。基于 MODTRAN5 辐射传输模型进行大气校正。

(3)图像融合。图像融合的目的在于将低分辨率的多光谱影像与高分辨率的单波段影像重采样,生成一幅高分辨率多光谱遥感影像,使得处理后的影像既有较高的空间分辨率,又具有多光谱特征。本章采用的融合方法为 Gram-schmidt Pan Sharpening(GS),这种方法可以不受波段限制,较好地保持空间纹理信息,尤其能高保真保持光谱特征,专为最

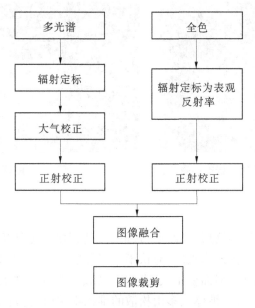

**图 6-2　影像处理流程**

新高空间分辨率影像设计,能较好地保持影像的纹理和光谱信息,避免了传统融合方法某些波段信息过度集中和新型高空间分辨率全色波段波长范围扩展所带来的光谱响应范围不一致问题。处理前后影像对比见图 6-3。

**图 6-3　处理前后影像对比**

# 6.4　隐患点遥感解译

## 6.4.1　崩塌

　　崩塌大多发生于山区因道路建设而产生切坡的地方,坡体坡角一般大于 45°,崩落物为岩土混合。崩塌体后缘发育有直线形或弧形陡峭山崖与绝壁,在遥感影像上表现出色彩异常,反射率较强,具有弧形、三角形、新月形等平面形态;崩塌体堆积在坡脚或斜坡平缓地段,表面纹理不均匀,有粗糙感。黄山市多为小型崩塌,常见于山间公路靠山一侧,对行人车辆存在较大的威胁。崩塌多光谱影像特征见图 6-4。崩塌三维影像见图 6-5。

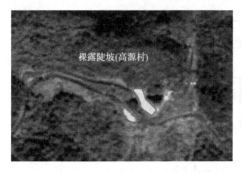

图 6-4　崩塌多光谱影像特征(标准假彩色)

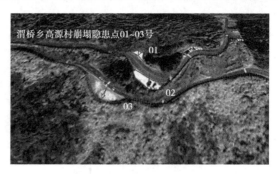

图 6-5　崩塌三维影像

## 6.4.2　滑坡

　　滑坡在影像上一般呈簸箕形、马蹄形、弧形或不规则形,其中以不规则形居多,初步治理的滑坡基本为梯形。坡体地形破碎,起伏不平,斜坡表面有不均匀陷落的局部平台,斜坡较陡且长,虽有滑坡平台,但面积不大,有向下缓倾的现象。滑坡坡体色调在影像上与周围稳定地形有明显的差别,坡体大多由松散的堆积物质组成,表面具有较强的波谱反射能力,在影像上呈现明显的浅色调;处于变形阶段的滑坡,滑体周缘常具有相比滑坡平面形态色调较浅的色环,或在后缘出现浅色线条甚至坡体前缘出现局部坍塌现象。坡体上植被一般比较稀少,无巨大直立的树木,偶尔可见少量的小灌木。滑坡多光谱影像特征见图 6-6。滑坡三维影像见图 6-7。

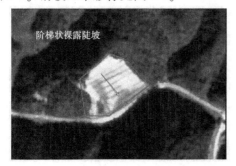

图 6-6　滑坡多光谱影像特征(标准假彩色)

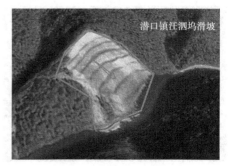

图 6-7　滑坡三维影像

## 6.4.3　泥石流

　　解译泥石流主要凭借三要素,即物源区、流通区、堆积区。影像上可以比较清楚地识别泥石流沟,物源区多为山脊环绕的盆地或瓢形洼地,容易汇水;山间沟谷一般为流通区,存在一定的高程落差,狭长条带状,植被稀疏;堆积区位于沟谷出口处,纵坡平缓,呈扇状。色调在影像上与周围稳定地形有明显的差别,表面具有较强的波谱反射能力,在影像上呈现明显的浅色调。处于发育早期的泥石流这些要素特征在影像上表现不明显,可以通过观察是否存在切割较深的沟谷、是否存在形成物源的条件来判断发生泥石流的可能性。泥石流多光谱影像特征见图 6-8。泥石流三维影像见图 6-9。

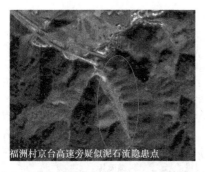

图 6-8　泥石流多光谱影像特征(标准假彩色)　　　图 6-9　泥石流三维影像

### 6.4.4　不稳定斜坡

不稳定斜坡的形成多与人类工程活动密切相关,如高速公路、铁路建设,公共设施、工厂建设,以及切坡建房。中大型工程活动导致的不稳定斜坡较容易识别,在遥感影像上无植被覆盖,岩土层裸露,能明显看到房屋、车辆设施等。切坡建房规模较小,识别难度较大,需结合高分辨率数据。解译过程中会存在将平坦区工程活动误判为隐患点的情况发生,这时需使用 DEM 高程数据加以辅助识别。不稳定斜坡多光谱影像特征见图 6-10。不稳定斜坡三维影像见图 6-11。

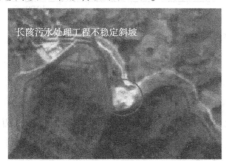

图 6-10　不稳定斜坡多光谱影像特征　　　图 6-11　不稳定斜坡三维影像
(标准假彩色)

## 6.5　地质灾害分布特征

通过野外验证核查,综合地面调查摸排结果,共统计出 957 处对群众居民点存在威胁的灾害隐患点。借助 ArcGIS 10.7 软件构建 2 km×2 km 的格网,通过空间连接,统计每个格网中的灾害隐患点数,可视化为隐患点空间分布密度等级。得出结论:黄山市徽州区西北部(沿舍乡、富溪乡)、歙县中东部(坑口乡、街口—武阳—霞坑)、休宁县西部和东部(汪村镇、源芳乡)、黟县西北部(柯村镇、洪兴乡)、黄山区(汤口镇、龙门乡)灾害隐患点密度较高,祁门县境内隐患点零散分布。黄山市灾害隐患点空间密度分布等级见图 6-12。

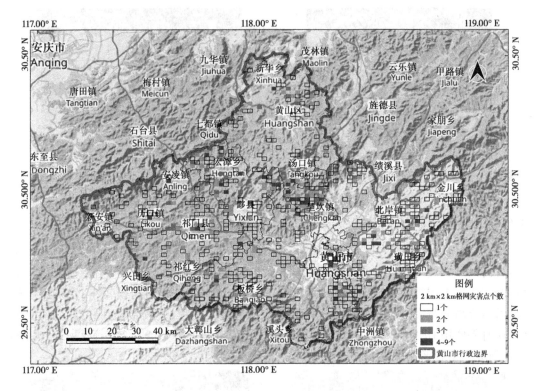

图 6-12　黄山市灾害隐患点空间密度分布等级

# 6.6　结　论

（1）本章以黄山市 1∶5 万地质灾害风险调查评价为例，采用高分六号卫星数据，处理并制作符合解译条件的高分辨率遥感影像底图，在野外踏勘和分析已有资料的基础上建立了崩塌、滑坡、泥石流和不稳定斜坡的遥感解译标志。

（2）对遥感解译结果进行野外验证，综合地面调查结果，得到黄山市灾害隐患点空间密度分布等级图。

（3）利用遥感技术进行地质灾害的调查能够弥补传统地面调查时效性不强的弱点，在一定程度上为地面工作提供指导。但在解译过程中会发生误判现象，针对此问题，需要对解译标志样本库加以扩充，充分利用 DEM 高程数据及其他资料，以保证遥感解译结果的准确性。

# 7　微震技术在六安市霍邱县草楼铁矿地压监测中的应用

## 7.1　研究区概况

### 7.1.1　矿山简介

草楼铁矿于 2004 年 7 月 18 日开工建设,2005 年 12 月 29 日北风井率先见矿,2006 年 4 月 26 日选矿系统连续 72 h 重负荷联动试车成功,2006 年 5 月 31 日采矿工程投入试生产,2007 年 6 月 18 日主井重负荷试车成功,2007 年 7 月 18 日建成投产达到年采选 200 万 t 生产能力。2009~2010 年技改扩建达到年采选 300 万 t 生产能力。

草楼铁矿原设计为地下开采,竖井开拓,分-230 m、-290 m、-350 m 和-410 m 四个开采中段和-170 m 一个回风中段,整个建设工程分两期。其中一期工程服务至-290 m 水平,于 2005 年开工建设,现已建成主井、副井、进风兼措施井、北风井、南风井共 5 条竖井。主要经营范围为铁矿开采与选矿、铁精矿销售,从业人数 527 人,其中专业技术人员 89 人。

草楼铁矿为全隐伏型矿床,矿体的埋藏较深,根据邯郸华北冶建工程设计有限公司、马鞍山矿山研究院工程勘察设计研究院设计提交的《安徽草楼矿业有限责任公司草楼铁矿初步设计》,开采工程初步设计采用竖井开拓,地下开采。选用的主体采矿方法为 VCR 法,主要开采 II 号矿体,设计开采范围 24~23 线,-170~-410 m 的矿体。

草楼铁矿一期设计矿石生产能力 200 万 t/a,年产铁精粉 64.06 万 t,干抛尾矿石量 28.24 万 t,年尾矿量 107.7 万 t。采空区嗣后胶结充填,矿石采矿回采率 85%,矿山设计服务年限 23 年。2009 年后,技改扩建设计生产能力 300 万 t/a,年产铁精粉 96.09 万 t,设计服务年限 20 年(含基建期)。

根据《安徽省霍邱县草楼铁矿 2021 年储量年度报告》,截至 2021 年 12 月 31 日,矿山累计查明资源储量(111b+122b+333)类 9 690.83 万 t,TFe 品位为 27.77%。其中:探明的(111b)资源储量 6 472.26 万 t,TFe 平均品位 27.57%;控制的(122b)资源储量 39.35 万 t,TFe 平均品位 25.58%;推测的(333)资源储量 3 179.22 万 t,TFe 平均品位 28.06%。矿山累计消耗资源储量 4 936.56 万 t,平均品位为 28.61%。保有资源总量 4 754.27 万 t,TFe 平均品位 26.62%,其中:探明资源量 1 535.70 万 t,TFe 平均品位 23.67%;控制资源量 39.35 万 t,TFe 平均品位 25.58%;推断资源量 3 179.22 万 t,TFe 平均品位 28.06%。

### 7.1.2　矿山位置及交通

草楼铁矿位于安徽省霍邱县城关 293°方向范桥镇境内,距县城直距 28.5 km。区内交通方便,矿区西侧为 105 国道、阜六高速,北距阜阳市 70 km,东距霍邱县 45 km,向南约 70 km 与阜六高速、312 国道、宁西铁路相联,可至六安、合肥、南京等地。

地理坐标范围:东经 115°58′10.99″~115°59′04.99″,北纬 32°24′30″~32°26′29″;矿区中心坐标:东经 115°58′45″,北纬 32°25′19″。交通位置见图 7-1。

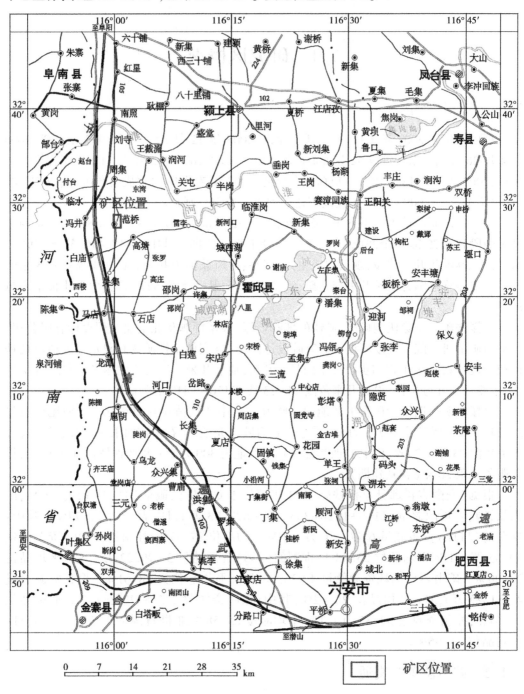

图 7-1 草楼铁矿交通位置图

草楼铁矿位于安徽省霍邱县范桥镇境内,面积约 3 km²,矿床中心地理坐标为东经 115°58′45″,北纬 32°25′19″。105 国道和商景高速公路分别从矿床西侧约 4.7 km 和 3.5 km 通过。西部为十里长山北端的丘陵地,至霍邱县城约 85 km,北至淮河 20 km、至阜阳 65 km。

## 7.1.3 矿山生产能力

草楼铁矿现生产规模为 300 万 t/a,由三个采区组成,其中 8～19 线间为主井采区, 24～8 线间为南采区,19～23 线间为北采区。

主井采区生产规模为矿石 200 万 t/a,现有主井、1# 副井、2# 副井,最低水平为 -410 m 中段。南采区生产规模为矿石 50 万 t/a,现有南辅助提升井和南风井,最低水平为 -410 m 中段。北采区生产规模为矿石 50 万 t/a,现有北辅助提升井、北风井和新北风井,最低水平为 -410 m 中段。

## 7.1.4 开采范围及储量

草楼铁矿将矿床自上而下划分为二个矿体,编号为 Ⅱ、Ⅲ 号。

Ⅱ 号矿体划分的主要依据是 15 线以北和 8 线以南剖面上所显示的主要矿体形态,并且有单层产出的特征。Ⅱ 号矿体主要分布于 16～23 线,向南延深至 24 线(ZK241 孔)变薄(视厚度 6.86 m)有尖灭趋势。控制斜深为 122～555 m,平均 280 m。赋存标高 -100～ -480 m,宽 90～410 m,平均 210 m。

Ⅲ 号矿体划分依据:0～8 线剖面的底部小矿层,具有类似的规模、形态,并且 0 线上该矿层为铁闪石英磁铁矿石和石榴铁闪片岩互层,8 线剖面上该矿层顶板为透闪透辉大理岩,岩石类型接近,层位亦相当。Ⅲ 号矿体分布于 0～8 线。控制斜深为 198～290 m,平均 223 m,赋存标高为 -130～-310m,宽 130～180 m。

主要开采 Ⅱ 号矿体,设计开采范围 16～23 线、-170～-410 m 的矿体。开采范围内的资源量 5 295.22×10⁴ t,其中 333 类资源量 1 404.35×10⁴ t,全铁平均品位 28.63%;122b 类资源量 3 890.87×10⁴ t。

根据矿床赋存条件和选取的采矿方法,设计采用的阶段高度为 60 m,第一阶段设在 -170 m 水平,作为回风阶段,以下依次为 -230 m、-290 m、-350 m、-410 m 采矿阶段。

矿山 -170～-230 m 中段矿房基本开采完毕,采空的矿房充填率达 90% 以上,剩余少量矿房进行残矿回收,待回收完毕,全部矿房进行充填,不留采空区。目前,矿山主要开采 -395～-290 m 和 -290～-230 m 的矿体。

## 7.1.5 矿区地质概况

### 7.1.5.1 矿区地层

#### 1. 新太古界霍邱群

草楼铁矿赋矿岩层为新太古界霍邱群吴集组。按岩性组合的空间分布划分为六个岩段,从上到下分别为:①上混合岩段($Ar_3W_6$);②上片麻岩段($Ar_3W_5$);③含矿岩段 ($Ar_3W_4$);④下片麻岩段($Ar_3W_3$);⑤下混合岩段($Ar_3W_2$);⑥混合花岗岩段($Ar_3W_1$)。与区域地层对比,其中⑤—⑥为吴集组下段($Ar_3W_1$),①—④为吴集组上段($Ar_3W_2$)。

各岩段划分及其岩石组合特征分述如下:

(1)上混合岩段($Ar_3W_6$)。最大揭露厚度220 m。主要岩性为阴影条带状-均质混合岩,条带状混合岩,二者往往无明显界线,呈复杂的渐变过渡互层。层内夹混合岩化黑云斜长片麻岩、黑云角闪斜长片麻岩、斜长角闪岩、伟晶质混合岩脉或团块,偶有石英黑云片岩、角闪-蓝闪石英磁铁矿等薄层,界线一般比较清楚,呈整合关系。均质混合岩外貌似花岗质岩石,其内残留体较少,伟晶-花岗质岩脉或团块较多。

(2)上片麻岩段($Ar_3W_5$)。厚度22 m。主要岩性有黑云角闪斜长片麻岩、黑云斜长片麻岩、角闪斜长片麻岩、少量石英黑云片岩、斜长黑云片岩等。近矿围岩中常见条带-薄层状角闪石英磁铁矿矿石。局部具有顺层混合岩化现象。

(3)含矿岩段($Ar_3W_4$)。厚度6.86~122.34 m,平均厚度55.97 m。主要岩石组合为黑云角闪斜长片麻岩,少量斜长角闪岩,偶有均质花岗质混合岩。片麻岩为多数矿体的隔层,或夹石层。唯8线剖面上Ⅱ、Ⅲ号矿体之间的隔层为含硅酸盐(透闪石、透辉石、橄榄石)、磁铁矿大理岩。

(4)下片麻岩段($Ar_3W_3$)。厚度130 m。主要岩性有黑云角闪斜长片麻岩、黑云斜长片麻岩、角闪斜长片麻岩、少量石英黑云片岩、斜长黑云片岩等。近矿围岩中常见条带-薄层状角闪石英磁铁矿矿石。局部具有顺层混合岩化现象。

(5)下混合岩段($Ar_3W_2$)。最大厚度为340 m(未完全揭露)。主要岩性为阴影条带状-均质混合岩,条带状混合岩,二者往往无明显界线,呈复杂的渐变过渡互层。层内夹混合岩化黑云斜长片麻岩、黑云角闪斜长片麻岩、斜长角闪岩、伟晶质混合岩脉或团块,偶有石英黑云片岩、角闪-蓝闪石英磁铁矿等薄层,界线一般比较清楚,呈整合关系。均质混合岩外貌似花岗质岩石,其内残留体较少,伟晶-花岗质岩脉或团块较多,与混合花岗岩之间的界线难以区分。

(6)混合花岗岩段($Ar_3W_1$)。岩性较单一。下部未见底,最大揭露厚度297 m。见于南部ZK163,北部ZK231、ZK232,西部ZK155、ZK154、ZK74诸孔下部。与下部均质(花岗质)混合岩呈过渡关系。

见于ZK74混合花岗岩中的单独小矿体,为蓝闪角闪石英磁铁矿矿石。

2. 第四系(Q)

矿床均为四系地层覆盖,厚度122.22~210.33 m,平均厚度167.96 m。总体趋势由北向南、由西向东逐渐增厚。岩性自上而下划分如下。

1)上更新统($Q_3$)

覆盖全区,厚度68.19~90.95 m,平均厚度为80.61 m。以棕黄-黄褐色为主,有时夹有青灰色,以粉质亚黏土为主,局部层间夹青灰色黏土透镜体。顶部普遍含植物根系及腐殖残髓,层中常见少量的铁锰结核(薄膜)及钙质结核或集块。下部含少量的石英、长石砂砾。

2)中下更新统($Q_{1+2}$)

分布整个矿区,埋深68.19~210.33 m。根据岩性特征分为上下两段:

(1)上段:主要为砂、泥灰岩与黏土互层,矿床范围内见有三层砂、泥灰岩,其中一、二层遍布整个矿区,第三层分布于 8~16 线一带。砂中以细砂、亚黏土为主,砂的主要成分为石英、长石。有时含有少量的云母。泥灰岩以青灰白色为主,半固结,有溶蚀沟槽及溶孔,部分地段逐渐变为钙土,局部为钙质胶结砂岩。黏土以青灰色为主,密实、块状、黏塑性较强。

(2)下段:主要为绿灰色-黄绿色含砂砾黏土及砾石层,本层厚度变化大,局部地段缺失,黏土中砾石含量变化较大,局部含砾石较少,逐渐变为亚黏土,砾石成分以石英为主,少部分为变质岩及矿石。

### 7.1.5.2　矿区构造

(1)褶皱。含矿岩段为总体呈向东突出的宽缓弧形。总体倾向西,倾斜角较陡,呈单斜构造,局部(3~15 线)发育有层内或层间褶皱。

(2)断层。矿床内主要断层见北西向断层一条,依据主要是:①7 线与 15 线含矿岩段在正常延伸部位突然缺失,代之以混合花岗岩侵位产出;②见于 ZK73 钻孔 493 m 处,伟晶质混合岩中残留有矿体破碎所形成的角砾,二者界线弯曲,与矿石条纹成 45°交角,界线附近的矿物呈牵引弯曲状,并具钾交代现象,伟晶岩部分有少量分散状磁-赤铁矿;③见于 ZK154,混合花岗岩与矿体直接接触并切穿矿体,其接触关系与上述类似;④见于 ZK74,混合花岗岩中的小矿体,故呈残留的捕俘体。

该断层具冲断性质,在 7 线和 15 线大约分别呈上冲和逆掩;倾向北东,倾角变化较大,约与混合花岗岩体倾伏角相当。

另外,局部见挤压破碎现象,破碎带均不大,厚度 10~17 m。

岩石节理常见的纵向、横向和斜交三组。其中,横向一组常产生微小的相对平移错距,产状近直立,切割纵向和斜交二组;纵向一组常与片理呈不大的交角(10°~15°),偶见在剖面上呈 X 形共轭。辉绿岩墙和伟晶-花岗岩脉多与该组产状一致;斜交一组在平面上常呈 X 形共轭。

### 7.1.5.3　矿区岩浆岩

矿区岩浆岩可分为深熔侵入体和浅成相侵入体二类。

(1)深熔侵入体,主要是伟晶质混合岩和混合花岗岩,其岩性特征分述如下:

伟晶质混合岩:浅肉红色,主要矿物成分为钾长石(微斜长石、微纹长石)和石英,其次为斜长石(更钠长石),有时三者约略相等或钾长石与斜长石互换主次。少量黑云母、白云母,微量电气石、萤石、磷灰石、锆石、辉钼矿等。其结构可分为:粗粒-极粗粒集合体,并无定向排列的伟晶结构;石英在长石中穿插互生的文象结构;长英分离聚集的条带-层状伟晶结构。不同的结构有时在同一岩脉中并存。矿物之间的交代反应和包裹现象较发育。矿物的边缘碎粒化,闪状消光,假双晶、双晶纹弯曲等现象亦为常见。由于其结构和碎裂程度不同,故岩石外貌变化也很大。采于含矿岩段和下混合岩段中的伟晶质混合岩白云母的钾氩法年龄,分别为 $1.749×10^3$ Ma 和 $1.698×10^3$ Ma。

脉状混合花岗岩:肉红色,细-中粒不等粒变晶结构、交代结构,局部显微伟晶结构,块状或不发育的片麻状构造。主要矿物成分为斜长石(更长石)、钾长石(微斜长石),其次为石英,有时三者约略相等。少量黑云母、白云母,偶有绿帘石、萤石、金红石、辉钼矿等。矿物交代反应、重结晶-包裹等现象发育。曾见钾长石有两种情况:一为无格子双晶,表面干净,晶形较好,对其他矿物交代不强;二为格子双晶,表面含尘状氧化铁,并交代其他矿物,常与石英组成伟晶结构。此现象可能说明:至少有一部分钾长石是早期结晶的,另一部分则是后期(伟晶岩阶段)交代作用形成的。局部见混合花岗岩和伟晶质混合岩共存于同一脉体中,二者界线不规整,中弯曲状的齿状,并且混合伟晶岩部分的矿物对混合花岗岩具有交代作用。

(2)浅成相侵入体,有辉绿岩、辉绿玢岩、微晶闪长岩、闪长玢岩等。

辉绿岩:绿黑色,辉绿结构,少斑结构,有时具不发育的杏仁状构造。岩石致密块状。主要矿物成分为斜长石(拉偏中),其次为辉石、橄榄石,少量碳酸盐、金属矿物、云母、绿泥石等。

辉绿玢岩:深灰、微带黑绿色,斑状结构,基质辉绿结构,岩石致密块状。主要矿物成分:斑晶为橄榄石,少量辉石、斜长石;基质主要为拉长石,次为辉石,少量碳酸盐矿物、绿泥石、金属矿物、黑云母等。

微晶闪长岩:浅灰、微带肉红色,次平行结构,酸性含长结构,岩石致密块状。主要矿物成分为斜长石(中长石,具钠长石化),次为角闪石(绿泥石化),少量石英、黑云母、磁铁矿、碳酸盐矿物,微量磷灰石等。长石条状为主,部分呈次平行定向分布,大部分杂乱分布;少量他形分布于条状长石间或其构成的格架中。闪石细粒与条状长石大小相似,含帘石或白钛矿。其他矿物均以微粒为主。岩石有少量细小的杏仁体(0.25～0.5 mm),充填了石英和碳酸盐矿物。

闪长玢岩:灰色微带肉红色,斑状结构,基质为酸性含长结构,岩石致密块状。主要矿物成分:斑晶为斜长石(钠长石化);基质主要为斜长石(钠长石化),次为绿泥石,少量磁铁矿、碳酸盐矿物、黑云母、绿泥石,微量磷灰石等。

#### 7.1.5.4 矿床工程地质岩组划分

1. 第四系松散工程地质岩组

矿区第四系岩石覆盖全区、厚度大,对开采工作影响较大。按其岩性特征可分为三个工程地质层:

(1)上更新统亚黏土。以粉质亚黏土为主,向下黏土含量增高,变为粉质黏土,普遍含有少量的铁锰质结核及钙质结核(或集块),本层厚度大(68.19～90.95 m,平均厚度为80.61 m),分布广,一般结构紧密,黏塑性较强。

(2)中下更新统砂与黏土互层。为1～4层砂与黏土互层,总厚度27.36～130.41 m,时含钙质,单层厚度2.10～87.02 m,局部为亚黏土,钙质胶结,为钙质胶结的砂岩较坚硬。砂的主要成分为石英、长石。第一层砂厚度大,分布广,中间有1～2层黏土(或亚黏土)夹层,单层厚度为1.85～11.03 m,第三层砂厚度2.76～19.82 m,分布范围较小,见于3线、16线。第三层砂厚度2.76～25.75 m,分布范围小,直接位于基岩之上,形成漏水"天窗",仅见于8线、16线。第四层砂厚度2.71～6.28 m,分布范围更小。

这一段砂层一般结构松散,水下状态稳定性差,易流动,钻进中常发生孔壁坍塌等现象。

(3)中下更新统黏土。含砾黏土及砾石层:黏土层不稳定,局部地段缺失,结构较紧密,块状构造,黏塑性较强,砾石层,少数钻孔可见,最大厚度9.55 m(ZK231),主要为基岩残坡积物,结构较松散,水下状态稳定性极差。

2. 风化基岩工程地质岩组

古风化带的风化程度受岩性等因素控制,随深度加深而减弱,埋藏深度154.65~232.92 m,厚度15.00~46.37 m,平均厚度29.49 m,强风化带岩石结构,构造大都模糊不清,易蚀变风化的矿物多已变为黏土类矿物,岩芯一般呈土状、块状,岩石力学强度明显降低,手搓即碎。部分呈散体结构,其完整性、稳定性最差,厚度2.90~44.65 m。弱风化带中风化裂隙发育,构造裂隙因风化作用而扩张,矿物不同程度风化变异。对混合岩段取样做物理力学性质试验,抗压强度53.1 MPa,RQD值2.6%,岩体质量指标为0.005,岩体质量很差,岩体破碎。

3. 新鲜基岩(矿体及其顶、底板)工程地质岩组

(1)顶板及其上覆岩层。主要为混合岩段(中间夹有混合岩化黑云斜长片麻岩等)、片麻岩段(包括黑云角闪片麻岩、黑云斜长片麻岩及斜长角闪岩等),岩石以块状-短柱状为主,裂隙一般不发育,局部较发育,常见有三组:裂隙多被碳酸盐及绿泥石充填,偶见有溶蚀小洞。对矿体顶板各类岩石的RQD值进行统计(见表7-1),黑云角闪斜长片麻岩RQD为63.86%,斜长角闪岩RQD大于85%,岩石质量为中等以上,岩体中等完整至较完整,并且对矿体顶板岩石斜长角闪岩进行物理力学性质试验(见表7-2),抗压强度为56 MPa,岩体质量指标0.22,岩石质量属中等,岩体较完整,工程地质条件中等。

表7-1 岩石质量等级表(RQD)

| 岩体层位 | | 岩石名称 | RQD/% | 等级 | 岩石质量描述 | 岩体完整性评价 |
|---|---|---|---|---|---|---|
| ZK31 | 顶板 | 黑云角闪斜长片麻岩 | 63.86 | Ⅲ | 中等的 | 岩体中等完整 |
| | 矿体 | 石英磁铁矿夹黑云斜长片麻岩 | 79.67 | Ⅲ | 中等的 | 矿体中等完整 |
| | 底板 | 黑云斜长片麻岩 | 94.98 | Ⅰ | 极好的 | 岩体完整 |
| ZK32 | 顶板 | 斜长角闪岩 | 96.20 | Ⅰ | 极好的 | 岩体完整 |
| | 矿体 | 石英磁铁矿 | 82.70 | Ⅱ | 好的 | 岩体较完整 |
| | 底板 | 斜长角闪岩 | 97.90 | Ⅰ | 极好的 | 岩体完整 |
| ZK111 | 顶板 | 斜长角闪伟晶质混合岩 | 85.90 81.70 | Ⅱ | 好的 | 岩体较完整 |
| | 矿体 | 石英磁铁矿夹斜长角闪岩 | 89.33 | Ⅱ | 好的 | 矿体较完整 |
| | 底板 | 斜长角闪岩混合岩 | 91.90 67.30 | Ⅰ Ⅲ | 极好的 中等 | 岩体完整 岩体中等完整 |
| ZK112 | 顶板 | 斜长角闪岩 | 92.10 | Ⅰ | 极好的 | 岩体完整 |
| | 矿体 | 石英磁铁矿 | 91.35 | Ⅰ | 极好的 | 矿体完整 |
| | 底板 | 混合岩 | 82.90 | Ⅰ | 好的 | 岩体较完整 |

（2）矿体底板。主要岩性为片麻岩、混合岩及斜长角闪岩，岩芯以短柱状为主，裂隙不发育，个别孔见有见碎现象，详查阶段对这三种岩石进行物理力学性质试验和 RQD 值统计（见表 7-1）和物理力学性质试验（见表 7-2），抗压强度均大于 50 MPa，其中黑云角闪斜长片麻岩单轴饱和抗压强度为 68.5 MPa，RQD 值均大于 80%，岩体质量指标 0.15 ≤ $M$ ≤ 1，岩石质量为中等，岩体较完整，工程地质条件中等。

表 7-2　岩体质量指标（$M$）

| 孔号 | 岩石名称 | RQD/% | 单轴饱和抗压强度 | 岩体质量指标 | 岩石质量 |
|---|---|---|---|---|---|
| ZK31 | 黑云角闪斜长片麻岩（底板） | 94.98 | 68.50 | 0.22 | 中等 |
| ZK32 | 斜长角闪岩（顶板） | 96.20 | 56.00 | 0.18 | 中等 |
| | 斜长角闪岩（底板） | 97.70 | 57.10 | 0.19 | 中等 |
| ZK111 | 混合花岗岩（风化带） | 2.60 | 53.10 | 0.005 | 差 |
| ZK112 | 混合岩（底板） | 82.90 | 54.70 | 0.15 | 中等 |

### 7.1.5.5　断裂构造（Ⅱ、Ⅲ级结构面）工程地质特征

矿床内主要断层有一条，为北西向，在 7 线与 15 线含矿岩段正常的延伸部位突然缺失，代之以混合花岗岩侵位产出，与矿石条纹成 45°夹角，推测为分别呈上冲和逆掩，倾向北东，倾角变化大，约与混合花岗岩体倾伏角相当。这一断裂影响岩体稳定。另外，矿床内 11 个钻孔局部见挤压破碎现象，破碎带均不大，厚度 10 cm 至十几米，影响岩体局部稳定性。

### 7.1.5.6　水文地质

矿床位于长山东侧，西邻周油坊矿床，东与范桥矿床相连，属淮河Ⅱ级阶地区，矿床地形平坦，地表标高 29.64~40.05 m，地表有一些小水塘，矿床位于区域侵蚀基准面（18 m）和地下水位以下。矿床内第四系广泛分布，下伏为新太古界含铁变质岩系。

本矿为开采矿山，现主要开采-170~-410 m 间矿体，矿山在-290 m、-410 m 中段均设有水仓。矿山现已充填 90 余个采空矿房，充填率 85%以上，其他未充填采空区基本无积水。

1. 含水层（隔水层）特征

1）第四系孔隙含（隔）水岩组

第四系出露地表，为淮河流域河湖相沉积，草楼矿床以 ZK232 最薄，122.22 m，向四周渐厚。从草楼矿床来看，有北部薄、南部厚、西部薄、东部厚的趋势。

岩性自上而下分为：

（1）上更新统粉质亚黏土隔水层（$Q_3$）。

以棕黄-黄褐色为主，有时夹有青灰色，以粉质亚黏土（简称亚黏土）为主，向下黏土含量增高，变为粉土质黏土（简称黏土）。普遍含有少量的铁锰质结核（薄膜）及钙质结核或集块，并含少量的石英、长石颗粒，含量不均，与下部砂层接触部位含量增高。

本层厚度大(68.19~90.95 m,平均厚度为80.61 m),分布甚广,透水性差,对空降水及地表水的下渗起着阻隔作用。

(2)中下更新统含水层(Q₁₊₂)。

为1~4层砂、泥灰岩与黏土互层,总厚度27.36~130.41 m。黏土多为青灰色,有时夹有棕黄色,有时含钙质,单层厚度2.10~87.02 m,局部为亚黏土,砂多呈灰绿色,黏土黏结为主,结构较松散,黏土含量不均,多为亚砂土。局部钙质胶结,为钙质胶结的砂岩较坚硬。砂的主要成分为石英、长石,有时含少量的云母。第一层砂厚度大,分布广,见草楼、周油坊、范桥各矿床,顶板标高为-32.25~-49.79 m,底板标高为-64.38~-82.99 m,中间多有1~2层黏土(或亚黏土)夹层,中部以细中粒为主,此层砂是砂层中主要含水层。第2~4层砂,厚度较小,分布不广。第二层砂见于草楼3线、16线及范桥矿床各孔,顶板标高-100.72~-119.15 m,厚度3.02~19.82 m。第三层砂见于草楼8线、16线,直接与古风化带接触,周油坊的47线及范桥矿床ZK04、ZK71,顶板标高为-132.42~-156.44 m,厚度2.71~6.28 m。第四系砂层及亚砂土,含有较丰富的孔隙承压水,为矿床的主要含水层,草楼矿床最大厚度为53.15 m,最小厚度为11.50 m,平均厚度为28.75 m。单位涌水量为0.13 L/(s·m),矿化度368 mg/L,水质类型为重碳酸-钠·钙型水。

(3)中下更新统下部黏性土隔水层。

主要含砾黏土及砾石层。为绿灰-黄绿色,有时夹有棕红色,局部变为亚黏土,底部含有砾石,本层不稳定,局部地段缺失,本层透水性差,对砂层孔隙水与基岩裂隙水的水力联系起一定的阻隔作用。

砾石层,少数钻孔可见,砾石主要成分为石英、石英假象赤铁矿石等,有时与黏土混杂,最大厚度为9.55 m,主要为基岩残坡积物,含水性较差。

2)古风化带裂隙含水岩组

古风化壳埋藏深度为154.65~232.92 m,厚度为15.00~46.87 m,平均厚度为29.49 m。岩石风化程度受岩性等因素影响,随深度增加而减弱,在上部强风化带中(厚度2.90~44.65 m),大部分硅酸盐矿物已全部变为次生矿物,原岩褪色,岩芯一般呈土状、块状,手搓即碎。弱风化带中风化裂隙发育,构造裂隙因风化作用而扩张,矿物不同程度地风化蚀变,岩芯以块-短柱状为主。此层岩石含有较弱的裂隙水。

对ZK112孔抽水试验,静止水位19.68 m。风化带含水层取水样化验,其特征为无色、无味、无臭,透明。水温22 ℃,pH值8.4,矿化度69.53 mg/L,属重碳酸-钠、钙、镁型水。

3)新鲜基岩含(隔)水岩组

(1)矿体顶板裂隙含水岩段。

含矿顶板主要为混合岩段、片麻岩段(包括斜长角闪岩),岩石以块-短柱状为主,裂隙一般不发育,局部较发育,常见有三组:裂隙倾向与片理倾向大致相同,裂隙面与岩芯轴面夹角20°~45°;裂隙倾向与片理倾向大致垂直,裂隙面与岩芯轴面夹角5°~20°,裂隙倾向与片理倾向大致相反,裂隙面与岩芯轴面夹角10°~20°,裂隙多被碳酸盐及绿泥石充填,偶见有溶蚀小洞。本层含弱裂隙水。

（2）含矿岩段裂隙含水岩组。

主要岩性为 3 个铁矿体及其夹石层，矿石类型为角闪石英磁铁矿石，次为阳起石英磁铁矿、石英磁铁矿、铁闪石英磁铁矿等。厚度较大，最大厚度 92.83 m，岩矿芯以短柱状为主，裂隙一般不发育，局部地段较发育，常有碳酸盐矿物薄膜充填，偶见有地下水溶蚀现象，本层富水性差。

（3）矿体底板裂隙含水岩组。

主要岩性为片麻岩和混合岩，岩芯以短柱状为主，裂隙不发育，个别孔见有压碎现象，为弱裂隙含水岩组。

（4）混合花岗岩隔水岩层。

主要见于 23 线、15 线、11 线、16 线钻孔底部，岩性为混合花岗岩，主要由斜长石、钾长石和石英组成，还有少量黑云母及白云母等。花岗结构，致密块状，岩芯完整，柱状，裂隙不发育，不含水，为隔水岩层。

2. 含水岩组（层）间的水力联系

草楼矿床矿体埋藏于当地侵蚀基准面及地下水位之下，矿床内无大的地表水体。第四系上部普遍见粉质亚黏土，厚度有 68.19~90.95 m，分布广，透水性差，在天然状态下，地表水和地下水之间水力联系较弱。

第四系各含水层砂层之间均有厚度不等的粉质亚黏土，黏土所隔，黏性土结构较紧密，黏塑性强，第四系各含水岩组之间水力联系较总体较弱。

风化带岩段，虽为上部黏土所隔，但局部第四系底部砂层与风化带岩石直接接触，两者之间存在一定的水力联系。

基岩各含水层之间的水力联系：基岩各含水岩组及其上覆的古风化带含水岩组，其间无隔水层存在，通过裂隙可发生一定的水力联系，但裂隙多被充填或呈闭合状，因此它们之间的水力联系较差。

3. 矿床构造的水文地质特征

矿床由于受底部混合花岗岩突起的影响，使同一含矿岩段形成与范桥矿床倾向相背，不对称–宽阔的背形构造。草楼矿床位于西面较陡的一翼，矿体西倾，倾角 17°~52°，深部可能受混合花岗岩的侵位，使之所谓的"单斜"矿体的延伸部分断失或位移，代之以混合花岗岩与矿体直接接触，倾角变化较大。北部倾向为北东，由于混合花岗岩结构致密，岩芯极完整，裂隙不发育，对地下水的运动可能起着阻隔作用，但在矿体顶、底板（尤其是底板）的混合岩及片麻岩段，局部见有压碎现象，压碎不均匀，局部具有糜棱岩化现象，破碎带附近裂隙较发育，有利于地下水活动。草楼矿床破碎带统计见表 7-3。

该矿矿井充水水源：由于第四系黏性土及保护矿柱的阻隔，砂层中的地下水不能进入矿坑，因此矿坑涌水量以基岩裂隙涌水及充填固结排水为主（其中尾砂固结所排的水量约占矿井总水量的 87.5%）。矿山近年最大涌水量约 1 678 m³/d（70 m³/h），本矿排水设施完备，水仓容积、水泵能力、回路供电等的设计标准符合相关规定。排水设备系统维护保养好，排水能力满足矿井排水需要。

表 7-3 草楼矿床破碎带统计

| 孔号 | 孔深/m | 岩性及破碎情况 | 与矿体间关系 |
|---|---|---|---|
| ZK231 | 212.25~220.60 | 均质混合岩:具压碎结构,岩芯以短柱状为主 | 未见矿体 |
| ZK232 | 235.48~237.35 | 角闪黑云斜长片麻岩:挤压破碎,具有压碎角砾 | 矿体底板 |
| | 244.40~246.41 | 角闪黑云斜长片麻岩:具有压碎现象 | |
| | 323.39~327.86 | 均质混合岩:具有压碎现象,裂隙发育 | |
| ZK153 | 305.96~306.34 | 条带状混合岩:略显压碎现象 | 矿体底板 |
| ZK155 | 406.58~423.70 | 均质混合岩:呈碎块状、细粒状,并已蛇纹石化、绢云母化,原岩结构不清,出现长英质集合体 | 矿体底板 |
| ZK112 | 288.99~292.04 | 混合岩:岩芯呈碎块状,裂隙发育,多被碳酸盐矿物充填 | 矿体底板 |
| ZK78 | 267.80~278.62 | 均质混合岩:岩芯具压碎现象,多顺裂隙断开,其中268.76~269.72 m为角砾岩,角砾0~1.5 cm,胶结尚好 | 矿体顶板 |
| | 374.40~383.34 | 各均质混合岩:具有压碎现象 | |
| ZK73 | 493.14~493.41 | 角砾石英磁铁矿:呈角砾状,团块状包于伟晶岩脉中 | 未见矿体 |
| ZK31 | 210.98~211.92 | 黑云角闪斜长片麻岩:具有压碎现象,裂隙发育有两组,岩芯呈碎块状 | Ⅰ号矿体底板矿体内夹石层 |
| | 278.97~281.69 | 黑云角闪斜长片麻岩:挤压破碎,岩芯呈碎块状,发育有两组裂隙 | |
| ZK32 | 190.94~205.70 | 混合花岗岩:岩芯呈碎块状,裂隙发育,被长英质矿物充填 | 矿层顶板 |
| | 238.33~242.73 | 混合花岗岩:挤压破碎,裂隙发育有三组,局部见裂隙面弯曲 | |
| ZK161 | 320.70~333.78 | 黑云角闪斜长片麻岩:压碎构造明显,蚀变强烈,矿物仅保留原晶,裂隙发育 | 矿体底板矿体顶板 |
| | 480.20~486.55 | 黑云角闪斜长片麻岩:压碎、呈碎块状,裂隙发育,互相穿插,均被碳矿物充填 | |
| | 486.55~492.42 | 黑云角闪斜长片麻岩:压碎、呈碎块状及细粒状,并蚀变强烈,裂隙被钠长石充填 | |
| ZK163 | 471.59~479.97 | 混合岩:碎裂-碎斑结构,压碎蚀变,斜长石强烈绢云母化 | 未见矿体 |
| | 512.27~519.42 | 斜长角闪岩:压碎结构、角砾岩,矿物已蚀变,局部尚能看清原岩面貌 | |

# 7.2　矿山监测系统布设

2016 年 8 月,草楼铁矿委托中钢集团马鞍山矿院工程勘察设计有限公司安装了井下地压监测系统,共安装了 2 台多点位移计和 10 台钻孔应力计。地压监测系统投入使用时,规定钻孔应力计监测点应力值与初始应力值相比,累计变化达到±20%进行报警提示。

2019 年 9 月,为了进一步提升井下地压监测水平,草楼铁矿委托了中钢集团马鞍山矿院工程勘察设计有限公司设计并建设了草楼铁矿井下微震在线监测系统,微震在线监测系统在−290 m 中段安装了 9 支传感器和 1 台数据采集基站,在−350 m 水平安装了 11 支传感器和 1 台数据采集基站,数据采集服务器安装在副井调度中心机房,数据处理和演示电脑安装在副井调度中心,井下采集的数据通过网线实时传输至地表,目前微震在线监测系统有效覆盖区域为草楼铁矿−290~−410 m 中段 0~23 线之间的矿房和矿柱。

# 7.3　微震监测成果分析

草楼铁矿自微震监测系统建成投入使用以来,每月进行定期微震数据分析,对草楼铁矿 2019 年 10 月至 2020 年 9 月微震监测活跃区域进行统计,结果见表 7-4,草楼铁矿近一年各月微震监测分布区域见图 7-2。

表 7-4　草楼铁矿近一年微震活跃区域位置统计

| 序号 | 数据分析时间 | 微震活跃区域 |
|---|---|---|
| 1 | 2019 年 10 月 | (1)−350~−290 m 的 23R~27R 采场顶板(−310 m 左右)<br>(2)−395~−350 m 中段的 14R 和 16R 采场顶部区域(−370 m 左右) |
| 2 | 2019 年 11 月 | (1)−395~−290 m 的 23R~27R 采场内部和下盘(−350 m 左右)<br>(2)−395~−350 m 中段的 14R 和 16R 采场顶部区域(−370 m 左右)<br>(3)−230~−170 m 中段的 3R 采场上盘、下盘和顶板<br>(4)−410~−395 m 的 23P 采场 |
| 3 | 2019 年 12 月 | −395~−290 m 的 27R 采场内部(−350 m 上下约 30 m) |
| 4 | 2020 年 1 月 | −395~−290 m 的 27R 采场内部(−350 m 上下约 40 m) |
| 5 | 2020 年 2 月 | (1)−350~−290 m 的 27R 采场内部(−320 m 左右)<br>(2)−290 m 中段的 41R 采场上盘区域(−290 m 向上 20 m)<br>(3)−230 m 中段 1R 采场内部(−200 m 左右) |
| 6 | 2020 年 3 月 | 微震活动不活跃 |
| 7 | 2020 年 4 月 | −395~−350 m 中段位于 16R 和 14P 采场内部(靠近下盘) |
| 8 | 2020 年 5 月 | −395~−350 m 中段位于 16R 和 14R 采场之间(靠近下盘) |

续表7-4

| 序号 | 数据分析时间 | 微震活跃区域 |
|---|---|---|
| 9 | 2020年6月 | -290~-395 m中段位于16R和14P采场内部、下盘和底板 |
| 10 | 2020年7月 | -230 m水平18R采场上盘区域和-350 m水平16P采场下盘零星分布 |
| 11 | 2020年8月 | (1)-350 m水平16R和14R采场顶板(靠近下盘)<br>(2)-350~-290 m区间18R采场下盘区域 |
| 12 | 2020年9月 | (1)16R和16P采场下盘区域(-290~-350 m)<br>(2)区域2位于14P和16R采场内部(-350~-395 m) |

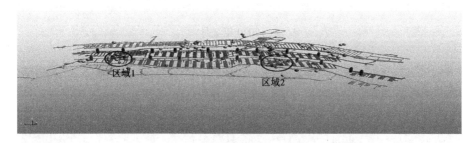

(a)2019年10月

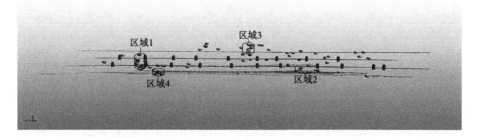

(b)2019年11月

(c)2019年12月

图7-2  草楼铁矿近一年微震活跃区域分布

(d)2020 年 1 月

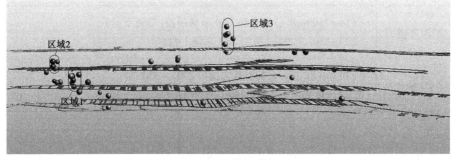

(e)2020 年 2 月

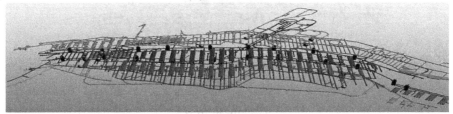

(f)2020 年 3 月

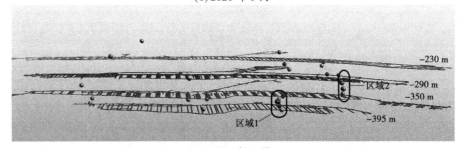

(g)2020 年 4 月

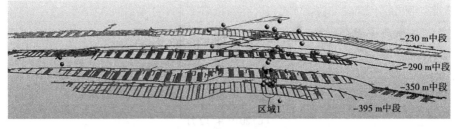

(h)2020 年 5 月

续图 7-2

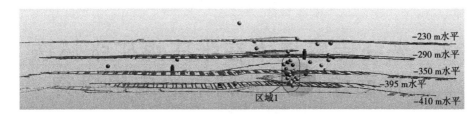

(i)2020 年 6 月

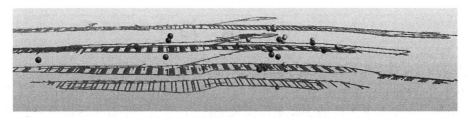

(j)2020 年 7 月

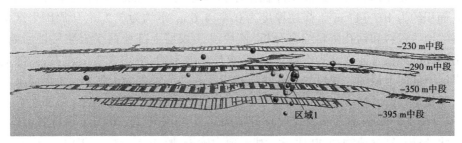

(k)2020 年 8 月

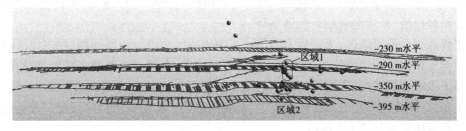

(l)2020 年 9 月

续图 7-2

根据近一年草楼铁矿微震监测数据分析报告可知,草楼铁矿通过月度井下微震分析掌握了井下岩体微破裂活跃区域集中位置,并加强了对微震活跃区域的巡查。微震监测分析报告显示自 2020 年 4 月开始深部 12R 采空区周边围岩微震活动一直保持活跃状态。微震监测系统与地应力监测系统异常结果相一致,深部 12R 采空区围岩存在持续破坏趋势,矿山在 2020 年 10 月 21 日完成了 12R 采空区充填工作,限制了 12R 采空区围岩变形。

# 8　光纤传感技术在张庄煤矿张怀珠工作面塌陷区监测中的应用研究

## 8.1　概　述

淮北市张庄煤矿张怀珠块段工作面井下标高 $-142.5 \sim -236.3$ m,该块段位于一水平东大巷下方,西临 $FH_3$ 逆断层,南邻一水平九下采区的 3910、3912、3914、3916 等工作面采空区,东邻一水平九下采区的 398 工作面采空区,北邻二水平五采区的 Ⅱ352、Ⅱ354、Ⅱ356、Ⅱ358、Ⅱ3510、Ⅱ3512 等工作面采空区。走向长度 $200 \sim 644$ m,倾斜长度 $136 \sim 242$ m,面积约为 107 347 $m^2$。煤层厚度为 $0.8 \sim 4.6$ m,平均为 3.2 m,从周围采区采掘工程揭露的地质资料和钻孔资料综合分析,该块段 3 煤层上部普遍受岩浆侵蚀影响,上部煤层不同程度地被吞蚀或变为天然焦,残余煤层厚薄不均,平均 3.2 m 左右;局部地段岩浆由煤层下部向上侵蚀。块段局部 3 煤层被岩浆吞蚀或蚀变为天然焦。3 煤层下部普遍发育一层稳定夹矸,厚 $0 \sim 0.8$ m,平均 0.35 m,总体呈现东厚西薄现象,局部发育有二层夹矸,第二层夹矸厚 $0 \sim 0.5$ m。煤层直接顶为泥岩、砂质泥岩,厚 $3.4 \sim 11.5$ m,深灰色、致密块状、坚硬,富含植物径、叶化石。基本顶为砂岩,厚 $4.0 \sim 23$ m,灰白色、中厚层状细-中粒砂岩,矽质胶结、坚硬。直接底为泥岩、砂质泥岩,厚 $4 \sim 12.8$ m,灰白色或黑灰色,泥岩胶结较松散、砂质泥岩相对致密坚硬。

张怀珠工作面塌陷区,为一处典型煤矿采空塌陷区。经过前期踏勘,在工作区内选择一南北向道路作为地面塌陷监测线路。通过开挖沟槽,布设地面监测光纤线路,构建光纤光栅静力水准监测线路,实现地面线路的不均匀沉降监测。在道路东边约 20 m 处,进行钻孔施工,在钻孔内布设分布式感测光缆,监测深层岩土体的变形位移情况。地面监测线路与钻孔具体位置如图 8-1 所示。

图 8-1　光纤布设具体方位示意图

## 8.2 地面变形光纤监测方案

在监测区内建立光纤光栅静力水准监测系统,系统基于水力连通器原理实现监测路线不均匀沉降监测。通过连接水管,将各处布设的静力水准监测点串接成同一水力系统。在基准台处固定安装供水水箱,持续供水,保证系统液位达到相对统一的水平面高度。在经过某一监测周期后,若某一监测点基台随地面沉降或者隆起而发生竖向变形位移时,其静力水准仪内水位产生升降;由于水箱存在持续供水,系统会到达新的水力平衡,即各监测点和基台达到新的同一水平面高度。受静力水准仪内水位变化影响,光纤光栅传感浮子发生竖向变动。结合光纤光栅静力水准仪出厂标定参数,可以将测到的光纤光栅传感浮子的竖向变动波长数据换算成竖向位移大小。该竖向位移与系统初始测定的位移数据之间的差值,即为该监测点在此监测期内相对于水箱的竖向位移变化值。通过采用其他的方式校核基准台的竖向位移值,可实现各监测点在监测周期内的绝对竖向位移值测量(见图 8-2)。本系统适合于监测多点相对沉降量大小,即各测点的垂直位移相对于基准点的变化。

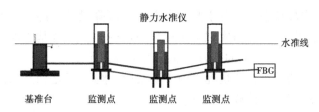

**图 8-2　光纤光栅静力水准监测系统原理示意图**

通过合理布设监测点,设计监测周期,采集数据,可以准确测量出某一地区各测点位置的相对沉降量大小。每一期监测数据与初始数据的差值,即为从初始采集日期到本次监测数据采集日期内的各测点的相对累积沉降量。每一期监测数据与上一期监测数据的差值,即为在本次监测期内各测点发生的相对沉降量大小。

在此次张怀珠工作面采空塌陷区内,选取了一条南北向的道路作为本次项目的地面光纤光栅静力水准监测线路(见图 8-3)。该线路为安徽省第一水文地质大队的地面塌陷水准测量线路,可与之实现监测数据对比分析。预定监测线路北接淮北市开渠东路,南边延伸至一村庄内。线路由北至南,每间隔约 50 m 布设一个水准测量基准墩,测量基准墩埋深约 50 cm。

预定监测线路的水准测量点编号由北至南分别为 J28、J29+、J30、J31、J32、J33、J34。线路布设光纤光栅静力水准监测点共计 7 个,编号分别为 GJ1、GJ2、GJ3、GJ4、GJ5、GJ6、GJ7;安装固定水箱 1 个,编号为 A。GJ1~GJ7 个监测点分别对应一个水准测量点,对应于 J28、J29+、J30、J31、J32、J33、J34 号水准测点。基准台水箱 A 位于北边头部,与 GJ1 相距较近,可认为 A 与 GJ1 沉降量基本相同。通过对 J1 沉降量进行校核,即能测量出 7 个监测点的绝对沉降量大小。具体布设方案情况如图 8-3 所示。

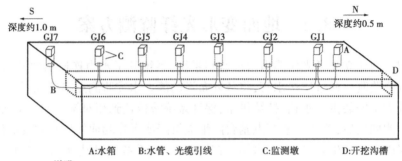

A:水箱　　　B:水管、光缆引线　　　C:监测墩　　　D:开挖沟槽

说明:

开挖沟槽布设水管、光缆引线,开挖深度为0.5~1.0 m,其中北边浅,约0.5 m,南边深,约1.0 m。

GJ1~GJ7为光纤光栅静力水准监测点,监测点间距约50 m,水箱A与GJ1间距约3 m,分别对应J28、J29+、J30、J31、J32、J33、J34监测点。

图 8-3　光纤光栅静力水准测线布设安装示意图

# 8.3　地面变形光纤监测施工

光纤光栅静力水准仪系统适合于监测多点相对沉降量,即各测点相对于基准点的沉降量,通过对基准点进行校核,可实现绝对位移量的测量。系统基于连通器原理,当监测墩垂直位移发生改变时,墩位上的静力水准仪内液位发生变化,带动浮子变化,从而达到感知测量地面监测点的垂直位移情况。施工安装时,水路、气路和光路同步进行;监测墩点水平控制在同一高度。具体施工如下。

## 8.3.1　沟槽开挖

在选定的监测线路上,采用机械开挖深约 50 cm、宽约 30 cm 的沟槽。根据监测线路地形地势情况,按地势高适当深挖、地势低适当浅挖的原则,尽量保证沟槽底部水平。结合监测线路特点和设计方案,在设有监测墩点处开挖深约 50 cm、长宽均为 50 cm 左右的方形小坑,作为监测墩砌筑点。开挖完毕后,用铁锹将沟槽底部整平。开挖与底部整平见图 8-4。

图 8-4　开挖与底部整平

## 8.3.2　水准定高

由于线路高低不平,开挖的监测墩水平高差不一,需要进行水准定高(见图 8-5)。在监测墩坑点内竖立长杆或者 PVC 管,作为水准高度标示物。以便于安装、易于保护为基准,定好基准点高度,做好标记。利用水准管,以基准点高度为准,量测监测点水平高度,做好标记。视基准点和监测点高度情况,对各点位水平高度做相应调整。各监测蹲点水平高度应高于沟槽内最高的过水断面处。

图 8-5　水准定高

## 8.3.3　砌筑监测墩

监测墩应深入路面土体 60 cm 以上,防止浮土自身冻胀等影响。深度不够的监测墩点位应深挖到指定深度。将坑内底部土体整平压实,开始砌筑 40 cm×40 cm 的监测墩(见图 8-6),高度为现场水准量测好的高度。外部用红砖砌筑,内部中空回填混凝土。在监测墩中间位置埋入带螺丝的木板基座,用于固定静立水准仪。

图 8-6　监测墩砌筑

### 8.3.4　线路布设

　　水准监测系统要实现水路、气路和光路同时布设。开挖沟槽土体碎石砖块较多,采用直径 50 mm 的 PVC 保护 8 mm 水路气动管、6 mm 气路气动管和 2 cm 铠装光缆。用胶带临时将水管、气管和光缆绑扎穿入 PVC 管中,一直引到相应的监测墩点位处。PVC 管用两通接头连接。水管和气管用三通连接,一端引至监测墩内,用于安装静力水准仪。三通连接处用大直径 PVC 三通管保护。线路布设与转接保护见图 8-7。

图 8-7　线路布设与转接保护

### 8.3.5　仪器安装

　　静力水准仪基于连通器原理,各监测点水准仪内部水压气压相同。安装前连接跳线,测定水准仪 FBG 波长,并做记录。熔接光纤,接入气管和水管,放入监测墩内。调整基座支架高低,使水准仪头部气泡居中水平,用螺帽将静力水准仪与基座连接锁紧。仪器安装如图 8-8 所示。

图 8-8　仪器安装

### 8.3.6 试水测试

　　静力水准仪安装完毕后,在头部基准点墩内安装水槽。向水槽内持续注水,沿途检查水管和接头处的漏水情况。若有漏水,重新连接水管,避免漏水。连接光纤到 FBG 解调仪,检查波长信号情况,确保信号完整良好。试水测试见图 8-9。

图 8-9　试水测试

### 8.3.7 仪器保护

　　线路检查完毕后,对于安装有静力水准仪的监测墩应做好保护措施。对于低于地面的,应加装活动盖板,填埋土体保护;对于高于地面的,应将加工好的铁皮箱或者电箱砌筑在监测墩上,锁上活动门保护。仪器保护见图 8-10。

图 8-10　仪器保护

### 8.3.8　沟槽回填

待所有保护安装工作完成后,回填土体到沟槽内,恢复线路地面。回填时,应先填埋松散小块土体,最后回填含碎石砖块土体。

## 8.4　钻孔分布式光纤监测方案

通过钻孔施工,打至采空煤层的顶部位置,安装布设的光纤采用水泥封孔,待水泥凝固稳定后,水泥光缆结构体受周围岩体围压作用,与钻孔周围的岩土体发生协调变形。当深部岩体向下产生压缩拉伸变形时,分布式应变感测光缆随岩体发生压缩拉伸变形。当某区域岩体受拉变形,该区域光缆应变增大;当某区域岩体受压变形,该区域光缆应变减小。利用分布式光纤应变测试仪,可测量出钻孔内光纤沿线各采样点的应变分布曲线,即为钻孔内各地层的应变分布曲线。根据钻孔内岩土体变形本构模型,利用微元积分的方法,对测得的应变曲线进行积分计算,即可得到该钻孔周围岩土体的总沉降量大小。

在本次研究区张怀珠工作面内,距离地面变形光纤测线约 10 m 处建立一光纤监测孔(见图 8-11),在孔内布设安装金属基索状光缆(钢绞线光缆)、GFRP 光缆和定点光缆三根分布式感测光缆,实现采空塌陷区内地层深部岩土体变形监测。

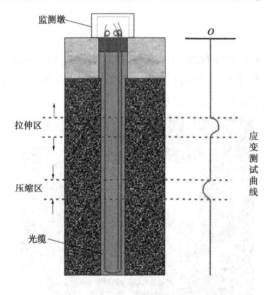

图 8-11　分布式光纤测试原理图

## 8.5　钻孔分布式光纤布设施工

### 8.5.1　钻孔施工

钻孔施工按项目指定要求进行:成孔直径 110 mm 以上,钻孔深度为 250 m(见

图 8-12)。钻孔打到指定深度,验孔测算深度完毕后,要清水洗孔,尽量冲出底部泥浆和岩粉沉渣。

图 8-12　钻孔施工

## 8.5.2　感测光缆与导头固定

　　光缆为线状、自重较轻,难以直接笔直放入到钻孔内部和下放到钻孔底部,需绑扎到配重导头上随之一起放入到钻孔内。将感测光缆一头穿进设计好的配重导头上部边缘的小孔内。根据实际情况,选择光缆并做熔接连接。最后将穿过小孔的光缆,用钢丝和扎带绑扎固定在长约 85 cm 的配重导头上,并用布基胶带粘贴封装。

## 8.5.3　感测光缆下放

　　将绑扎有感测光缆的配重导头上部约 15 cm 的凸长杆头插入钻杆头部孔内。两边安排人员负责拉住光缆,以钻杆为主导随之缓慢放入孔中(见图 8-13)。下放过程中,适当轻轻提拉光缆,尽量保证导头与钻杆协同。下放到钻孔底部后,将剩余光缆绑扎固定在钻机上,防止钻孔内光缆滑移松弛。在孔口用塑料袋或布袋包住孔口转折处光缆,防止卡断。

## 8.5.4　回灌素水泥浆

　　光缆保护固定完毕后,用钻机泥浆泵入 C50 以上的速凝水泥浆液,回灌钻孔。水泥浆液从孔底开始回灌,泵入一段时间后,提取部分长度钻杆后再继续回灌,直到水泥浆液灌满钻孔。

**图 8-13　导头套入钻杆、光缆下放**

## 8.5.5　钻孔填实与监测点建立

水泥浆液回灌完静置凝固 12 h 后,水泥浆液并未完全填满,有部分损失。量测钻孔内凝固水泥实际深度,用水泥砂浆或者岩芯粉继续填满钻孔,静置 1~2 d。之后继续填实钻孔,将孔口光缆引入电箱内部,用方砖将电箱砌筑在内部,以此建立监测点,如图 8-14所示。

**图 8-14　光纤钻孔监测点**

钻孔施工深度为 250.6 m,成孔直径为 110 mm,光缆实际布设深度为 239.6 m。钻孔内布设有 3 根光缆,分别为 GFRP 光缆、钢绞线光缆、20 m 定点光缆。光纤钻孔全程灌注素水泥浆封孔,水泥浆灌注深度为 20~239.6 m。水泥浆灌注完毕后,上部空洞部分现场填筑土体封孔。钻孔分布式光缆实际布设情况如图 8-15 所示。

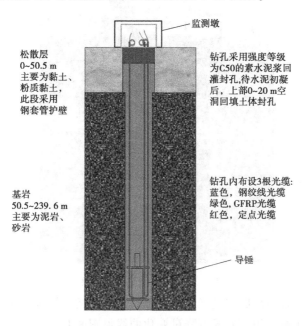

图 8-15 钻孔分布式光缆布设安装示意图

# 8.6 监测结果与分析

光纤光栅静力水准测线和钻孔光缆分别于 2013 年 6 月、7 月布设安装完毕。待静力水准测线基准墩恢复稳定和钻孔回灌水泥完全凝固后(1~2 个月),采集初始数据,开始监测。前期三个月内,监测周期为每个月采集一次数据。根据监测数据情况,后期进入长期监测,监测周期调整为每一季度采集一次数据。

## 8.6.1 地面变形监测数据分析

地面静力水准测线于 2013 年 8 月 9 日开始采集初始数据(见图 8-16),分别于 2013 年 9 月 10 日和 2013 年 10 月 2 日采集数据,发现该 2 次监测期内数据出现异常。经现场排查发现,静力水准测线线路被人为毁坏。根据现场破坏情况,于 10 月进行了修复,重新开始监测。

## 8.6.2 地面变形光纤监测数据与水准测量数据对比分析

光纤监测点 GJ1、GJ2、GJ3、GJ4、GJ5、GJ6、GJ7 与安徽省第一水文地质大队的地面塌陷水准测量线路中的 J28、J29+、J30、J31、J32、J33、J34 号水准测点一一对应。可提取出人

**图 8-16 静力水准监测点数据采集**

工水准测量中的对应监测数据与光纤监测数据做对应比较。表 8-1 为人工水准测量各监测点数据。静力水准测点相对差异沉降量变化曲线见图 8-17。

**表 8-1 人工水准测量对比监测点数据**

| 监测点 | 监测期 | 测量高程/m | 相邻监测期沉降差/mm | 累积沉降差/mm |
|---|---|---|---|---|
| J28 | 2013 年 6 月 | 30.056 165 | 0 | |
| | 2013 年 9 月 | 30.053 61 | −2.555 | −2.555 |
| | 2013 年 12 月 | 30.053 28 | −0.33 | −2.885 |
| | 2014 年 6 月 | 30.044 195 | −9.085 | −11.97 |
| | 2014 年 9 月 | 30.045 835 | 1.64 | −10.33 |
| J29+ | 2013 年 6 月 | 29.114 79 | 0 | 0 |
| | 2013 年 9 月 | 29.112 425 | −2.365 | −2.365 |
| | 2013 年 12 月 | (测点破坏) | — | — |
| | 2014 年 6 月 | 29.233 83(J29−) | — | — |
| | 2014 年 9 月 | 29.237 9(J29−) | 0.407 | — |

续表 8-1

| 监测点 | 监测期 | 测量高程/m | 相邻监测期沉降差/mm | 累积沉降差/mm |
|---|---|---|---|---|
| J30 | 2013 年 6 月 | 28.959 2 | 0 | 0 |
| | 2013 年 9 月 | 28.956 51 | -2.69 | -2.69 |
| | 2013 年 12 月 | 28.955 06 | -1.45 | -4.14 |
| | 2014 年 6 月 | 28.947 39 | -7.67 | -11.81 |
| | 2014 年 9 月 | 28.951 525 | 4.135 | -7.675 |
| J31 | 2013 年 6 月 | 29.012 445 | 0 | 0 |
| | 2013 年 9 月 | 29.009 285 | -3.16 | -3.16 |
| | 2013 年 12 月 | 29.007 505 | -1.78 | -4.94 |
| | 2014 年 6 月 | 29.002 125 | -5.38 | -10.32 |
| | 2014 年 9 月 | 29.005 74 | 3.615 | -6.705 |
| J32 | 2013 年 6 月 | 29.815 175 | 0 | 0 |
| | 2013 年 9 月 | 29.812 325 | -2.85 | -2.85 |
| | 2013 年 12 月 | 29.810 385 | -1.94 | -4.79 |
| | 2014 年 6 月 | 29.806 38 | -4.005 | -8.795 |
| | 2014 年 9 月 | 29.810 435 | 4.055 | -4.74 |
| J33 | 2013 年 6 月 | 30.346 605 | 0 | 0 |
| | 2013 年 9 月 | 30.344 615 | -1.99 | -1.99 |
| | 2013 年 12 月 | (测点破坏) | — | — |
| | 2014 年 6 月 | 30.368 11(J33+) | — | — |
| | 2014 年 9 月 | 30.370 81(J33+) | 2.7 | — |
| J34 | 2013 年 6 月 | 30.174 725 | 0 | 0 |
| | 2013 年 9 月 | 30.172 87 | -1.855 | -1.855 |
| | 2013 年 12 月 | 30.171 675 | -1.195 | -3.05 |
| | 2014 年 6 月 | 30.154 385(J34+) | — | — |
| | 2014 年 9 月 | 30.158 43(J34+) | 4.045 | — |

　　光纤监测线路测试到数据位各监测点的相对差异沉降量大小。选取人工水准测量 2013 年 12 月、2014 年 6 月、2014 年 9 月三期监测数据与光纤监测采集时间相近的 2013 年 12 月 23 日、2014 年 7 月 10 日、2014 年 10 月 5 日三期数据分别计算相对沉降量，进行

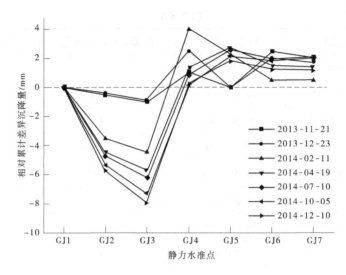

图 8-17　静力水准测点相对差异沉降量变化曲线

对比分析。该三期数据以 2013 年 12 月数据位对比分析初值,分别以 J28 和 GJ1 为基准点进行计算分析,可以得到表 8-2、表 8-3。光纤监测系统采用仪器读数,各监测点数据采集人为干扰较少,能较为准确地反映地面沉降差异变形情况;人工水准测量各监测点数据采集受人为干扰因素较大,测量精度相对较差。对比分析光纤监测点与人工监测点数据可知,两者测试得到相近监测点的相对差异沉降量差值相对较小;两者之间测试数据误差范围为 −10~10 mm,考虑到水准测量精度为 1~5 mm(实际测量精度在 10 mm 以上),表明两者数据基本吻合。另外,由于人工水准监测点破坏情况较为严重,对于两种方法测量的对比分析,存在一定难度。

表 8-2　光纤监测点相对差异沉降量

| 监测日期 | 各监测点相对累积沉降量大小/mm | | | | | | |
|---|---|---|---|---|---|---|---|
| | GJ1 | GJ2 | GJ3 | GJ4 | GJ5 | GJ6 | GJ7 |
| 2014-07-10 | 0 | 4.335 | 5.312 | 1.639 | −2.597 | 0.044 | −0.364 |
| 2014-10-05 | 0 | 4.929 | 6.44 | 2.381 | −2.161 | 0.166 | −0.305 |

表 8-3　人工监测点相对差异沉降量

| 监测日期 | 各监测点相对累积沉降量大小/mm | | | | | | |
|---|---|---|---|---|---|---|---|
| | J28 | J29+ | J30 | J31 | J32 | J33 | J34 |
| 2014 年 6 月 | 0 | | 1.415 | 1.415 | 5.08 | | −8.205 |
| 2014 年 12 月 | 0 | | 3.91 | 3.91 | 7.495 | | −5.8 |

### 8.6.3　钻孔岩土体变形监测数据分析

　　钻孔分布式光缆数据于 2013 年 8 月 9 日开始采集数据(见图 8-18),此后在 1~2 个月的监测周期内正常采集初始数据。表 8-4 为钻孔分布式光缆数据周期监测情况。

**图 8-18　光纤钻孔数据采集测试**

**表 8-4　淮北张怀珠钻孔岩土体变形监测数据采集情况**

| 序号 | 日期 | 说明 |
| --- | --- | --- |
| 1 | 2013-08-09 | 正常采集数据 |
| 2 | 2013-09-10 | 正常采集数据 |
| 3 | 2013-10-02 | 正常采集数据 |
| 4 | 2013-11-21 | 正常采集数据 |
| 5 | 2014-02-11 | 正常采集数据 |
| 6 | 2014-04-19 | 正常采集数据 |
| 7 | 2014-07-10 | 正常采集数据 |
| 8 | 2014-10-05 | 正常采集数据 |
| 9 | 2014-12-10 | 正常采集数据 |

　　将采集得到的前三期数据进行有效截取,对前三期数据进行分析比较。后两期数据之间整体变化较小,相对于 8 月 9 日数据整体变化明显,因而可以判定从 9 月 10 日开始,钻孔达到稳定,可以进行正式监测。选取 2013 年 9 月 10 日数据作为初始应变基准值进行作差比较分析。将后续测试得到的光缆应变数据减去初始数据,并进行有效截取,即可得到各种光缆的累计应变变化曲线(见图 8-19)。由图 8-19 可知,从 2013 年 9 月 10 日到该数据采集日期时间段内,钻孔周围范围内地层岩土体应变变化情况。钢绞线光缆、GFRP 光缆和定点光缆一般测试量程为 $-15\,000~15\,000\ \mu\varepsilon$。钻孔中布设安装的定点光

缆有预拉变形,其布设安装预拉变形值范围为-500~8 000 με,故而其应变允许测试值为
-14 500~7 000 με。而钢绞线光缆和 GFRP 光缆初始应变值范围为-100~100 με 和
1 000~3 000 με,故而钢绞线光缆和 GFRP 光缆应变允许测试值为-14 900~14 900 με 和
-16 000~12 000 με。

　　从光缆应变变化曲线(见图 8-19)可以看出,在 2013 年 9 月 10 日到 2014 年 12 月 10
日的 8 个监测周期内,三种光缆应变变化曲线整体变化较小,变化幅度在±50 με(微应
变)之间。三种光缆应变变化曲线形态基本一致,在三个监测期内,整体上存在四个明显
的应变变化段,分别为:第一段为 0~7 m 部位,光缆存在较大的压缩应变,压缩应变深度
增加逐渐减小。第二段为 7~60 m 部位,光缆应变整体减小,并逐渐趋于稳定。第三段为
69~75 m 范围内,光缆应变呈现压缩尖峰状态,峰值大小约为-200 με;随监测时间增加
其应变峰值缓慢增大,但其压缩范围不变,为压缩变形 1 区。第四段为 196~206 m 范围
内,光缆应变呈现压缩尖峰状态,压缩应变较大,其峰值大小达到-760 με 左右,为压缩变
形 2 区。对于第一段应变变化区,其主要是由于光缆刚进入岩土体,存在应变转换过渡
区;此外,还受到浅层地表温度影响变化产生的温度应变。因而此段内的应变曲线剧烈减
小。第二段的应变变化区,主要是由于此段内回填的水泥浆和岩土体未完全稳定恢复,在
2013 年 9 月 10 日之后还在缓慢固结稳定。随着监测时间增长,在 2013 年 11 月 21 日和
2014 年 2 月 11 日两次监测数据基本不变,变化区应变逐渐稳定。第三段压缩变形 1 区,
深度为 70 m 处,对应地层为砂质泥岩与弹指泥岩夹砂岩、泥岩界面位置;此处岩体软弱,
自身压缩量较小,压缩应变量较小。第四段压缩变形 2 区,深度位于 200 m 处,接近以前
煤矿开采活动深度,其压缩应变量主要受上部岩土体塌陷作用影响,其压缩影响区域较
大,范围达到 10 m 左右,为主要监测控制区域。

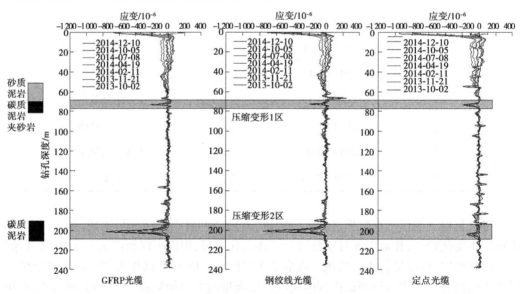

图 8-19　钻孔内光缆测试应变变化分布曲线图

### 8.6.4　光纤监测孔变形分区与数据分析

　　将 GFRP 光缆测试得到的典型数据,与钻孔地层图进行一一对应,可得到图 8-20。根据测试得到的数据揭示的钻孔各深度处地层变形特点,大致可将钻孔内地层分为 A(0~56 m)、B(56~156 m)、C(156~190 m)、D(190~205 m)、E(205~238 m)五个区。根据以上分区情况,对监测数据分区段进行积分运算,研究各区段的变形发展特点。计算得到的各区变形量如表 8-5 所示。由表 8-5 可知,D 区为沉降变形主要贡献区,该区累积变形量

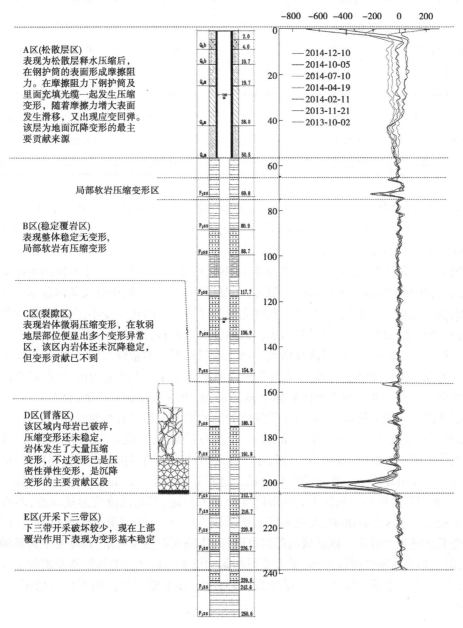

图 8-20　竖向监测孔变形分区与变形稳定性分析

不断增大,从 2013 年 9 月 10 日到 2014 年 12 月 10 日,该区累积变形量大小为 -3.467 mm。B 区和 E 区变形量较小,各监测期变形量变化很小,表明该两区岩体基本稳定不变。A 区岩土体变化量不断变化,呈现先增大后减小再增大的趋势。B 区岩土体变形较小,各监测期变形量基本保持不变。

表 8-5　光纤监测孔各分区累积变形量

| 监测日期<br>(年-月-日) | 累积沉降压缩量/mm | | | | |
|---|---|---|---|---|---|
| | A 区 | B 区 | C 区 | D 区 | E 区 |
| 2013-10-02 | 0.539 | -0.417 | 0.014 | -0.250 | 0.247 |
| 2013-11-21 | -1.127 | -0.017 | -0.267 | -0.855 | 0.041 |
| 2014-02-11 | -2.615 | -0.783 | -0.541 | -1.542 | -0.025 |
| 2014-04-19 | -4.303 | -0.767 | -0.215 | -2.082 | -0.040 |
| 2014-07-10 | -2.690 | -0.831 | -0.352 | -2.501 | 0.045 |
| 2014-10-05 | 0.836 | -0.572 | -0.614 | -3.034 | -0.106 |
| 2014-12-10 | -0.391 | -0.994 | -0.502 | -3.467 | -0.029 |

A 区为松散层区,该区段深度钻孔采用钢护筒护壁,钢护筒护壁埋设于基岩面之上,全程支护 0~50.5 m 深度范围的松散层。钢管回填结构物为素水泥浆与松散土体;在 20~50.5 m 深度范围内为灌注的素水泥浆液,0~20 m 深度范围内回填岩土体。表现为光缆测试应变先压缩变小,后又受外力释压回弹,应变略有恢复。其主要原因为松散层释水压缩后,在钢护筒的表面形成摩擦阻力;在摩擦阻力作用下钢护筒及其内部耦合变形的光缆混凝土结构一起发生压缩变形,此时光缆测试应变不断压缩变小;随着摩擦力继续增大,钢护筒与光缆结构体在钢护筒与土体截面处发生滑移,钢护筒与光缆结构体自身产生回弹变形,光缆测试应变略微恢复增大。该区地层压缩变形量较大,为地面沉降变形的主要作用来源。B 区为稳定覆岩区,表现为光缆测试应变几乎不产生变化,只在局部区域产生压缩应变。其主要原因为该区岩体整体稳定,无压缩拉伸变形产生;而在 65~75 m 层位深度处测试到的压缩应变,是由于此深度处的砂质泥岩和泥岩性质较软,自身产生较小的压缩变形,导致该区局部产生压缩变形。C 区为裂隙区,表现为测试应变曲线出现较多的不连续的压缩变形区,各压缩应变较小。该区岩体在不同层位处出现微弱压缩变形,在软弱地层部位出现多个不连续的变形区域。这主要是由于该区的裂隙在上覆岩体自重作用下,压密变形产生的。该区内岩体沉降变形还未稳定,但是沉降变形量较小,对整体变形贡献较小。D 区为冒落带,表现为压缩变形较为明显,压缩变形量值相对较大,但是其压缩变形区域相对较小。该区域内母岩已破碎,压缩变形还未稳定,岩体发生大量的压缩变形,但变形为压密性弹性变形,无大变形垮落的可能。该区为整体沉降变形的主要贡献区域。E 区为开采下三带区,下三带开采破坏较少,在上覆岩体作用下性质稳定,无明显变形产生。

# 9　基于 GNSS 技术的地面岩移 动态监测系统设计

## 9.1　设计背景

地面岩移是土体沿着贯通的剪切破坏面所发生的滑移地质现象。地面岩移的机制是某一滑移面上剪应力超过了该面的抗剪强度所致(2008 年国土资源部、水利部、地矿部地质灾害勘察规范)。地面岩移常常给工农业生产以及人民生命和财产造成巨大损失,有的甚至是毁灭性的灾难。

地面岩移地质灾害自动化监测系统是使用 GNSS 高精度定位技术、无线通信技术、数据库技术、GNSS 通信技术等最新技术成果,结合丰富的施工经验中总结出的综合供电、综合避雷等辅助系统,开发出的一套适用于地质灾害监测方面的综合系统。地质灾害监测系统解决方案为地质灾害防治工作质量、效率和管理水平的提高奠定基础,运用自动化的手段,结合专家系统和大数据,对结果进行预测和分析,以辅助决策。

黄屯硫铁矿是一个以铜、金、硫为主,并共生、伴生铁、银等多金属大型隐伏矿床,已探明资源储量 6 131 万 t(国土厅备案 5 445 万 t)。设计采选 100 万 t/a,采用竖井开拓,首采区为-290 m、-240 m 中段西部铜金矿体及东部硫铁和铁矿体。设计一期年开采矿石能力 100 万 t,二期年开采矿石将达到 150 万 t。

根据现场踏勘和收集资料显示,每年时近汛期,各地面岩移变形都有加剧迹象,为避免或减轻地质灾害造成的损失,确保当地人民群众生命和财产安全,促进经济和社会的可持续发展,省、市、县各级人民政府及相关部门均对该地面岩移加剧高度重视。为了能对灾害进行实时监测预警,有效保障人民群众的生命与财产安全,根据实际情况,政府相关部门在群测群防监测的基础上采用专业监测手段,建立一套覆盖整个地面岩移体、泥石流、地质沉降区的群专结合监测预警系统。共计建设 11 个地面岩移地质灾害点,用于地面沉降监测预警。

## 9.2　矿区地质概况

黄屯硫铁矿在 20 世纪 80 年代通过激电异常验证发现并基本查明达到大型规模矿床,近两年安徽省庐江县金鼎矿业有限公司对该矿开展地质详查——勘探,做了大量勘查工作,探明黄屯硫铁矿为共生小型铁、铜矿并伴生金银铜矿的大型硫铁矿矿床。

### 9.2.1　概述

黄屯硫铁矿位于庐枞火山岩盆地的北东部边缘,该火山岩盆地是长江中下游地区一个重要的铁、硫、铜、铅、锌、明矾石等矿产基地,大地构造位置处于扬子板块西北缘,靠近扬子与华北板块的拼合带,西邻郯(城)-庐(江)断裂带,南为下扬子破碎带。黄屯硫铁矿是一个以中、下侏罗统陆相碎屑岩建造为基底,经燕山运动发育起来的陆相继承式火山岩盆地,盆地基底基本上构成一个北东约50°走向的平缓向斜,火山岩系呈不整合接触覆盖于其上。火山岩地层本身也具有良好的围斜构造,盆地内及周边隆起、凹陷、断裂构造发育,岩浆活动频繁,矿化作用强烈。

区域出露地层主要有古生界—下中生界以海相沉积为主的火山岩盆地基底岩系和上中生界上侏罗系陆相火山岩及红色碎屑岩系。其中基底沉积岩系包括:志留系-泥盆系(海相-陆相砂页岩建造),石炭系-二叠系、三叠系中下统(海相碳酸盐岩建造,夹海陆交互相砂页岩建造),三叠系中上统-侏罗系中下统(陆相含煤砂页岩、砂砾岩及砂岩建造)。陆相火山岩盖层岩系形成于晚侏罗世-早白垩世,构成庐枞火山岩盆地的主体。

庐枞火山岩盆地为断陷盆地,北东向基底断裂为主干断裂,形成时间最早,基本控制了火山岩盆地的形成与演化,并制约盆地基底地层的空间分布。其次有南北、东西向基底断裂,这三组基底断裂基本控制了盆地内火山活动、次火山岩和侵入岩的形成与空间分布,而北西向基底断裂生成及活动相对较晚。庐枞火山岩盆地内大规模的火山活动发生于晚侏罗世-早白垩世,形成一套橄榄安粗岩系列火成岩,自下至上划分为四个旋回(组),分别为龙门院组、砖桥组、双庙组及浮山组,其中龙门院组主要岩性为粗安岩、角闪粗安岩,砖桥组主要岩性为粗安岩,双庙组主要岩性为粗面玄武岩、玄武粗安岩,浮山组主要岩性为粗面岩类。各旋回均有其相应的岩浆侵入活动,并形成各种类型的侵入岩、次火山岩及脉岩。侵入岩主要岩石类型有(石英)二长闪长岩、二长岩、(石英)正长岩、碱性长石石英正长岩、碱性花岗岩类等。侵入岩多沿基底断裂构造及火山机构分布,常呈带状展布。岩浆岩的大量发育及岩浆期后强烈热液活动为区内成矿提供了大量成矿物质来源和热动力条件。

## 9.2.2　矿区地质特征

### 9.2.2.1　地层

矿区为大面积农田覆盖(见图9-1),钻孔揭露地层为火山岩系龙门院旋回第一岩性段和第二岩性段,其中第一岩性段以粗安岩为主,第二岩性段为角闪粗安岩、粗安岩。火山岩之下基底地层主要为三叠系中统铜头尖组、上统拉犁尖组,铜头尖组主要为粉砂岩、细砂岩、钙质粉砂岩及灰岩,拉犁尖组主要为碳质页岩、泥质粉砂岩、粉砂岩及细砂岩等。

### 9.2.2.2　构造

矿区龙门院组火山岩地层总体呈单斜构造,倾向南西,倾角10°～20°,基底地层总体呈单斜构造,走向北东70°～80°,倾向南东,倾角40°～60°。北东向黄屯-枞阳基底断裂经过矿区,该断裂是庐枞火山岩盆地内一条重要的控岩(侵入岩)、控矿(铁、硫、金)断裂。成矿期后隐伏断层发育,以北北东向为主,其次为北北西、北西向。

### 9.2.2.3　侵入岩

侵入岩主要有超浅成相的黄屯闪长玢岩、浅成相的焦冲正长斑岩,以及粗安斑岩。黄屯闪长玢岩在矿区外西南部有出露,长轴方向总体为北北西,矿区钻孔深部闪长玢岩呈小岩株、岩枝、岩脉状侵位于基底沉积岩中,与区内的铁、硫矿化密切相关。岩石呈灰色,斑状结构,块状构造,主要矿物成分为中、更长石、钠长石、角闪石;次要成分为钾长石、辉石

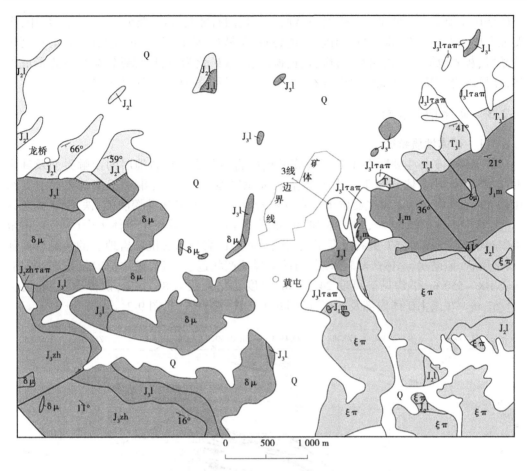

Q—第四系；$J_3l$—侏罗系上统龙门院组；$J_3zh$—侏罗系上统砖桥组；$J_2l$—侏罗系中统罗岭组；

$J_1m$—侏罗系下统磨山组；$T_3l$—三叠系上统拉犁尖组；$J_3l\tau\alpha\pi$—龙门院旋回粗安斑岩；

$J_3zh\tau\alpha\pi$—砖桥院旋回粗安斑岩；$\xi\pi$—正长斑岩；$\delta\mu$—闪长玢岩。

**图 9-1 安徽省庐江县黄屯硫铁矿床矿区地质图**

和黑云母等；副矿物有磷灰石、榍石等。岩石普遍蚀变，主要为水云母化、绿泥石化，次为绿帘石化、绢云母化、硅化、碳酸盐化和高岭石化。岩石中黄铁矿化较普遍，并有不均匀的微弱方铅矿、闪锌矿化。焦冲正长斑岩在矿区外围东南一带大面积出露，岩石蚀变微弱，仅有弱高岭石化和绢云母化，矿化不明显，围岩具硅化。岳山粗安斑岩主要分布于东北侧钻孔中及矿区东侧，呈北北东向展布，该粗安斑岩与附近岳山铅锌银矿可能存在成因联系。

### 9.2.2.4 矿化蚀变

矿区内岩石蚀变较发育，从上到下大致可分为三个组合蚀变带。石英、高岭石、水云母蚀变带：广泛发育于龙门院组第二岩性段喷出岩和粗安斑岩中，次要蚀变矿物有绿泥石、绿帘石、绢云母、石英、电气石和黄铁矿等，呈面型展布，下部界线位于火山岩中部或底部，局部黄铁矿化较强形成零星硫铁矿。黄铁矿、石英蚀变带：广泛发育于龙门院组的粗安岩、安山岩及粗安斑岩中，呈面型展布。次要蚀变矿物为高岭石、水云母、绿泥石、电气石、赤铁矿和磁铁矿。下部界线大体位于龙门院组与基底地层接触带，或基底地层中。黄屯硫铁矿主要赋存于此带中。电气石、钾长石、透闪石蚀变带;主要分布于基底地层中,次要蚀变矿物有绿帘石、水云母、透闪石、透辉石、黄铁矿、磁铁矿、石英及高岭石等,在钙质粉砂岩、灰岩地层中以透闪石、透辉石、黄铁矿、磁铁矿化为主,局部磁铁矿化较强形成铁矿;在粉砂岩、细砂岩地层中以电气石、水云母、绿泥石、黄铁矿、钾长石化为主。

### 9.2.3　矿床地质特征

#### 9.2.3.1　矿体地质特征

黄屯硫铁矿体主要赋存于龙门院旋回火山岩与基底沉积岩地层的接触界面及其附近,次要矿体、小矿体分布于火山岩和基底沉积岩地层中,主要集中于接触界面上下约100 m的范围内。铁矿体主要位于基底沉积岩地层中。全矿床共探明硫、铁、铜矿体总计81个,其中硫铁矿体52个,铁矿体14个,铜矿体15个。硫铁矿主矿体1个(1号),占全矿床硫铁矿资源量的57.9%,赋存于龙门院旋回火山岩与基底沉积岩地层的接触界面部位,呈层状、似层状,总体产状较平缓,与接触界面产状近于一致,矿体走向长约1 400 m,斜长100~550 m,平均见矿厚度24.21 m,厚度变化系数为87.24%,矿体埋深98.12~331.57 m。在该主矿体内部及下部,局部共生有铁、铜矿体(见图9-2)。

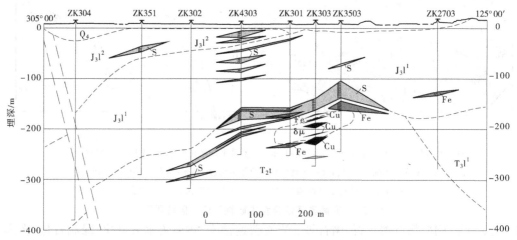

$Q_4$—第四系;$J_3l^2$—侏罗系上统龙门院组上段;$J_3l^1$—侏罗系上统龙门院组下段;$T_3l^1$—三叠系上统拉犁尖组;
$T_2t$—三叠系中统鳝头尖组;$\delta\mu$—闪长玢岩;ZK303—钻孔编号;S—硫铁矿体;Fe—铁矿体;Cu—铜矿体。

**图9-2　安徽省庐江县黄屯硫铁矿床3线地质剖面图**

#### 9.2.3.2　矿石质量特征

硫铁矿矿石的矿物成分较复杂,主要金属矿物为黄铁矿、赤铁矿、磁铁矿、镜铁矿、黄铜矿、白铁矿、磁黄铁矿、菱铁矿、方铅矿、闪锌矿等。主要脉石矿物为长石、石英、方解石、角闪石、水云母、高岭石、绿泥石、电气石、萤石等。

矿石主要有用化学成分为硫,共伴生有益组分有铁、金、银、铜等,有害组分为氟。全矿床硫平均品位为:工业品级矿石20.30%,低品级矿石为9.66%。其中1号硫铁矿平均品位为:工业品级矿石21.62%,低品级矿石为9.60%,硫的品位变化较均匀。共生铁平均品位34.29%,铜平均品位0.34%。

矿石结构主要有自形、半自形、他形晶粒状结构,斑状、压碎、溶蚀及交代结构,其次有放射状、假象晶体结构等。矿石构造主要有块状、浸染状、细脉浸染状、网脉状及粉状构造等。

矿石工业类型主要为黄铁矿矿石,次为硅酸盐黄铁矿矿石。自然类型按矿石构造可划分为细脉浸染状、块状、浸染状、粉状、脉状等类型;按元素组合可划分为硫铁矿石和铁硫(混合)矿石。矿石品级根据硫的品位高低分为工业品级矿石、低品级矿石。共生铁矿石工业类型为需选铁矿石,可分为赤铁矿石与弱磁性铁矿石两大类。

## 9.2.4　控矿因素及矿床成因

### 9.2.4.1　控矿地质因素

1. 侵入岩的控制

据钻孔揭露,超浅成闪长玢岩呈小岩株、岩枝、岩脉状侵位于基底沉积岩中,矿区西南侧局部侵位于龙门院组下段火山岩地层中。硫铁矿体主要位于闪长玢岩体上方,少部分位于其下方或旁侧附近,很显然硫铁矿体与闪长玢岩体关系极为密切。此外,铁矿体常常直接与之接触,且在接触带附近形成矽卡岩矿物如透闪石、绿帘石等,表明铁矿体的形成与闪长玢岩密切相关。该闪长玢岩以富钠为特征,属碱钙性岩石,主要为硫铁矿、铁矿成矿作用提供成矿物质和热力来源。此外,闪长玢岩上侵过程中挤压围岩,导致岩石破碎程度提高,使得岩石渗透率大幅提高,便于成矿流体运移富集。

2. 构造的控制

北东向黄屯-枞阳基底断裂控制了岩体的侵位,矿床中破碎带构造十分发育,尤其是在闪长玢岩的顶部破碎带构造尤为明显,而矿体多数即产于破碎带中,由此可推断,由于闪长玢岩的侵入,在其顶部形成环状和放射状接触破碎带和断层裂隙构造。这些构造以及沿火山岩与基底沉积岩之间的不整合面破碎带构造,为成矿提供了有利的储矿空间。

3. 地层岩性的控制

矿区内硫铁矿化发育于龙门院组中段下部、下段及其以下基底地层之中,矿化极不均匀,矿化强烈地段即形成硫铁矿体。共生铁矿主要形成于铜头尖组灰岩、钙质粉砂岩分布区,位于闪长玢岩外接触带附近。三叠系基底地层富含铁质,对成矿热液的形成、发展和演化具有一定的影响。

### 9.2.4.2　矿床成因

该矿床属于次火山-热液矿床,热液充填交代成因,是玢岩铁矿化的发展和延续。黄屯闪长玢岩体形成于龙门院旋回晚期,成为驱动地下热水对流循环的能源和部分成矿物质的来源。在火山岩与沉积岩交界处的不整合面是构造薄弱带,容易形成层间破碎,有利于热液运移和交代成矿,更主要的是交界面处具有特殊的物理化学条件,是化学成分的变化带。因此,在交界处最有利于热液的交代富集而形成主矿体,而在其他构造薄弱位置(如岩体侵位形成的环状、放射状以及断层裂隙等)形成的矿体规模较小。

据本区的剥蚀深度估计,矿床的形成深度可能不大于 1 km,硫铁矿主要形成于中低温阶段,铁矿主要形成于高温阶段。根据矿床形成的地质条件、各类矿石产出关系、各类矿物共生组合、穿切关系、矿石结构构造等特征的分析,成矿总体可分为气成高温热液阶段和中、低温热液阶段。气成高温热液阶段主要生成透辉石等无水硅酸盐矿物,透闪石、绿泥石等含水硅酸盐矿物,磁铁矿主要在此阶段形成。中、低温热液阶段形成矿物主要为黄铁矿、黄铜矿、假象赤铁矿、方铅矿、闪锌矿、镜铁矿、碳酸盐矿物、石英、绿泥石等,硫铁矿主要在此阶段形成。矿物生成顺序与玢岩铁矿成矿模式相一致,由高温到低温排列,即磁铁矿→赤铁矿→黄铁矿等硫化物,矿石及附近岩石中热液蚀变现象普遍(见图9-3)。

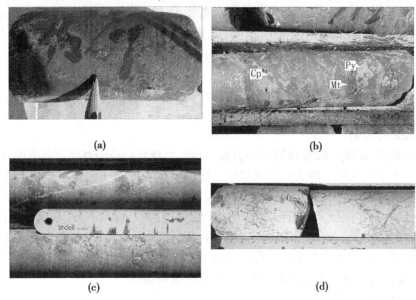

(a)　　　　　　　　　　(b)

(c)　　　　　　　　　　(d)

(a)块状黄铁矿,可见被交代的磁铁矿残余,黄屯604孔,209.1 m;
(b)黄铜矿(Cp)、黄铁矿(Py)、交代溶蚀早期形成的磁铁矿(Mt),黄铜矿呈断续脉状、团斑状,黄屯604孔,250.1 m;
(c)基底三叠系下统粉砂岩中黄铁矿与绿帘石、电气石、绿泥石、透辉石及磁铁矿共生,
呈团斑状分布,黄屯2201孔,794 m;
(d)龙门院组下段凝灰质粉砂岩,含矿热液充填微细裂隙形成蠕虫状、
断续细脉状黄铁矿,X形剪节理被黄铁矿充填,黄屯201孔,115.1 m。

图9-3　热液交代蚀变现象

# 9.3　地面岩移动态监测的意义

## 9.3.1　动态监测的必要性

### 9.3.1.1　管理的必要性

(1)地面岩移、地面岩移沉降监测设备和监测数据随着监测范围的扩大而越来越庞大。

(2)使用传统的办公形式进行管理,工作量特别大,需要使用现代化的数据库管理工具,能够自动地查询数据,便于管理。

### 9.3.1.2　技术的必要性

(1)需要提高监测的实时性。在过去,通信和供电设施不完善的情况下,使用人工监测,监测周期从一周到二周不等,时间跨度偏长。而现在,太阳能光伏发电、无线通信等手段齐全,可以通过现代化的通信技术将检测周期提高到2 h一组结果。

(2)需要降低成本。人工监测费时费力,每年将会投入大量的人工进行测量、数据分析等工作。泥石流体监测是一个长期的过程,宜建立自动化的监测系统,每年进行少量的维护工作,既能获取到数据,又能降低总体成本。

(3)需要加强恶劣天气下的监测,提高数据的有效性。一般情况下危险多发生于恶劣天气下,如大雨、暴雪等。而在危险的情况下,人工监测往往获取不到有效数据。自动化监测不受天气因素影响,能够充分获取有效信息。

## 9.3.2 自动化监测对业主单位的意义

### 9.3.2.1 现场巡视员

巡视员定期进行人工巡视,迅速了解现场详细情况,发现隐患,及时向总调度室汇报,同时也接受总调度室针对异常情况而发出的巡视指令,立即检查异常部位,并汇报情况。

巡视员在线报告巡检情况,现场核实监控系统的监测指标;巡视员巡查轨迹实时跟踪、记录。

### 9.3.2.2 现场值班室

值班人员能够实时查看各个监测点的实时数据,及时了解山体地面岩移的运动情况。

作为数据接收和处理中心,通过配套的各种专用软件系统,随时监测地面岩移体危险源动态,对相关危险源做动态安全评估,在突发情况下,通过警灯、警号、计算机模拟语音、手机短信等多种渠道向上级发送发现的危险源险情。

### 9.3.2.3 控制中心

配置服务器,保证服务器 24 h 工作,能够及时对数据进行解析处理,发布到 WEB 客户端上,实时地显示各监测系统的运行情况,掌握地面岩移体的安全动态,并通过多种手段进行报警。

### 9.3.2.4 负责地面岩移监测的公司、领导及监管部门

(1)可不受地域限制随时掌握山体地面岩移体的监测情况。

(2)及时掌握地面岩移体监测预警信息。当危险源预警时,可通过手机接收预警信息。

(3)随时掌控地面岩移体监测危险源动态。可通过网络动态查看泥石流的相关实时数据和图像。

(4)随时掌控地面岩移体监测的运行情况。平时可通过综合监管系统全面、及时、准确了解各项监测工作情况,在突发情况下,迅速调阅第一手资料,及时指挥应急处置与救援。

(5)预留外网访问该监测系统的功能,如果需要可以开放该端口给上级安全监督主管单位。

## 9.3.3 系统总体设计

### 9.3.3.1 设计依据

(1)《区域水文地质工程地质环境地质综合勘查规范(比例尺 1∶50 000)》(GB/T 14158—93)。

(2)《工程地质调查规范(1∶10 万~1∶20 万)》(DZ/T 0096—1994)。

(3)《区域环境地质勘查遥感技术规定》(DZ/T 0190—2015)。

(4)《滑坡防治工程勘查规范》(DZ/T 0218—2006)。

(5)《滑坡防治工程设计与施工技术规范》(DZ/T 0219—2006)。

(6)《地质灾害分类分级》(DZ 0238—2004)。

(7)《建设用地地质灾害危险性评估技术要求》(DZ 0245—2004)。

(8)《精密工程测量规范》(GB/T 15314—1994)。

(9)《卫星定位城市测量技术规程》(CJJ/T 73—2019)。

(10)《雷电电磁脉冲的防护》(IEC 1312)。

(11)《计算机信息系统雷电电磁脉冲安全防护规范》(GA 267—2000)。

(12)《通信局(站)雷电过电压保护工程设计规范》(YD/T 5098—2001)。

(13)《建筑物防雷设计规范》(GB 50057—2010)。

(14)《工程测量标准》(GB 50026—2020)。

(15)《国家一、二等水准测量规范》(GB/T 12897—2006)。

(16)《国家三、四等水准测量规范》(GB/T 12898—2009)。

(17)《计算机场地通用规范》(GB/T 2887—2011)。

(18)《建筑物电子信息系统防雷技术规范》(GB 50343—2012)。

(19)《光缆线路自动监测系统工程设计规范》(YD/T 5066—2017)。

(20)《信息技术设备用不间断电源通用技术条件》(GB/T 14715—93)。

(21)《数据中心设计规范》(GB 50174—2017)。

#### 9.3.3.2　监测系统架构

系统分为现场自动监测报警和分析发布两大部分,其中自动监测报警部分由传感器子系统、数据通信子系统、数据处理子系统、监控报警子系统组成,分析发布部分由数据分析发布与信息共享系统组成。地面岩移在线监测系统拓扑图见图9-4。

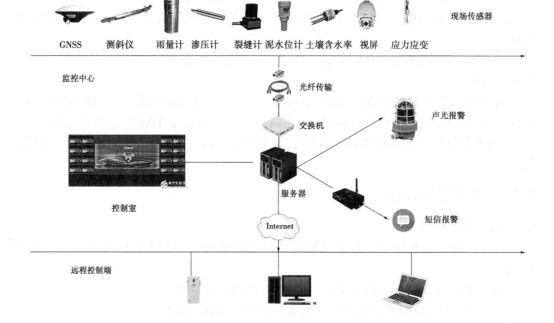

图9-4　地面岩移在线监测系统拓扑图

## 9.3.4　系统实现的主要功能

### 9.3.4.1　地面岩移地质灾害安全的监测分析功能

（1）系统具有稳定可靠的采集、显示、存储、数据通信、管理、系统自检和报警功能。

（2）系统具有远程控制功能，可通过串口利用网络对监控主机进行遥控监测，实现数据采集软件上的所有功能，并对数据采集软件中的历史数据有访问权限地进行提取。

（3）系统可监测地面岩移体的状态变化，在发现不正常现象时及时分析原因，采取措施，防止事故发生，以保证周围人民生命和财产安全。

（4）系统可定期进行观测数据的整编，为以后的设计、施工、管理提供资料。

（5）系统可随时对观测资料进行分析，开展对泥石流状态进行技术鉴定，总结经验，为制定安全措施、评价地面岩移体状态提供数据。

（6）能根据实时采集数据自动绘出地面岩移体地下水位变化线并给出相关数据；能对山体沉降和水平位移进行分析，并根据分析结果对形变的发展做出预测。

（7）系统能综合历史数据和实时采集的渗流、水位、形变等数据，按照国家有关标准进行相关过程线分析、位势分析、滞后时间分析、沉降分析、水平断面分析、纵断面分析、等值线分析、安全状态分析等有关该山体地面岩移的安全分析。

（8）系统具有良好的防雷抗干扰性能，确保系统不因雷击而损坏。

### 9.3.4.2　地面岩移地质灾害安全报警与应急处置联动功能

监控系统设有自动预、报警功能，当监测参数有向危险状态演变时，系统将发出预警信息。当监测参数超过预设警戒值时，系统将发出报警信息，从而有效预防事故，为有关部门提供数据支持。地面岩移在线监测报警处置流程见图9-5。

在预、报警发生时，系统将进行：

（1）语音提示预警、报警信息。

（2）文字提示预警、报警信息。

（3）光灯闪烁提示预警、报警信息。

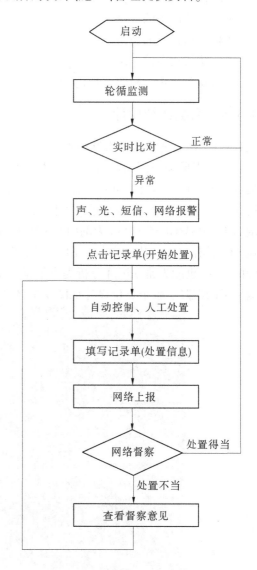

**图9-5　地面岩移在线监测报警处置流程**

（4）手机短信提示预警、报警信息。

（5）安全参数越限处置记录单。

（6）自动调阅应急处置方案。

以上信息可同步传输到现场值班室、总调度室以及政府安监部门等。

#### 9.3.4.3　监测系统的运行保障管理功能

为了确保监控系统能长期可靠运行，必须对构成系统的监测设备，通信链路，监控设备，报警设备，配套建筑设施，电力供应，相关的操作人员各个环节进行随时（定期）检查校验，建立运行档案，发现任何影响系统运行的问题，及时处置。具体包括以下内容：

（1）仪器设备的自检记录。

（2）仪器设备的维修记录。

（3）通信状况的记录。

（4）防雷状态的记录。

（5）相关建筑设施的巡视记录。

## 9.3.5　系统详细设计

#### 9.3.5.1　地面岩移监测点位布置

通过现场调查，金鼎矿业地面岩移工作面范围横向长度约 700 m，纵向长度约 700 m，根据现场的地质情况及沉降的方向，初步拟设计了 12 个表面位移监测点：1 个基准点，布设在金鼎大楼楼顶，作为参考。工作面 9 个监测点，形成 3 个剖面，GPS1/GPS2/GPS3 为剖面 1，GPS4/GPS5/GPS6 为剖面 2，GPS7/GPS8/GPS9 为剖面 3，GPS1、GPS4、GPS7 分布在 F1 断层的左侧，其余分布在 F1 断层的右侧，GPS3、GPS6、GPS9 靠近路基，既监测工作面的沉降，也能为路基沉降分析提供依据。桥墩 2 个监测点，分别布设在桥墩的两侧，监测桥梁的沉降。各个点位设计如图 9-6、图 9-7 所示。

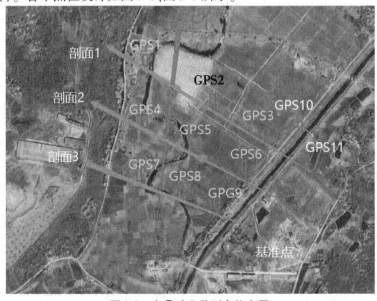

图 9-6　金鼎矿业监测点位布置

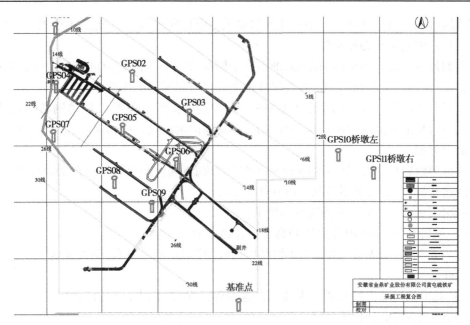

**图 9-7    金鼎矿业监测点位布置**

### 9.3.5.2    地表位移监测

#### 1. 监测原理

该系统采用 GNSS 自动化监测方式对地面岩移体表面位移进行实时自动化监测,其工作原理为:各 GNSS 监测点与参考点接收机实时接收 GNSS 信号,并通过数据通信网络实时发送到控制中心,控制中心服务器 GNSS 数据处理软件 HCMonitor 实时差分解算出各监测点三维坐标,数据分析软件获取各监测点实时三维坐标,并与初始坐标进行对比而获得该监测点变化量,同时分析软件根据事先设定的预警值而进行报警。

GNSS 表面位移监测的误差水平为 $\pm 2$ mm$+1\times10^{-6}D$,高程方向为 $\pm 4$ mm$+1\times10^{-6}D$。表面三维位移量是通过 GNSS 自动化监测,主要建立在地面岩移表面变形明显的部位,通过监测地面岩移表层的三维位移量,分析、判断地面岩移的变形特征、变幅、滑动方向、滑动速率、稳定性及其发展趋势,并且对于简易监测而言该方法精度高,能反映出简易监测反映不了的变形迹象。GNSS 表面位移点均可以和当地的坐标系进行联测,所有监测点的坐标均可以转换为当地坐标。

#### 2. 监测点位设计

1)设计流程

(1)运用工作基点和监测点建立监测网。

(2)建立工作基点和观测墩,并安装 GNSS 测量仪器。

(3)数据自动采集及传输。

(4)通过对数据的处理、对比,分析地面岩移的变形情况。

(5)绘制位移量曲线图,提交资料。

2)设计依据

根据监测网设立要求,将 GNSS 监测点布设在主剖面上,每条剖面布设 GPS 监测点 3

个,布设在地面岩移工作面上,根据地面岩移纵剖面长度适当进行加点,不要求平均布设,但是在特定地貌单元必须布设。

监测站布置需要形成横向剖面,即垂直于断层方向。横向断面可以对地面岩移位移进行修正,达到多重监测、多重检查,提高地面岩移监测预警准确性。

根据监测网设立及现场条件将 GNSS 地表监测设备形成 X 纵 X 横的网状结构,用于分析地面岩移沿主滑方向的位移趋势,同时使用横向剖面进行位移修正,从而达到整个坡体表面的监测。

根据地面岩移特征,某些地面岩移植被特别茂盛,则根据现场情况在剖面线周围 5 m 范围内进行找点选址,个别情况可以延伸至 10 m。

同时满足以下 GNSS 本身选址的要求:

(1)视野开阔,视场内障碍物的高度不宜超过 15°。

(2)远离大功率无线电发射源(如高压电线、移动信号塔电台、微波站等),其距离不小于 200 m。

(3)远离高压输电线和微波无线电传送通道,其距离不得小于 50 m。

(4)尽量靠近数据传输网络。

(5)观测墩的高度不低于 2 m。

(6)观测标志应远离震动。

3. 设备选型

根据系统的实际情况及所要达到的技术指标,并参照《全球定位导航系统(GPS)测量规范》(GB/T 18314—2009),地灾表面位移监测系统选择 H6 监测专用接收机和配套天线罩。

本项目采用安徽吉欧地质工程科技有限公司自主研发接收机——H6,此款机型具有功能强大、搜星迅速、防护级别高等优点。

4. 产品介绍

根据系统的实际情况及所要达到的技术指标,并参照《全球定位导航系统(GPS)测量规范》(GB/T 18314—2009),地面岩移地表沉降监测系统选择 H3 监测专用接收机和配套天线罩。

1)H3 GNSS 接收机

H3 是监测专用接收机,该产品以低功耗概率设计,正常工作状态不超过 1.8 W,配合专用的电池以及太阳能板,可以维持 20 d 以上的连续阴雨天续航。同时,整套系统采取插拔式设计,极大简化安装工艺,提高工作效率。H3 监测专用接收机可以搭配云平台使用,在云端实现对设备的远程监控和管理。

H3 GNSS 接收机技术参数如表 9-1 所示。

2)产品特性

(1)防酸、防盐雾、防紫外线、耐冲击。

(2)防腐,抗老化性能佳,寿命长。

(3)电绝缘性佳,透波性强,达到 99% 以上。

(4)在高温、低寒等恶劣环境中使用性能更加突出。

表 9-1 H3 GNSS 接收机技术参数

| 跟踪通道 | GNSS：L1、L2<br>GLONASS：L1、L2<br>BDS：B1、B2<br>SBAS：L1 |
|---|---|
| 定位精度 | 静态解算精度<br>平面：±(2.5+0.5×10^{-6}D)mm，高程：±(5.0+0.5×10^{-6}D)mm<br>动态解算精度<br>平面：±(8+1×10^{-6}D)mm，高程：±(15+1×10^{-6}D)mm<br>初始化可靠性：一般大于99.9%<br>初始化时间：≤20 s |
| 输入/输出格式 | 差分电文：RTCM3.2、RTCM3.x<br>定位数据/状态信息：NMEA-0183 V2.30 |
| 数据传输 | 支持 TCP/IP、MQTT、NTRIP Server、HTTPS 协议，支持多个数据流同时发送<br>输出频率：1 Hz，可设置<br>通信网络：4 G 全网通 |
| 用户界面 | 3 个 LED 电源指示灯，1 个 Nano SIM 卡槽，1 个 7 芯 Lemo 接口（含 RS232 接口及供电接口），可通过 RS232 端口设置主机参数 |
| 电源 | DC 12 V，支持宽电压 DC 9-18 V<br>主机功耗 <2 W<br>内置光电隔离<br>支持通电自启 |
| 环境 | 工作温度：-40~75 ℃；<br>存储温度：-40~85 ℃<br>防水防尘：等级 IP68<br>湿度：0%RH~99%RH，无凝结 |

5. 施工安装

1）开挖基础

在选定地址开挖到冻土层（根据当地情况确定）以下，具体施工严格按照图纸和规范要求进行。

2）钢筋笼绑扎

（1）钢筋的加工、连接及安装应按照《混凝土结构工程施工质量验收规范》（GB 50204—2015）标准进行施工。

（2）底座框架的尺寸为：高 0.5 m、1.2 m 见方的长方体，底座钢筋笼为两层结构，间距为 30 cm。钢筋尺寸为国标 12# 螺纹钢。

（3）立柱钢筋结构为四根竖筋，利用圆钢进行捆绑。捆绑箍间距为 30 cm。其中竖筋为国标 12# 螺纹钢，箍筋为国标 8# 圆钢。钢筋的长度根据圆柱高度现场确定。

3）主体浇筑

（1）观测墩采用现浇混凝土加 315 mm 高强度 PVC 套管施工工艺，混凝土强度等级 C30。主筋最小混凝土保护层厚度为 30 mm。搅拌现场必须配有合格的称量器具，严格按照设计配合比下料。

（2）水泥要求：普通硅酸盐水泥，强度等级 P.O 42.5；5～40 mm 级配良好的石子、中砂，水须采用饮用水。根据施工情况混凝土需加拌外加剂，如早强剂、防冻剂、引气剂等，质量必须合格，不得使用含氯盐的外加剂。

（3）考虑到耐久性要求，混凝土按 C30 强度设计，根据以往施工经验，推荐配合比见表 9-2。

表 9-2　每立方米混凝土材料参考用量

| 材料名称 | 水 | 水泥 | 中砂 | 石子（最大粒径 40 mm） |
|---|---|---|---|---|
| 单位 | kg | kg | kg | kg |
| 用量 | 180 | 300 | 600 | 1 226 |
| 单位 | m³ | m³ | m³ | m³ |
| 用量 | 0.18 | 0.30 | 0.44 | 0.82 |

注：表中配合比是根据以往施工经验编写的，仅供参考。如有质监部门提供的 C30 混凝土配合比，亦可采用。

4）拆模与设备安装

（1）拆模时间可根据气温和外加剂性能决定，一般条件下，平均气温在 0 ℃ 以上时，拆模时间不得少于 12 h。

（2）浇筑前要在钢筋笼内合适的位置预埋直径不小于 25 mm 的 PVC 管，用于后期布设 GNSS 天线电线。

（3）立柱浇筑结束时要安装强制对中标志，并严格整平；立柱外表要保持清洁，并且预埋 PVC 管要贯通。

观测墩施工示意图见图 9-8。

图 9-8　观测墩施工示意图

（4）立柱浇筑一周时间凝固后，进行 GNSS 和机柜的安装。为了防雨淋、防日晒、防风,延长天线使用寿命,双频天线的保护罩采用生产的全封闭式 GNSS 专用天线罩,天线罩还有防盗、透过率高等优势。

地面岩移监测设备施工设计见图 9-9。

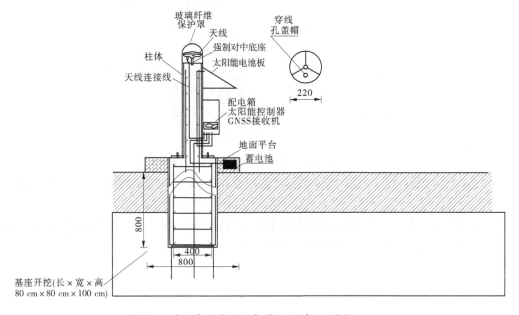

**图 9-9 地面岩移监测设备施工设计** （单位:mm）

（5）观测墩顶部装强制对中器,顶端加工有 5/8 英制螺旋以固定 GNSS 天线,天线柱下端通过螺栓与 GNSS 天线底座牢固连接,GNSS 天线底座要确保整个天线安装装置与观测墩形成一个整体。安装时,考虑天线对空通视的要求、天线安放稳定性、天线维护便利性、外观美观性等因素。同时观测墩中心预留走线孔。

（6）在机柜中,按数据传输路径,分别安装天线转换器、GNSS 接收机、串口服务器等。供电电源一并引入机柜,并且强电弱电隔离布线,整洁美观,便于维护。机柜下端预留通线孔,供电源数据线的接入。机柜距离地面宜≥30 cm。固定螺钉应拧紧,不得产生松动现象。外加防护警告装置,避免非工作人员破坏。

## 9.3.6 通信、供电及防雷系统设计

### 9.3.6.1 通信系统

通过现场测试,现场 4G 网络信号较好,建议采用无线传输方式。H3 内置通信模块对监测数据进行无线实时传输。

### 9.3.6.2 供电系统

根据项目的实际情况,供电系统采用太阳能供电,且对现场了解,当地雨季时连续阴雨天较长,考虑数据传输不受天气因素的影响,保证现场供电系统正常,现在设计每个观测站配备 200 W 太阳能电池板,150 AH 蓄电池。太阳能供电系统组合见图 9-10。

注意事项如下:

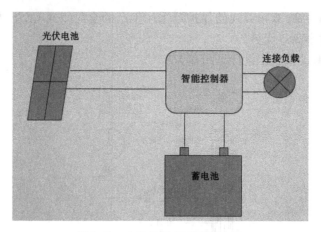

图 9-10　太阳能供电系统组合图

（1）电池板制作安装支架，朝向正南，倾角在 40°~45°，根据当地太阳高度角来确定。注意不要有任何遮挡，否则无法充电，视情况定期清洁太阳能板。

（2）电线选用国标；太阳能板接线要牢固，裸露在外面的线要穿管，推荐 PVC 管，可以弯折走线，美观而且耐用。太阳能供电实例见图 9-11。

图 9-11　太阳能供电实例图

（3）蓄电池正负极不要短接，用地埋箱安装，接口处做好防水处理，用防水胶带裹一层再用绝缘胶带绑扎好。南方地区至少埋深 50 cm 以下，北方地区是要求一定要在冻土层以下，还要在地埋箱内部加装保温材料（有些高海拔地区，冬季气温低的也要这样），回填的时候注意不要破坏地埋箱体。有条件的做好位置标记。

### 9.3.7　自动化监测控制中心

#### 9.3.7.1　控制中心介绍

控制中心由多台计算机、软件、通信设备、宽带网和局域网等组成(根据用户现场情况和要求配置)。

控制中心对各信号通道进行参数设定,这些参数包括各通道的开/关选择、各通道的时间设定等,并可设定系统的工作方式,采集数据的传输方式(实时或事后)控制以及在线监测系统分析、显示、发布等。

#### 9.3.7.2　设计原则

在线监测系统应包含数据自动采集、传输、存储、处理分析及综合预警等部分,并具备在各种气候条件下实现实时监测的能力。

监控中心应考虑整体防潮、防尘及降温,应配置专用万维网络接入,方便实现远程连接。中心应配置专用机柜、服务器电脑及显示设备等。监控中心要求整体布局合理、设备规整、运行环境符合相关要求。

计算机系统,与数据采集装置连接在一起的监控主机和监测中心的管理计算机配置应满足在线监测系统的要求,并应配置必要的外部设备。

监控中心环境温度保持在 20～30 ℃,湿度保持不大于 85%,系统工作电压为 220(1±10%)V,系统故障率不大于 5%。

#### 9.3.7.3　总体布局

1. 基本要求

显示设备宜选用大尺寸液晶数字显示器,配置专业数据服务器和视频录像机,并配备可给数据服务器及视频录像机提供至少延续 12 h 电力能力的大功率后备电源,同时可视需要配备发电机以延长系统续航能力。监控中心布置服务器电脑、专用显示设备、硬盘视频录像机、短信报警器、声光报警器、网络交换机等设备,有条件的还可考虑防潮、防尘、防静电、空调等设施。监控中心的典型布置如图 9-12 所示。

图 9-12　监控中心的典型布置

2. 服务器选型及其技术参数

根据系统软件对服务器的技术参数要求,选择戴尔(DELL)T130 服务器,技术参数如表 9-3 所示。

表 9-3　戴尔(DELL)T130 技术参数

| | |
|---|---|
| 服务器 | 处理器:CPU 类型英特尔志强、CPU 频率 3.0 GHz、处理器描述英特尔至强 E3–1220 v5、CPU 缓存 8 M<br>主板:扩展槽 1×8 PCIe 3.0(×16 接口)、1×4 PCIe 3.0(×8 接口)、1×1 PCIe 3.0(×1 接口),芯片组 Intel C236 系列芯片组<br>内存:内存类型 DDR4 2133MHz ECC 四通道内存、内存大小 8 GB、最大内存容量 64 G、内存插槽数 4 个<br>存储:硬盘大小 1 T、硬盘类型 SATA、内部硬盘位数最多可以安装四块 3.5 英寸硬盘、光驱 DVDRW<br>网络:网络控制器 Broadcom BCM5720<br>电源性能:电源非冗余、功率(W) 290 W<br>外观特征:尺寸 360 mm×175 mm×435 mm<br>配有杀毒软件 |
| 显示器 | 规格:16:9;锐比:70 000:1;响应: 2 ms;亮度: 300 nits |

### 3. 以太网交换机

交换机是一种网络连接设备,它的主要功能包括物理编址、网络拓扑结构、错误校验、帧序列以及流控。在监测项目应用中,它可以把多个点的网络信号集聚到一个点后传输至监控中心。以太网交换机见图 9-13。

图 9-13　以太网交换机

根据项目现场的实际要求,可选择 5 口、8 口、24 口不同型号的以太网交换机。以太网交换机技术参数见表 9-4。

表 9-4　以太网交换机技术参数

| 主要参数 | | | |
|---|---|---|---|
| 产品类型 | 智能交换机 | 应用层级 | 二层 |
| 传输速率 | 10/100 Mb/s | 交换方式 | 存储—转发 |
| 包转发率 | 5.4 Mb/s | 背板带宽 | 32 Gb/s |
| 端口参数 | | | |
| 端口结构 | 非模块化 | 端口数量 | 20 个 |
| 端口描述 | 16 个 10/100 Base-TX 以太网端口,<br>2 个 10/100/1 000 Base-TX 以太网端口,2 个复用千兆 SFP | | |

续表 9-4

| 功能特性 | | | |
|---|---|---|---|
| 网络标准 | IEEE802.1X | VLAN | 支持 |
| QOS | 支持 | 网络管理 | 支持 WEB 网管 |
| 其他参数 | | | |
| 电源电压 | 100~240 AC | 电源功率 | <14.5 W |
| 产品尺寸 | 442 mm×220 mm×43.6 mm | 端口防雷能力 | 6 kV |
| 工作温度 | 0~50 ℃ | 工作湿度 | 10%~90% |
| 存储湿度 | 10%~90% | 存储温度 | −5~55 ℃ |

1)UPS(不间断电源)

为了保障监控中心系统的正常运行,须在监控中心安装 UPS。在市电电压不稳定或停电时,UPS 会启动为系统供电。

2)UPS 原理

(1)市电正常的时候,输出端为稳压过后的市电。

(2)市电断开后,切换电池组进行逆变输出交流电压。

(3)标准型和长效型的区别。

(4)根据实际负载总功率,选择合适的 UPS。

(5)不同功率的 UPS 逆变直流电压不同,得配套不同数量的电池组。

### 9.3.7.4　软件系统设计

系统总体可以分为三个模块,即数据处理分析模块、数据传输与储存模块、数据展示平台。此三个模块是整个地质灾害自动化监测系统的核心组成部分,它们之间既相互独立又紧密关联与配合,而且所有操作完全是人工提前设定后由软件自动完成的。

如图 9-14 所示,这三个模块具体配合流程为固定布置的传感器将监测数据调制成可传输的信号,根据传输的远近、所处的位置选择无线或有线的通信方式,在数据采集工作站完成数据的自检和本地存储,并通过控制信号对参数配置和采样控制完成操作。

在数据进入处理服务器后,数据处理软件完成自动解算、平差等工作,数据分析和显示功能实现实时监测统计,并对数据进行评估和预警。

数据处理完成的同时将原始数据和解算结果存储到数据库,数据分析得到的预警信息以及时间信息、健康状态等存储到数据库,数据库也为分析模块提供历史监测数据等信息供调用。

### 9.3.7.5　岩移观测数据展示系统

HCMonitor 是安徽吉欧地质工程科技有限公司自主研发的数据处理软件,数据接收处理是地面岩移 GNSS 自动化监测系统的核心组成部分,"数据处理"结果精度的高低关系到对变形体稳定性的判断、分析以及影响管理人员的决策。HCMonitor 软件的具体功能特点如下:

(1)Windows95/NT 32bit 结构。

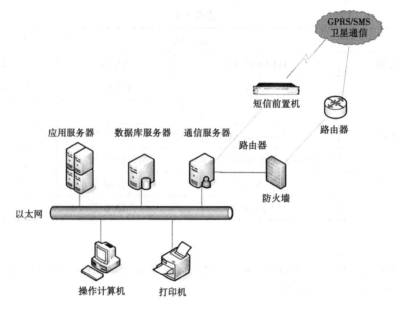

图 9-14 软件系统架构图

（2）多线程，多任务设计。

（3）先进的 GNSS 数据算法：具有 OTF 解算、卡尔曼滤波、三差解算等，同时支持实时、后处理解算，解算精度可达 2~3 mm。

（4）图形用户界面，实时显示基准站、监测站的工作状态。

（5）具有防死机功能，一旦某个监测站出现死机现象，软件马上会通过数据信号触发的方式实现接收机自动重启。

（6）支持远程控制功能，软件可自动向 GNSS 接收机发送用户更改参数的命令（如采样间隔、高度截止角等）。

（7）兼容多个品牌的接收机，如 Trimble、Leica、Topocon、Magellan 等，同时也支持"一机多天线"技术。

（8）完善的坐标系统管理，支持 1954 北京坐标系、1980 年西安坐标系、CGCS 2000、自建系统等。

（9）拥有丰富的 GNSS 误差模型库，支持高精度长基线解算、精密星历解算。

（10）支持均值滤波器、Kalman 滤波器。

（11）软件自动保存解算数据到数据库，同时自动保存 GNSS 原始数据到本地磁盘。

（12）支持有线、无线多种通信方式等功能。

（13）提供接口源代码，支持用户二次开发。

具体功能如下：

（1）内容概要：数据查询模块包含监测数据、原始记录等子模块。

（2）监测数据：监测数据是展示所有从设备里采集到的数据的模块，方便用户按照时间段查看数据，包括了实时数据、日均数据、月均数据等，如图 9-15~图 9-17 所示。

具体使用流程如下：

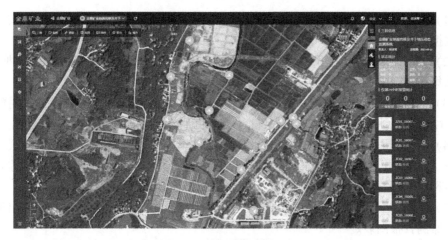

金鼎矿业
0
0
0

图 9-15　岩移观测主界面图

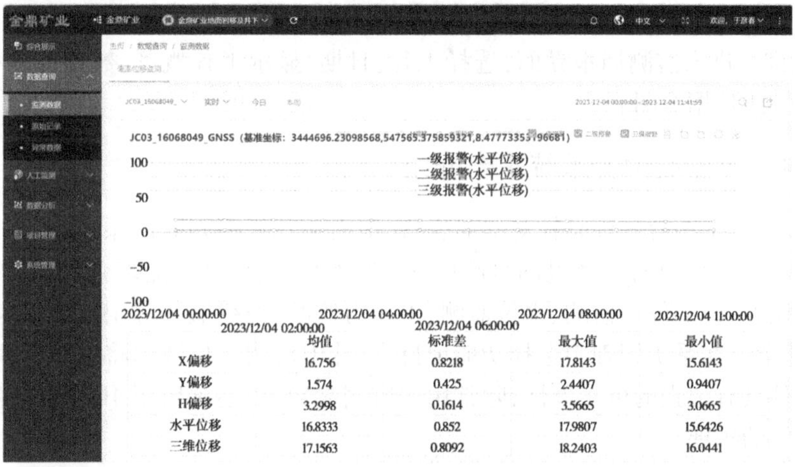
金鼎矿业
中文
JC03_16068049_GNSS（基准坐标：3444696.23098568,547565.375859321,8.47773353196681）
一级报警(水平位移)
二级报警(水平位移)
三级报警(水平位移)
100
50
0
-50
-100
2023/12/04 00:00:00
2023/12/04 02:00:00
2023/12/04 04:00:00
2023/12/04 06:00:00
2023/12/04 08:00:00
2023/12/04 11:00:00
均值 标准差 最大值 最小值
X偏移 16.756 0.8218 17.8143 15.6143
Y偏移 1.574 0.425 2.4407 0.9407
H偏移 3.2998 0.1614 3.5665 3.0665
水平位移 16.8333 0.852 17.9807 15.6426
三维位移 17.1563 0.8092 18.2403 16.0441

图 9-16　监测数据展示

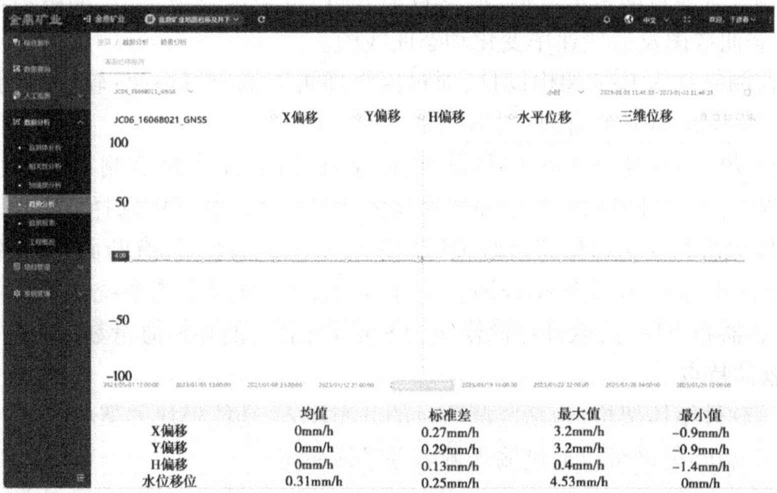
金鼎矿业
JC06_16068021_GNSS
X偏移
Y偏移
H偏移
水平位移
三维位移
100
50
-50
-100
均值 标准差 最大值 最小值
X偏移 0mm/h 0.27mm/h 3.2mm/h -0.9mm/h
Y偏移 0mm/h 0.29mm/h 3.2mm/h -0.9mm/h
H偏移 0mm/h 0.13mm/h 0.4mm/h -1.4mm/h
水位移位 0.31mm/h 0.25mm/h 4.53mm/h 0mm/h

图 9-17　监测数据分析

（1）查询。进入监测数据界面,选择工程、查询类型、时间、仪器,点击查询按钮显示监测数据图表。

（2）原始记录。原始记录显示仪器采集到的二进制数据和解析的数据的转换,还显示了采集的时间方便查看采集间隔,亦可查看是否联动采集。

（3）选择时间。点击选择时间,可以选择先要查看数据 1 h 内的数据,如选择 2021-10-24T12:00:00,将会显示 2021-10-24T11:00:00 到 2021-10-24T12:00:00 的数据。

（4）数据分析。数据分析模块包含综合分析、相关性分析、变形加速度分析、变形趋势分析、监测日报、监测周报、监测月报等子模块。综合分析展示的是工程下的综合体图表(内部位移、浸润线剖面图),可以直观地展示出综合体的情况。

（5）导出。进入监测日报界面,选择工程、日期,点击日期选择框右边的导出按钮即可导出监测日报图表。

（6）监测周报。监测周报可以展示或导出工程概览、数据监测概况、设备运行概况、专家诊断、监测数据等图表。

（7）查询。进入监测周报界面,选择工程、日期,显示工程概览、数据监测概况、设备运行概况、监测数据等图表。

## 9.3.8　自动化监测预警系统平台介绍

监测预警系统平台软件是针对地面岩移、泥石流特征而开发的系统软件。该监测软件 web 端为 B/S 架构设计,通过网页即可查询监测情况;软件功能多样化,有表面位移监测、雨量计监测、内部位移监测、水位监测、土压力监测、裂缝监测等 19 个监测项目,用户可根据具体情况在系统管理中选择功能项目;软件中监测变化数据将直观地用曲线显示出来;该软件具有很强的可扩展性,除常用的监测参数外,还预留了 100 多个监测参数接口,方便系统的扩展。

### 9.3.8.1　软件功能

（1）监测系统能自动采集数据、形变自动分析、自动预报预警、自动给出单次和累计测量数据动态曲线图及形变速率变化动态曲线图。

（2）该监测软件为 B/S 架构设计,通过网页即可查询监测情况;软件采用多层设计,用户可建立"数字地质灾害监测"树形关系。

（3）软件功能多样化,GNSS 位移监测、雨量计监测、泥水位监测、地声监测、次声监测、裂缝监测等,用户可根据实际地面岩移具体情况在系统管理中选择功能项目。

（4）软件中监测变化数据将直观地用曲线显示出来;软件具有断面分析、位移矢量分析、速度和加速度分析、历史数据查询、分级用户管理和分级报警系统。软件可显示监测结构图和传感器布点图等,软件存储模块为 SQL 数据库,能存储海量数据。

### 9.3.8.2　软件特点

（1）系统软件整体架构:包括监测项目的分布输入、功能模块的架构等。

（2）域名解析:外网可以通过输入域名登录该系统。

（3）数据传输接口:可自动或手动输入各监测点及各监测手段的监测数据,不限数量。

（4）地图的采集、导入与管理：可直观显示各监测点的分布、组成等。

### 9.3.8.3　监测手段

对于不同的监测点可能采用不同的监测手段，软件可任意添加和删除各监测手段，并对数据进行分析。

### 9.3.8.4　数据库系统开发

对所采用的数据库系统进行二次开发，使其可存储所有监测手段的监测数据和视频数据。

### 9.3.8.5　坐标转换

将各种监测手段的数据转化为监测体坐标，使其直观、形象。

### 9.3.8.6　数据存储及数据格式定义

定义好数据格式，可支持各个厂家监测方法的监测数据。

### 9.3.8.7　数据综合分析

可对各个监测手段的数据进行历史回放、趋势分析等。

### 9.3.8.8　报警参数设置

根据监测体的结构、设计限差等设置不同级别的报警参数。

### 9.3.8.9　在线评估

软件自动评估监测体的安全状况。

### 9.3.8.10　文档管理

对人工巡检、历史数据、登录日志等进行有效管理。

### 9.3.8.11　自动生成报表

根据预先设定的时间系统自动生成各监测手段的报表，同时通过 E-Mail 方式自动发给相关人员。

### 9.3.8.12　不同级别及方式报警

预警发布形式灵活多样，可根据数据的危险程度采用短信、网页、邮件、声音、大屏幕等方式和渠道进行分级发布。

### 9.3.8.13　管理员系统

管理员负责管理整个系统，包括系统的维护、用户名与密码管理、不同用户授权管理等。

### 9.3.8.14　用户权限管理

不同的用户具有不同的权限，企业只能看自己的情况，县级单位只能看本县的，市级只能看本市的。

### 9.3.8.15　手机客户端

为了方便管理人员更加方便管理项目现场灾害情况，在任何地方都能实时观测监测数据，特基于 Android 系统智能手机、IOS 智能机系统开发了手机客户端。

# 10 无损检测技术在矿山地质 灾害中的应用研究

## 10.1 地质雷达在巷道围岩松动圈测试中的应用

大量的现场测试结果表明:煤系地层中松动圈是普遍存在的,即使处于低应力场中巷道,围岩在地应力作用下也难以自稳,一般也要出现中、小松动圈,小的为 20~30 cm,大的超过 300 cm。围岩松动圈对地下工程稳定性影响很大。因此,国内外许多学者对此进行了深入研究,其中"围岩松动圈巷道支护理论"在煤炭开采中得到了广泛的应用,并取得了良好的技术经济效果。因此,测试围岩松动圈具有非常重要的意义。近年来,不需要钻孔的地质雷达测试作为非破损物探新技术,以其精度高、效率高和分辨率高、快速经济、灵活方便和剖面直观等优点,在煤矿巷道中应用越来越广泛。为了实现对试验矿井围岩松动圈的测试分类,采用目前国际最先进的地质雷达,对试验矿井 8110 辅运巷道进行围岩松动圈的测试工作。

### 10.1.1 地质雷达测试围岩松动圈的基本原理

#### 10.1.1.1 地质雷达工作基本原理

地质雷达(GPR)根据电磁波在有耗介质中的传播特性,探测识别地下介质分布的电子设备。地质雷达技术与反射地震及声呐技术原理相似。地质雷达是一种主动的电磁探测系统。它由计算机、控制面板、发射电路、发射天线和接收天线组成,地质雷达利用一个天线 T 发射高频宽频带电磁波送入地下,经地下岩层或者目的体反射后返回接收天线 R,如图 10-1 所示。

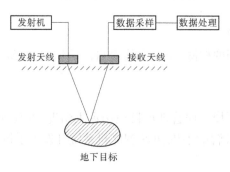

图 10-1 地质雷达原理图

　　通过记录电磁反射波信号的强弱及到达时间来判定电性异常体的几何形态和岩性特征，介质中的反射波形成雷达剖面，通过异常体反射波的走势、振幅和相位特征来识别目标体，便可推断介质结构判明其位置、岩性及几何形态。从几何形态来看，地下异常体可概括为点状体和面状体两类，前者如洞穴、巷道、管道、孤石等，后者如裂隙、断层、层面、矿脉等。它们在雷达图像上有各自的特征，点状体特征为双曲线反射弧，面状体呈线状反射，异常体的岩性可通过反射波振幅来判断，位置可通过反射波走势确定。

$$h = \sqrt{v^2t^2 + x^2/4} \qquad (10\text{-}1)$$
$$v = c/\xi$$

式中，$h$ 为地质体埋深；$t$ 为反射波的到达时间；$x$ 为天线距离；$v$ 为电磁波在岩土中的传播速度；$c$ 为电磁波在空气中传播的速度，取 0.3 m/ns；$\xi$ 为介电常数，可查有关参数或测定取得。

　　雷达剖面的地质解释首先是数据处理，然后是图像判释。数据处理主要是对波形做处理，包括增强有效信息、抑制随机噪声、压制非目的体的杂乱回波、提高图像的信噪比和分辨率等。图像判释主要是依据地质雷达图像的正演成果和已知的地质、钻探资料，分析所要探测目的体可能引起异常的大小和形态，对获得的雷达剖面进行合理的地质解释。地质雷达的实际使用效果主要取决于其分辨率。分辨率决定了物探方法分辨最小异常介质的能力，分辨率可以分为垂直分辨率与水平分辨率。

　　垂直分辨率指地质雷达剖面中能够区分一个以上反射界面的能力。考虑到干扰噪声等因素，一般把 $b = \lambda/4$ 作为垂直分辨率的下限，$\lambda$ 为雷达子波的波长。水平分辨率通常可用 Fresnel 带加以说明，Fresnel 带的直径可按下式计算：$d_f = \sqrt{\lambda H/2}$，式中，$H$ 为异常体埋藏的深度。当异常体水平尺寸为 Fresnel 带直径的 1/4 时，能接收到清晰反射波，地质雷达的水平分辨率大于 1/4 的 Fresnel 带直径。作为现阶段物探方法中精度最高的探测手段，地质雷达已经被广泛地应用于各种工程勘察领域。

### 10.1.1.2　测试设备介绍及特点

　　地面地质雷达作为一种高精度的工程检测技术，已广泛应用于浅部地质、工程地质、环境地质、水利工程、军工、城建、公路建设、隧道建设、考古、地下管线、矿井中危险因素的探测等。

　　地质雷达探测具有以下特点：无损探测；高分辨率；连续测量；可满足不同探测深度和精度需要（通过选择适当频率的天线实现）；可重复进行扫描，能原位检查测量结果；资料解释可引用反射地震中一些成熟的方法；设备轻便，操作简单、迅速，现场实时成像。

　　RAMAC/GPR（地面地质雷达）是目前国际上最为先进的地质雷达之一，其主要技术参数如下：

| | |
|---|---|
| 动态范围 | 150 db |
| 脉冲重复频率 | 100 kHz |
| A/D 转换 | 16 bits |
| 采样数 | 128~2 048 可选 |
| 实时叠加次数 | 1~32 768 |

| | |
|---|---|
| 采样频率 | 300~5 000 MHz |
| 时间窗 | 20~3 400 ns |
| 扫描速度 | 150 次/s |
| 温度范围 | −20~+50 ℃ |

一般而言,地质雷达的探测深度与雷达天线频率成反比,探测精度与天线频率成正比。为拓展地质雷达的应用领域,调和探测精度与深度之间的矛盾,引进 Ramac 公司的全套地面雷达天线系统,含 10 MHz 非屏蔽天线、100 MHz 非屏蔽天线、250 MHz 屏蔽天线、500 MHz 屏蔽天线、1 000 MHz 屏蔽天线,从而可以实现地面雷达工作的各种工作方式,如多频覆盖法等,并足以从事雷达应用各领域的工作。地质雷达具有高分辨率、高采样率、高精度的无损连续检测的优点;通过合理选择天线频率,可以满足不同探测深度和精度需要;可以实现重复扫描,并能原位检查测试结果;地质雷达设备轻便,操作简单迅速,能够现场实时成像;在雷达剖面资料解释中还可以利用反射地震法中已经成熟的理论和方法,为数据图像处理提供了方便。

### 10.1.1.3　地质雷达天线选择

对特定工程,地质雷达天线的频率决定探测深度和精度(分辨率),其应用按探测深度一般可分为:

(1)浅部应用,中心主频大于 1 000 MHz,探测深度小于 0.5 m。

(2)中深度应用,中心主频大于 100~900 MHz,探测深度小于 0.5~8 m。

(3)大深度应用,中心主频小于 100 MHz,探测深度小于 10~50 m。

一般选择天线的原则:天线的频率同时满足探测深度和精度的需要,在满足探测深度的条件下,尽可能选择高频天线,以提高探测精度。另外一个重要方面是要考虑现场测试条件是否能满足天线正常工作。地质雷达天线有两大类:非屏蔽和屏蔽。在复杂测试环境测试时,要选择屏蔽天线,否则干扰会导致测试资料无法解释、利用。

由于井下巷道是较小的封闭空间,对电磁波形成多次反射,加上巷道里的金属支架和设备也对电磁波形成强反射,故井下巷道对于电磁波法测试属于特别复杂环境,只能选择屏蔽天线。目前,国内外屏蔽天线的最低频率在 250 MHz 左右,考虑到巷道围岩松动圈的范围选择了 250 MHz 屏蔽天线进行本次雷达测试。

## 10.1.2　地质雷达实测方法及结果

### 10.1.2.1　围岩松动圈测试方法

雷达测试围岩松动圈的原理是由于围岩松动圈是以围岩破坏产生宏观裂隙形成的物性界面为主要特征,在该范围内,煤岩体为破裂松弛状,通过地质雷达围绕巷道断面一周进行扫描,由地质雷达发出的电磁波在其中传播时,波形呈杂乱无章状态,无明显同相轴。当电磁波经过松动圈与非破坏区交界面(松动圈界面)时,必然发生较强的发射,从而可以根据反射波图像特征来确定围岩松动圈破坏范围,即松动圈厚度值的大小。

由于巷道内条件复杂,限制了洞内测线布置;此外,洞内电磁干扰多,必须采取屏蔽措施压制环境噪声。本次在试验地质雷达测试中主要采用 250 MHz 屏蔽天线对巷道进行围岩松动圈探测。利用地质雷达具有不用钻孔的特点,可选择具有代表性的工程断面布置探测线,即断面的周边线或轴向线。在探测过程中,为了能够探测巷道内每个巷道断面测区围岩不同位置的松动圈厚度值,在每个巷道断面两帮及顶板围绕巷道周边每 20 cm 选择一个探测点,将沿每条放射线的雷达图像记录下来,从而来探测巷道围岩松动圈厚度值。

### 10.1.2.2　围岩松动圈测试结果

由于巷道围岩松动圈内均为松弛破裂岩体,电磁波在其中传播时,波形较为复杂,反射波强度不一,且无明显的同相轴。而围岩松动圈外边界两侧岩体松散程度差异较大,电磁波经过该边界时必然发生较强反射;而在松动圈之外,围岩基本完好,电磁波在其中传播时不会或仅出现较弱的反射信号。这样,在雷达剖面上就会出现两种典型的反射信号,在松动圈范围内,有杂乱的雷达回波;在松动圈外侧,反射信号较弱。因此,根据反射波组的雷达图像特征即可分析松动圈的大小。

为便于处理和解释,将断面的测试结果展布在测线上,左右两侧分别为两帮,横坐标表示测点编号(断面测试线),纵坐标表示探测深度。将横坐标上每条测线松动圈深度或者外边界绘制在对应的断面图上,再把这些点连接起来,即可得到松动圈的外边界线。对雷达剖面进行处理,将电磁波反射信号的强度用不同的颜色表示。以 3# 测站雷达剖面图为例,在两帮 0.8~1.3 m 以浅范围内,有杂乱电磁信号;0.8~1.3 m 以外,电磁回波很弱,表明此深度处无明显反射界面,因此可确定两帮松动圈为 0.8~1.3 m。同理,确定底板的松动圈厚度为 0.6~0.8 m。井下巷道围岩松动圈实测过程见图 10-2。

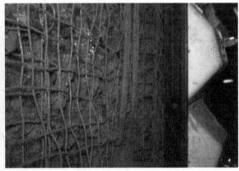

图 10-2　井下巷道围岩松动圈实测过程

### 10.1.2.3　围岩松动圈测试结果

煤巷布置测站时,共设 3 个测站,测试结果详见实测围岩松动圈表及雷达测试巷道松动圈结果素描示意图。实测松动圈结果表明,巷道 3 个测站松动圈均已超过 1.5 m,为大松动圈巷道,其稳定性差,支护难度大。但是巷道不同地段工程地质情况不同,其实测结果不同,反映在支护对策及参数设计上的也不同。归纳起来实测松动圈的一般规律是:同一断面不同部位松动圈尺寸不同;同一断面中围岩强度高、破碎范围小的岩体松动圈厚度较小,围岩强度低(两帮煤体)的岩体松动圈厚度值较大;反映在支护对策上同一断面应采用局部加强支护的方式,如加打锚索或者加长、加密锚杆等措施。

# 10.2　锚杆无损检测技术在巷道围岩稳定性测试中的应用

## 10.2.1　锚杆无损检测的基本原理

锚杆无损检测依据弹性波测长和测力原理进行工作。根据煤矿井下锚杆锚固系统的结构动力学特性,在锚杆外露端施加一瞬时激振力,使锚杆产生沿杆体纵向传播的弹性波,通过检测弹性波在锚固界面及底端处反射回波的时间及锚杆锚固结构系统的固有频率,计算和分析锚杆的锚固特征长度、轴向受力等锚固质量参数,评价锚杆的支护状态。

### 10.2.1.1　检测锚杆长度原理和方法

当应力波在锚杆中传播时,遇到物性变异界面或端底界面就会发生反射与透射。当应力波传播到锚固开始位置时,因前方介质的波阻抗变大,将产生反相的反射波传回到锚杆外露端由加速度传感器接收;当应力波传播到锚固结束位置时,因前方介质的波阻抗变小,将产生同相的反射波传回到锚杆外露端由加速度传感器接收;入射波、反相反射波、同相反射波及其叠加效应如图 10-3 所示。这样,锚固开始位置可根据入射波与反相反射波的来回传播时间乘以波在杆体中传播速度计算;锚固长度可根据反相反射波与同相反射波的来回传播时间乘以波在锚固体中传播速度计算。

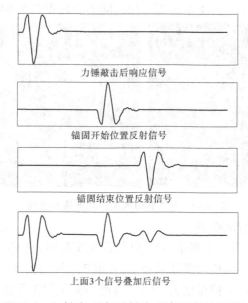

力锤敲击后响应信号

锚固开始位置反射信号

锚固结束位置反射信号

上面3个信号叠加后信号

**图 10-3　入射波、反相反射波、同相反射波的叠加**

### 10.2.1.2　轴力、锚固力检测原理和方法

锚杆中轴向载荷识别的原理类似于二胡、吉他等拉弦乐器的调弦(可以通过弦的张紧来改变弦的频率)。在锚杆自由段长度一定的情况下,不同的轴向载荷将会使锚杆系统具有不同的固有频率。反之,在通过测试仪得到锚杆系统的固有频率后再反演即可得到系统的轴向载荷大小。

树脂黏结锚杆的极限锚固力和内摩擦面成正比,与单位面积上的黏结力成正比,另外还与树脂黏结剂的密实程度及围岩的赋存有关。

黏结内摩擦面:树脂与围岩或锚杆的黏结面。树脂与围岩的黏结内摩擦面为 pDl,树脂与杆体的黏结内摩擦面为 pdl。

通过实验测定树脂与岩、煤及杆体之间的单位面积的内摩擦力的大小。通过本测试仪器测出锚固段长度后,可计算出各黏结面内摩擦力的大小,从而计算出各极限黏锚力(树脂与杆体及树脂与煤或围岩)。

## 10.2.2 锚杆无损检测仪器技术参数及功能、特点

测试过程中使用的仪器为 CMT(A)锚杆弹性波无损检测仪,该仪器是具有国际发明专利的独创产品,如图 10-4 所示。CMT(A)锚杆弹性波无损检测仪可以在对锚杆杆体及支护状态没有任何损伤条件下,快速、简便地测定其杆体的受力状态(轴向受力)、杆体的自由段长度以及杆体与围岩间的黏结力(锚固力)。同时,还制定了与本仪器测定数据相对应的单体锚杆支护状态评价标准和整体巷道锚杆支护状态评价标准。

图 10-4  CMT(A)锚杆弹性波无损检测仪

### 10.2.2.1  技术参数

采样精度高:仪器数字采样 AD 精度为 24 位,采样率为 330 kHz,仪器计时精度可达到 8 mm。

低功耗,连续工作时间长:仪器供电电压最高只有 6 V,仪器功耗 0.8 W,电池充电一次可以使用 30 h。

安全可靠:整机采用低电压工作,为本质安全型,易于达到煤矿应用要求。

大存储量:可存储 2.4 万条实测数据。

便携性好:体积小,质量轻。

界面美观友好:仪器工作是全智能化,中文界面,可中英文输入。

分析软件功能强大:能智能建立锚杆锚索锚固模型及各种分析参数数据,有各种辅助分析功能,如滤波、积分、微分、频谱等功能。

### 10.2.2.2  产品特点

CMT(A)锚杆弹性波无损检测仪无论在检测原理方面还是在仪器的软硬件方面,均

代表着当前锚杆无损检测的最先进水平,主要表现在以下几个方面:

(1)检测原理先进。CMT(A)锚杆弹性波无损检测仪依据的是具有国际发明专利的弹性波测长和测力原理,并在原理应用方面做了科学创新,将换能器和主机设备做了合理优化和匹配,不仅提高了锚固质量的检测水平,同时实现了锚杆受力状态的检测。

(2)硬件设计先进。CMT(A)锚杆弹性波无损检测仪在硬件设计上采用了当前最先进的嵌入式低功耗本安型设计理念,将低功耗的 ARM 嵌入式技术与高速高精度数字转换技术相结合,主机内软件界面美观友好,采用多功能的简易键盘作为人机接口,操作简单,输入快捷,在测试现场即可判读锚杆长度、锚固力和锚杆受力情况。

(3)软件功能强大。分析软件具有多种辅助分析功能,如滤波、积分、微分、频谱、小波分析及独有的相位分析和反射波自动提取功能(依据军事雷达信息捕捉理论),进一步提高了检测数据判断的可靠性和准确性,检测结果可直接导入 Excel 中,结果打印方便。

## 10.2.3 锚杆无损检测的结果分析

为了研究试验矿井端头全部放煤时试验矿井工作面辅运巷道的稳定性,采用"顶板弱化+支护解除"技术后,超前工作面 100 m,采用 CMT(A)锚杆弹性波无损检测仪每隔 10 m 随机检测顶部锚杆的锚固情况,检测得到的数据如表 10-1 所示。

表 10-1　锚杆无损检测记录

| 编号 | 锚杆定位 | 长度/cm | | | 极限锚固力/t | 轴向受力/t |
| | 超前工作面距离/m | 总长 | 自由段 | 锚固段 | | |
| --- | --- | --- | --- | --- | --- | --- |
| 1 | 10 | 250 | 181 | 69 | 13.157 | 6.483 |
| 2 | 20 | 250 | 186 | 64 | 15.386 | 1.988 |
| 3 | 30 | 250 | 164 | 86 | 14.321 | 2.954 |
| 4 | 40 | 250 | 175 | 75 | 17.358 | 3.764 |
| 5 | 50 | 251 | 158 | 93 | 19.383 | 2.450 |
| 6 | 60 | 250 | 177 | 73 | 18.452 | 5.925 |
| 7 | 70 | 250 | 164 | 86 | 22.446 | 6.453 |
| 8 | 80 | 250 | 155 | 95 | 18.960 | 6.850 |
| 9 | 90 | 250 | 163 | 87 | 14.385 | 2.758 |
| 10 | 100 | 250 | 150 | 100 | 24.556 | 4.457 |

锚杆无损检测结果表明,端头全部放煤时,采用"顶板弱化+支护解除"技术后,对试验矿井工作面辅运巷道总体来说,除个别锚杆外,其余锚杆的施工质量能达到设计要求:锚固长度、黏锚力和轴向受力都能达到要求。同时可考虑将顶部的锚杆直径由 18 mm 提高到 20~22 mm,或由普通锚杆变为高强或超高强锚杆,应适当加长锚杆长度,以避开岩体的结构面且将锚杆受力尽量往深部岩体转移。锚杆测试结果曲线见图 10-5。

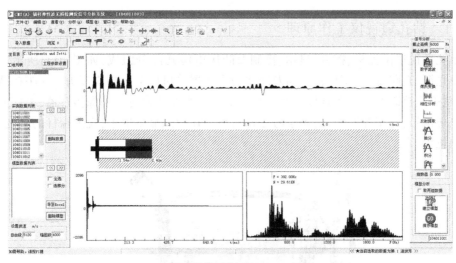

(a)超前工作面30 m

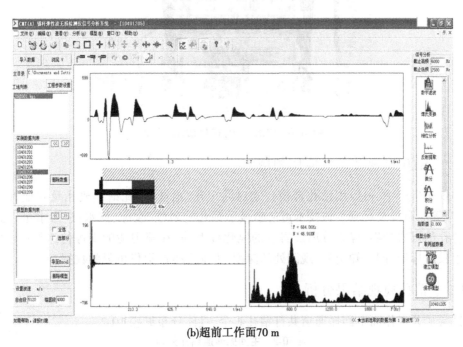

(b)超前工作面70 m

图 10-5　锚杆测试结果曲线

## 10.3　钻孔窥视技术在巷道围岩稳定性测试中的应用

矿山岩体中存在着许多不连续结构面,控制着岩体变形、破坏及其力学性质,而且岩体结构对岩体力学性质的控制作用远远大于岩石材料的控制作用。因此,在岩体工程中,研究岩体的变形和力学性质前,必须对围岩体的结构如层理、节理、裂隙等进行详细的了解。采用钻孔窥视仪进行全断面钻孔窥视,对了解巷道围岩岩性特征有重要意义。

### 10.3.1　钻孔窥视仪工作原理

钻孔窥视仪由探头、探杆、显示、控制及防爆电源几部分组成,如图 10-6 所示。其中红外发光源、光路变换、图像传感器及防水防尘防爆等机械部分构成探头。探头在钻孔中时,控制单元控制红外光源强度。孔壁物质的像经光路变换进入图像传感器,再放大后产生全电视信号,送至控制单元,做信号处理后显示在液晶显示屏上,观测探杆的刻度,可知图像的位置。

图 10-6　CXK12(B)矿用钻孔成像仪

### 10.3.2　钻孔窥视技术的应用领域

在煤矿生产中,可以用钻孔窥视技术对勘探孔、锚杆孔、瓦斯抽放孔及其他管道、钻孔、裂隙等的窥视及观测。该技术可清晰显示钻孔的岩性、裂隙、渗水点、渗水量、孔壁以及锚杆孔的煤岩分界、煤岩分离及岩层的风化程度等,在窥视镜的支撑传送杆(光电缆)上刻上长度标记,即可知窥视、观测处的深度,为安全生产提供可靠的数据。

### 10.3.3　钻孔窥视结果分析

试验矿井工作面主回撤通道共打钻孔 6 个,具体分布见表 10-2。

表 10-2　主回撤通道钻孔分布

| 钻孔断面 | 钻孔位置 | 钻孔深度/m |
|---|---|---|
| 主回撤通道内,距辅助运输巷道 79.21 m | 距工作面帮 0.8 m,顶板垂直打孔 | 11.2 |
| | 距工作面帮 3.0 m,顶板垂直打孔 | 11.2 |
| | 工作面帮高 1.5 m,工作面垂直打孔 | 8.4 |

续表 10-2

| 钻孔断面 | 钻孔位置 | 钻孔深度/m |
|---|---|---|
| 主回撤通道内,距辅助运输巷道 110.96 m | 距工作面帮 1.0 m,顶板垂直打孔 | 11.4 |
| | 距工作面帮 3.0 m,顶板垂直打孔 | 12.3 |
| | 工作面帮高 1.5 m,工作面垂直打孔 | 9.8 |

试验矿井工作面主回撤通道 79.21 m,距工作面帮 0.8 m,顶板垂直打孔,393#钻孔描述:

(1)0.004～1.382 m 处有一条裂缝,裂缝长度 137.8 cm,倾向 NW245.04°,倾角∠88.84°。

(2)0.190～0.723 m 处有一条裂缝,裂缝长度 53.3 cm,裂隙宽度 0.55 mm,倾向 NE157.31°,倾角∠86.9°。

(3)1.068～1.363 m 处有一条裂缝,裂缝长度 29.5 cm,裂隙宽度 0.37 mm,倾向 NW222.35°,倾角∠84.58°。

(4)4.745～7.096 m 处有一条裂缝,裂缝长度 235.1 cm,裂隙宽度 0.18 mm,倾向 NW229.92°,倾角∠89.32°。

(5)7.116～9.279 m 处有一条裂缝,裂缝长度 216.3 cm,裂隙宽度 2.77 mm,倾向 NW313.11°,倾角∠89.26°。

试验矿井工作面辅助运输巷 280 m,距副帮 2 m,顶板垂直打孔,296#钻孔描述:

(1)0～0.91 m 煤层非常破碎,0.320～0.862 m 处有一条裂缝,裂缝宽度为 5 mm,长度 54.2 cm,倾向 NW251.09°,倾角∠87.04°。

(2)0.899 m 处有一浅部离层,离层量为 0.530 cm。

(3)1.881～2.259 m 处有一条裂缝,裂缝宽度 7 mm,倾向 NW291.93°,倾角∠85.77°。

(4)8.970 m 处有一深部离层,离层量为 0.926 cm。

(5)6.713～8.602 m 处,煤层竖向裂隙非常发育,有一条长裂缝,长度为 1.889 m。

# 10.4　数字照相量测技术在工作面覆岩运移规律中的应用

## 10.4.1　数字照相量测的基本原理

利用数码相机、数码摄像机、CT 扫描仪等作为图像采集手段,获得观测目标的数字图像,利用数字图像处理与分析技术,对观测目标进行变形或特征识别分析的一种现代量测新技术。数字照相量测基本原理见图 10-7。作为非接触量测技术之一,数字照相量测技术在岩土变形演变过程的全程观测与微观、细观力学特性等研究上具有突出的优越性,近年来在岩土工程室内试验和工程现场应用研究方面发展十分迅速。

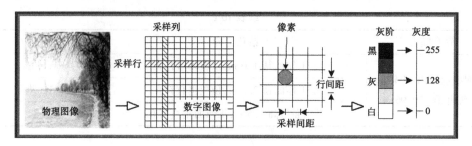

图 10-7　数字照相量测基本原理

## 10.4.2　覆岩变形相似试验系统设计

为了更加准确地还原端头围岩结构、顶板运移特征、覆岩垮落时岩层变形规律、裂隙发育程度以及矿山压力显现现象,借助相似试验的手段研究工作面覆岩运移规律。现有试验装置无法相似模拟时,全程监测模型内部岩层变形破坏特征和采场应力演化规律,设计了能够实现应力、位移全过程监测与分析的覆岩变形相似试验系统,主要包括动静加载系统、液压提升系统、应力响应监测系统、位移动态监测系统。

(1)动静加载系统。包括液压泵站、油阀、压力表、进油管和自动压力控制阀,可以对相似模型顶部施加等效竖向荷载。

(2)液压提升系统。包括液压提升支柱、油泵和支柱油路,能够将动静加载系统提升至预定位置。

(3)应力响应监测系统。包括埋设在岩层中的土压力传感器、静态应变数据采集器和笔记本电脑,能够监测采动过程中岩层内部应力演化规律。

(4)位移动态监测系统。包括高清数码照相机、笔记本电脑和 PhotoInfor 数字照相量测软件,可以采集采动过程中岩层位移变化和裂隙发育程度规律。

## 10.4.3　裂隙发育煤层覆岩变形分析

### 10.4.3.1　测试方法及测点布置

本次试验,使用松散颗粒材料模拟顶部裂隙发育煤层,其他各岩层所用相似材料不变进行铺设模型,通过观测在综放开采过程中基本顶破断形态、上覆岩层的垮落角、超前影响角、堆积角、极限跨距和离层量等,来进行裂隙发育煤层的覆岩变形分析。巷道右侧煤柱中布置两个压力盒,编号为 A1、A2,上覆岩层中布置两排压力盒,下面一排从左到右编号 B1~B8,上面一排编号 C1~C8。试验中对模型采取自左向右开挖的方法,分别采用三采一放、两采一放以及一采一放的方式进行放顶煤处理。由于放顶煤开采,顶板变形相对较大,模型稳定时间相对较长,当放煤对端头围岩和区段煤柱的应力和变形有显著影响时,每步测量需在模型稳定时间达到 0.5~1.0 h。

### 10.4.3.2　基本顶破断覆岩变形分析

本次试验通过 PhotoInfor 图像处理软件进行岩层位移追踪分析,根据图像像素点坐标进行计算,输出结果通过像素坐标和实际坐标换算,测量得出模型图像宽度 2590pixel相当于模型实际宽度 138 cm,进行位移处理。网格划分如图 10-8 所示。

整体来看,随着工作面的推进,工作面上覆岩层经历了"离层—垮落—压实"三个过程,下部岩层破碎程度越大,上部岩层破碎程度较小,主要表现为弯曲下沉。由于采高较大,工作面上覆岩层有明显台阶下沉。经测量,工作面推至距模型左边界 34 cm、46.4 cm、57.7 cm、79.4 cm、106.3 cm、122.1 cm,基本顶分别发生第一次至第六次垮落,第四次开始出现垮落至地表的裂隙,"三带"显现明显,基本顶周期垮落距离分别为 21 cm、14.4 cm、18.2 cm、18.2 cm、25.7 cm、14.2 cm,垮落步距呈大小交替周期变化。基本顶第六次垮落模型图和位移矢量云图见图 10-9。

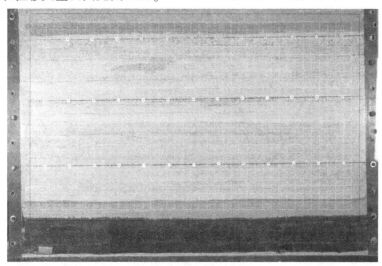

图 10-8  网格划分图

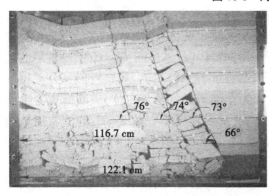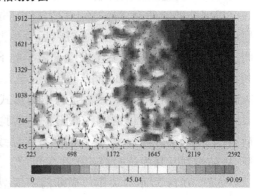

图 10-9  基本顶第六次垮落模型图和位移矢量云图

基本顶初次垮落时,测线 1 和测线 2 几乎没有下沉,第三条测线下沉量也很小,最大下沉值仅为 0.11 cm,上覆岩层整体几乎无变形;基本顶第二次垮落时,测线 3 开始出现较大位移变化,下沉最大值为 9.2 cm,但测线 1 和测线 2 位移仍无变化,表明此时下部岩层垮落仍未影响到上部岩层;基本顶第三次垮落时,由于上部岩层开始出现离层,测线 1 和测线 2 开始出现位移变化,但下沉量较小,最大值均小于 0.4 cm,测线 3 位移变化较明显,下沉最大值为 10.3 cm;基本顶第四次垮落时,上覆岩层垮落发育至地表,形成明显的"三带",上部岩层开始同步协调下沉,较前几次垮落,测线 1 和测线 2 位移变化明显,但由于岩层垮落未稳定,岩层中空隙较大,故测线 2 整体位移大于测线 1,测线 3 开始呈现弦式弯曲,最大下沉值为 11.4 cm;基本顶第五次垮落时,测线 1 和测线 2 前 5 个测点下沉基本一致,已达稳定状态,最大下沉量为 10.4 cm,测线 3 开始呈弦式下沉,主要是下部岩层的不规则垮落造成的,最大下沉量为 12.6 cm(见图 10-10);基本顶第六次垮落时,测线 1 和测线 2 前 7 个测点下沉基本一致,已达稳定状态,最大下沉量为 11.0 cm,测线 3 最大下沉量为 13.2 cm。通过第五次和第六次下沉可以发现,距离工作面超过 50 cm,采空区上覆岩层基本可达稳定状态,且各岩层下沉量基本一致。

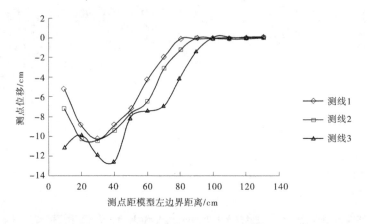

**图 10-10　基本顶第五次垮落**

### 10.4.3.3　关键层结构分析

　　根据关键层理论,对采场上覆岩层局部或直至地表的全部岩层活动起控制作用的岩层称为关键层,前者称为亚关键层,后者称为主关键层。采场上覆主关键层的变形特征表明,关键层下沉变形时,其上覆全部岩层的下沉量同步协调;其破断特征表明,关键层的破断将导致全部上覆岩层的同步破断,引起大范围内的岩层移动;其承载特征表明,关键层破断前以"板"(或简化为"梁")的结构形式作为全部岩层的承载主体,破断后成为砌体梁结构,继续成为承载主体。观测整个试验过程,发现顶煤上方 7.8~22 m 的岩层破断后,对上覆岩层影响较大,其破断后直接导致全部上覆岩层的同步破断,符合关键层的特征,故初步判断其为试验煤矿的主关键层。

　　如图 10-11 所示为关键层破断前的模型,上部岩层呈现"倒台阶组合悬臂梁"结构垮落,自基本顶底部向上岩层悬露长度依次为 9.5 cm、2.0 cm、6.5 cm 和 36.5 cm,最上部悬露的 36.5 cm 的岩层一破断成 19.0 cm 和 17.5 cm 的两端。移架前,支架上方岩层并无明显裂隙。移架后,如图 10-12 所示,顶煤上方 7.8~21.3 cm 的岩层破断,裂缝贯穿至地表,引起上部岩层同步协调下沉。破断后,形成砌体梁结构,继续支撑上覆岩层。因此,此层位岩层覆岩主关键层的特征,与切顶覆岩结构变形分析试验所得关键层层位一致,可判定其为试验矿井工作面上覆岩层的主关键层。

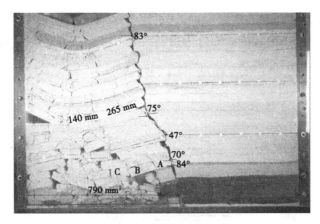

图 10-11    移架后模型全貌

# 10.5    工作面顶板富水性瞬变电磁法探测

## 10.5.1    探测方法及原理

### 10.5.1.1    探测的物性基础

因测区内地层沉积序列清晰,地层相对稳定,正常地层组合条件下,在横向与纵向上都有固定变化规律的电性特点,使用瞬变电磁技术能探测工作面顶板、巷道顶板及掘进头前方的平面上的低阻含水构造分布规律,同时可以发现垂直于地层方向上不同深度的地质构造问题。工作面内、巷道顶板及掘进头前方岩层内的富水区,通常表现为低电阻率值区。工作面或巷道内的较大落差断层(>1/2 煤厚),在断层两侧常存在煤层变薄现象,电阻率相对变低;而厚层煤区则表现为相对高阻。因此,富水区范围和煤层变薄区等与正常煤层间存在明显的电性差异,可以进行瞬变电磁探测来查明相关问题。总之,一旦存在断层等含水地质构造,都将打破地层电性在纵向和横向上的变化规律。这种变化特征的存在,为以电性差异为应用物理基础的瞬变电磁探测技术的实施提供了良好的地球物理前提。

### 10.5.1.2    探测方法原理

瞬变电磁法属时间域电磁感应方法。其探测原理是:在发送回线上供一个电流脉冲方波,在方波后沿下降的瞬间,产生一个向回线法线方向传播的一次磁场,在一次磁场的激励下,地质体将产生涡流,其大小取决于地质体的导电程度,在一次磁场消失后,该涡流不会立即消失,它将有一个过渡(衰减)过程。该过渡过程又产生一个衰减的二次磁场向掌子面传播,由接收回线接收二次磁场,该二次磁场的变化将反映地质体的电性分布情况。如按不同的延迟时间测量二次感生电动势 $V(t)$,就得到了二次磁场随时间衰减的特性曲线。如果没有良导体存在,将观测到快速衰减的过渡过程;当存在良导体时,由于电源切断的一瞬间,在良导体内部将产生涡流以维持一次磁场的切断,所观测到的过渡过程衰变速度将变慢,从而发现导体的存在。

瞬变电磁场在大地中主要以"烟圈"扩散形式传播(见图 10-12),在这一过程中,电磁能量直接在导电介质中传播而消耗,由于趋肤效应,高频部分主要集中在地表附近,且其分布范围是源下面的局部,较低频部分传播到深处,且分布范围逐渐扩大。

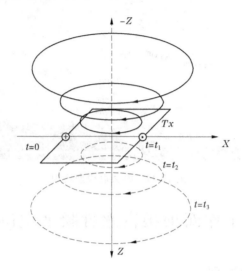

图 10-12　全空间电磁场"烟圈"扩散示意图

传播深度:
$$d = \frac{4}{\sqrt{\pi}} \sqrt{t / \sigma \mu_0} \tag{10-2}$$

传播速度:
$$v_z = \frac{\partial d}{\partial t} = \frac{2}{\sqrt{\pi \sigma \mu_0 t}} \tag{10-3}$$

式中,$t$ 为传播时间;$\sigma$ 为介质电导率;$\mu_0$ 为真空中的磁导率。

瞬变电磁的探测深度与发送磁矩覆盖层电阻率及最小可分辨电压有关。

由式(10-3)得:
$$t = 2\pi \times 10^{-7} h^2 / \rho \tag{10-4}$$

时间与表层电阻率、发送磁矩之间的关系为:
$$t = \mu_0 \left[ \frac{\left( \dfrac{M}{\eta} \right)^2}{400 (\pi \rho_1)^3} \right]^{1/5} \tag{10-5}$$

式中,$M$ 为发送磁矩;$\rho_1$ 为表层电阻率;$\eta$ 为最小可分辨电压,它的大小与目标层几何参数和物理参数以及观测时间段有关。联立式(10-4)、式(10-5),可得:
$$H = 0.55 \left( \frac{M \rho_1}{\eta} \right)^{1/5} \tag{10-6}$$

式(10-6)为野外工程中常用来计算最大探测深度公式。瞬变电磁的探测深度与发送磁矩、覆盖层电阻率及最小可分辨电压有关。

采用晚期公式计算视电阻率:
$$\rho_\tau(t) = \frac{\mu_0}{4\pi t} \left[ \frac{2\mu_0 M}{5t \dfrac{\mathrm{d} B_z(t)}{\mathrm{d} t}} \right] \tag{10-7}$$

式中,$\dfrac{dB_z(t)}{dt} = \dfrac{V/I \times I \times 10^3}{S_N R}$。　　　　　　　　　　　　　　　(10-8)

#### 10.5.1.3　矿井瞬变电磁特点

矿井瞬变电磁法和地面瞬变电磁法的基本原理是一样的,理论上也完全可以使用地面电磁法的一切装置及采集参数,但受井下环境的影响,矿井瞬变电磁法与地面的 TEM 数据采集和处理相比又有很大的区别。由于矿井轨道、高压环境及小规模线框装置的影响,在井下的探测深度很受限制,一般有效解释距离在 100 m 左右。另外,地面瞬变电磁法为半空间瞬变响应,这种瞬变响应来自于地表以下半空间层,而矿井瞬变电磁法为全空间瞬变响应,这种响应来自回线平面上下(或两侧)地层,这给确定异常体的位置带来很大的困难。实际资料解释中,必须结合具体地质和水文地质情况综合分析。具体来说矿井瞬变电磁法具有以下特点:

(1)受矿井巷道的影响矿井瞬变电磁法只能采用边长小于 3 m 的多匝回线装置,这与地面瞬变电磁法相比,数据采集劳动强度小,测量设备轻便,工作效率高,成本低。

(2)采用小规模回线装置系统,因此为了保证数据的质量、降低体积效应的影响、提高勘探分辨率,特别是横向分辨率,在布设测点时一定要控制点距,在考虑工作强度的情况下尽可能使测点密集。

(3)井下测量装置距离异常体更近,大大地提高了测量信号的信噪比,经验表明,井下测量的信号强度比地面同样装置及参数设置的信号强 10~100 倍。井下的干扰信号相对于有用信号近似等于零,而地面测量信号在衰减到一定时间段被干扰信号覆盖,无法识别有用的异常信号。

(4)地面瞬变电磁法勘探一般只能将线框平置于地面测量,而井下瞬变电磁法可以将线圈放置于巷道顶(底)板测量,探测顶(底)板一定深度内含水异常体垂向和横向发育规律,也可以将线圈直立于巷道内,当线框面平行巷道掘进前方,可进行超前探测;当线圈平行于巷道侧面煤层,可探测侧帮和顶板一定范围内含水低阻异常体的发育规律。

另外,矿井瞬变电磁法对高阻层的穿透能力强,对低阻层有较高的分辨能力。在高阻地区,由于高阻屏蔽作用,如果用直流电法勘探要达到较大的探测深度,须有较大的极距,故其体积效应就大,而 TEM 在高阻地区用较小的回线可达到较大的探测深度,故在同样的条件下 TEM 较直流电法的体积效应小得多。

### 10.5.2　数据采集与仪器设备

#### 10.5.2.1　数据采集

2016 年 6 月 18 日对朱仙庄煤矿 8102 工作面顶板进行瞬变电磁现场数据的采集。8102 工作面顶板富水性瞬变电磁探测现场分别沿 8102 工作面机巷、切眼、风巷、8101 集中巷每 10 m 布置一个瞬变电磁测点。机巷探测从 J3 测点开始向巷道里段布置,至切眼结束,风巷探测从切眼与风巷交叉口开始向巷道外端布置,至 8101 集中巷 HL8 测点结束。每个测点探测分为面内 10°、30°、45°、60°共 4 个方向(探测方向如图 10-13 所示),测点观测系统如图 10-14 所示。根据工作面实际情况,机巷共采集瞬变电磁测点 76 个,每个点采集 4 个方向,共计数据点 304 个;切眼共采集瞬变电磁测点 20 个,每个点采集 4 个方向,共计数据点 80 个;风巷及 8101 集中巷共采集瞬变电磁测点 76 个,每个点采集 4 个方向,共计数据点 304 个。

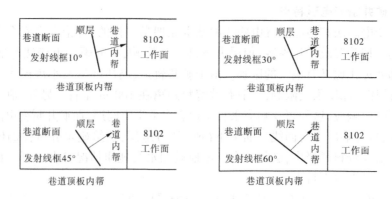

图 10-13　瞬变电磁探测方向示意图

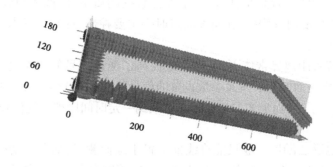

图 10-14　矿井瞬变电磁工作面顶板富水性探测观测系统示意图

### 10.5.2.2　探测仪器设备

探测使用仪器为安徽惠洲地质安全研究院研制的 YCS360 型瞬变电磁测深仪,YCS360 矿用瞬变电磁仪对低阻充水破碎带反应特别灵敏、体积效应小、纵横向分辨率高,且施工方便、快捷、效率高等,既可以用于煤矿掘进头前方,也可以用于巷道侧帮、煤层顶、顶板等探测,为煤矿企业在生产过程中水患和导水构造的超前预测预报提供技术手段。

在软件设计上,集成了经典的和专家的时间域瞬变电磁法勘探理论、技术与方法,其一次磁场波形发射和二次磁场接收技术与方法,可以进行复杂的地质构造勘探。

(1)现场探测。集成了多样式一次磁场发射,高精度、高分辨率的二次磁场接收技术与方法。

(2)文件管理。文件管理工具,可创建文件和删除文件,创建和删除当前二次磁场记录文件。

(3)数据显示。一次磁场波形发射显示工具,接收二次磁场显示。

(4)检测处理。一次磁场发射时相对应电流检测,对模数转换器校零,以及对二次涡流场增益检测,手工置增益。

(5)便于操作。自动管理测点号和测线号及波形文件管理工具。

本次探测工作主要使用的仪器设备有：

（1）YCS360型矿井瞬变电磁仪一台。

（2）发射线框及接收线框组成的重叠回线工作装置一套。

（3）配套连接线若干。

### 10.5.2.3　仪器参数设置

YCS360仪器采集参数设置与装置参数设置见表10-3。

表10-3　YCS360仪器采集参数设置与装置参数设置

| 仪器采集参数设置 | | 装置参数设置 | |
| --- | --- | --- | --- |
| 采样方式 | 间歇期采样 | 发射边长 | 1.62 m |
| 发射频率 | 5 Hz | 发射匝数 | 10 匝 |
| 叠加次数 | 128 | 接收边长 | 0.77 m |
| 采样频率 | 1.25 MHz | 接收匝数 | 67 匝 |
| 测道数 | 120 | 数字滤波 | 无滤波 |

## 10.5.3　数据处理与分析

### 10.5.3.1　数据处理

使用MTEM数据处理系统对所采集的瞬变电磁数据进行处理。数据处理流程见图10-15。同时选用了Surfer8.0软件进行辅助成图。

（1）本次瞬变电磁数据采集采用1.82 m×1.8 m线框，叠加次数128，发射频率为5 Hz。

（2）根据现场试验数据，深度系数使用50。

（3）测点坐标主要是指瞬变电磁测点坐标($X,Y,Z$)。根据现场情况，所采集的瞬变电磁数据使用MTEM数据处理系统进行拼接。处理时，以切眼最外端为$X=0$、风巷拐点为$Y=0$建立坐标。

（4）对明显异常数据进行曲线校正，使之符合瞬态电场规律。

（5）设置并修改道参后，查看观测系统是否与现场布置一致。

（6）经过上述处理后进入视电阻率计算模块。在计算完视电阻率后进行成图。

（7）为了更好地区别视电阻率高低，使用不同颜

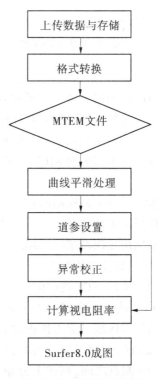

图10-15　数据处理流程

色表示视电阻率值大小，其中冷色调表示视电阻率为低阻区，暖色调为视电阻率相对高阻区。

（8）为了进一步获取测试煤岩体真实电阻率，可对上述视电阻率进行反演，最后得到

接近真电阻率反演模型结果。

通过 MTEM 数据处理系统处理,分别提取各测量方向的视电阻率数据进行剖面显示,得到相应视电阻率剖面图。将视电阻率剖面进行人机交互解释,提取异常特征区域,从而达到探测目的。

#### 10.5.3.2　数据解释原则

瞬变电磁在矿井探水、探测构造中的解释原则:主要从电性上分析不同地层的电性分布规律。煤层电阻率值相对较高,砂岩次之,黏土岩类最低。由于煤系地层的沉积序列比较清晰,在原生地层状态下,其导电性特征在纵向上固定的变化规律,而在横向上相对比较均一。当断层、裂隙和陷落柱等地质构造发育时,无论其含水与否,都将打破岩层地电特性在纵向和横向上的变化规律。这种变化规律的存在,表现出岩石导电性的变化。当存在构造破碎带时,如果构造不含水,则其导电性较差,局部电阻率值增高;如果构造含水,由于其导电性好,相当于存在局部低电阻率地质体,解释为相对富水。

坐标系选取以机巷向切眼外 9 m 与工作面切眼交叉口处为坐标系原点,沿机巷指向巷道外端为 X 轴正方向,则垂向风巷方向为 Y 轴正方向。根据瞬变电磁视电阻率变化特征,绘制的 8102 工作面顶板富水区分布图;综合分析地质及水文地质资料,可确定富水区地质分析成果图。

### 10.5.4　探测成果与分析

8102 工作面机巷、风巷的 U 形钢以及锚网的支护,对本次瞬变电磁探测影响较大。瞬变电磁探测属于纯二次场观测,观测结果易受人文因素干扰,数据处理时已采用相关方法进行干扰校正,资料使用时应与钻探资料进行核对。根据本次瞬变电磁法探测结果,结合现有矿井地质和水文地质资料,以及 8102 工作面的实际情况,对比分析以往探测经验,对比参照图 10-20,对 8102 工作面顶板富水性瞬变电磁探测成果进行综合分析,得出如下成果:

本次瞬变电磁探测的相对低阻异常区视电阻率值定义为 $\rho \leqslant 16$ Ω · m。

顶板富水性情况:

根据现场探测结果,8102 工作面顶板存在 5 个低阻异常区,结合现矿井地质和水文地质资料,具体分析如下:

(1)YC1。YC1 视电阻率相对较低,为低阻异常区。异常区走向上分布于风巷 F14 测点至 F13 测点之间,倾向上分布于风巷面 0~70 m 范围内,深度上为顶板 15~80 m。分析该低阻异常区域可能为顶板砂岩局部富水。

(2)YC2。YC2 视电阻率相对较低,为低阻异常区。异常区走向上分布于机巷 J22 测点至 J19 测点之间,倾向上分布于机巷向面 0~80 m 范围内,深度上为顶板 15~80 m 范围。分析认为该低阻异常区域受 F11-2 断层破碎带影响导致顶板砂岩局部富水。

(3)YC3。YC3 局部视电阻率相对较低,为低阻异常区。异常区走向上分布于风巷 F9 测点至 F4 测点向外 30 m 之间,倾向上分布于风巷向面 0~60 m 范围内,深度上为顶板 15~80 m 范围。分析认为该低阻异常区域受 DF39 断层、F25 断层破碎带影响及火成岩侵蚀导致顶板砂岩局部富水。

（4）YC4。YC4 局部视电阻率相对较低，为低阻异常区。异常区走向上分布于机巷 J11 测点向里 20 m 至 J8 测点向外 27 m 之间，倾向上分布于机巷向面 10～60 m 范围内，深度上为顶板 15～80 m 范围。分析认为该低阻异常区域受 F26 断层破碎带影响及火成岩侵蚀导致顶板砂岩局部富水。

（5）YC5。YC5 局部视电阻率相对较低，为低阻异常区。异常区走向上分布于风巷 3 测点至 F0 测点向外 36 m 范围之间，倾向上分布于风巷面 0～40 m 范围内，深度上为顶板 15～80 m 范围。现场探测时发现该区域受火成岩入侵，分析认为该低阻异常区域可能受 F25 断层破碎带影响导致顶板砂岩局部富水。

## 10.5.5 结论及建议

### 10.5.5.1 结论

（1）本工作面主要充水水源有："四含"水及煤系地层砂岩裂隙水。

（2）8102 工作面机巷、风巷受 U 形钢以及锚联网支护的影响，对本次瞬变电磁探测影响较大。瞬变电磁探测属于纯二次磁场观测，观测结果易受人文因素干扰，数据处理时已采用相关方法进行干扰校正。处理数据使用配套的 MTEM 软件和 GVS 软件，成果安全可靠。

（3）根据本次探测结果，工作面顶板 0～80 m 范围内存在 5 个低阻异常区，编号依次为 YC1、YC2、YC3、YC4、YC5、YC6。顶板相对低阻区富水性强弱关系：YC3＞YC4＞YC2＞YC1＞YC5。其中低阻异常区 YC3、YC4、YC2 范围相对较大，连通性较好，富水性相对较强。

（4）现场风巷及机巷共探测走向长度 750 m 左右，顶板探测达到 80 m 范围，完全满足探测需求。

（5）此次顶板瞬变电磁探测结果可以作为本工作面顶板探放水的依据。

### 10.5.5.2 建议

（1）8102 工作面机巷、风巷受 U 形钢以及锚联网支护的影响，对本次瞬变电磁探测影响较大。因此，建议矿方在生产过程中加强对顶板的管理，及时将顶板滴淋水区域的水文地质信息反馈给探测方技术人员，以便对下一步工作提供指导。

（2）顶板相对低阻区富水性强弱关系为：

YC3＞YC4＞YC2＞YC1＞YC5，其中低阻区 YC3、YC4、YC2 为本工作面顶板较强富水区域，由于瞬变电磁探测给出的低阻区为相对低阻区，建议施工钻孔探放水时应优先考虑较强富水区。若 YC3、YC4、YC2 相对富水区无水，则其他低阻异常区富水性更弱；若 YC3、YC4、YC2 相对富水区含水，则其他低阻异常区需进一步打钻验证。

（3）在施工钻孔时，详细记录各钻孔内出水位置及水量，无水情况也需记录，便于进一步解释。

（4）探放水过程中，应严格按照探放水设计要求进行施工，加强施工过程中的动态水文地质编录，健全水文台账。及时将水文地质信息反馈给探测方技术人员，以便对下一步工作提供指导。

# 11　研究与展望

## 11.1　研　究

随着科学技术的发展与革新,矿山生产从机械化到智能化的发展历程中,矿山科技保障能力得到明显提升,矿山安全监测与预警技术得到了迅速发展,监测系统信息化、智能化水平逐渐提升,积累了大量的数据资料,为矿山企业能够依靠大量数据对监测信息智能分析奠定了基础。基于"智慧矿山"的基本内涵与建设要求,矿山地质灾害监测与预警逐渐向着"智能监测、精准预警、科学防治"的方向发展。纵然,我国矿山智能监测与预警技术虽已取得很大进展,但仍然存在诸多问题,主要体现在以下几点:

(1)前兆信息采集可靠性差。矿山物联网依赖多种异构传感器实现矿井复杂时空环境多源信息感知。受限于矿山传感检测技术的灵敏性及可靠度,多源前兆信息采集不全面、不及时限制了煤矿物联网监测监控技术的进一步发展。

(2)云端平台集成应用融合深度不够。目前已有的监测预警系统一般只适应于某个监测子系统,对基于大数据、云计算技术的监测预警一体化平台及多技术深度交叉融合缺乏系统性研究,同时此类研究大多集中在理论层面,平台建设的实践研究较少,导致矿山监测系统协同性较差,对云平台应用大量多源监测数据实现深层次数据信息挖掘具有不利影响。

(3)监测系统数据库安全性较弱。随着智能监测技术的不断发展,矿山智能监测系统趋于复杂化,同时产生了海量的监测数据,矿山数据库安全成为当前必须要考虑的问题。目前矿山监测数据库管理系统往往由单一机构进行管理和维护,监测数据传输和访问的安全性不能得到很好的保障。

(4)人工智能技术在矿山监测中的应用尚不成熟。现阶段矿山智能监测预警技术仍处于人工智能的初级阶段,运用物联网、云计算、大数据挖掘等技术,使矿山局部初步具备了被观察和感知的能力,通过数据分析处理实现智能判断与预测功能,但矿山监测设备缺少深度学习以及自适应能力,限制了矿山安全态势感知、监测信息共享体系化协同等技术的发展。

## 11.2　展　望

立足新发展阶段,安徽省矿山地质灾害防治工作仍然任重而道远。针对安徽省矿山建设、采掘安全生产的需求和矿山地质灾害研究中亟待解决的关键科学问题和防控关键技术需要,未来在以下几个方面开展进一步研究,进而依靠科技进步、管理创新和信息技术,持续推进安徽省矿山地质灾害隐患识别、风险调查、监测预警、综合治理和信息化建设,加快融入长三角一体化地质灾害防治体系,实现地质灾害防治工作更大作为,为新阶段现代化美好安徽建设提供地质安全保障。

(1)深化矿山地质灾害隐患早期识别,全面掌握地质灾害风险底数。

建设基于多源光学遥感和雷达大数据支持下的地质灾害综合遥感识别平台,开展无人机、中高分辨率 InSAR 测量、机载激光雷达测量等高精度遥感调查,获取地质灾害重点区域高精度的地表形变数据和隐患信息,强化物联网、大数据、人工智能等技术支持,综合分析研判,及时捕捉灾险情前兆和灾变信息,提前预报预警,不断提高地质灾害早期识别能力。

(2)加强矿山地质灾害形成机制研究,强化矿山地质灾害防治科学研究。

瞄准安徽省生态文明建设要求,紧盯矿山地质灾害防治、矿山生态修复和矿山地质环境监测工作需求,聚焦长江生态保护、淮河流域生态保护和高质量发展国家战略,围绕"隐患在哪里""结构是什么""什么时候发生"等关键问题,重点研究高强度矿产资源开采诱发地质灾害形成机制和致灾机制,破解两淮煤炭资源开采区和沿江及庐枞、霍邱地区金属矿山开采区地质灾害形成机制难题;研发矿山地质灾害防灾减灾、监测预警技术,矿山生态地质环境治理和修复技术,开展卫星遥感、人工智能、大数据等在矿山地质灾害隐患识别、地质环境监测中的应用技术研发工作。

(3)完善矿山地质灾害监测预警系统,不断加强监测预警体系建设。

充分运用物联网、大数据、区块链、云计算和人工智能等现代信息技术,集成地质灾害信息管理、在线监测、灾险情处置和指挥调度系统,加强地质灾害监测预警平台建设,打造省、市、县、矿山企业统一共用的矿山地质灾害监测预警平台,全面实现矿山地质灾害监测预警、指挥调度、数据库更新等智能化预警、一站化管理、精准化监测,实现 24 h 常规预警与 1 h 动态预警相结合,不断提升矿山地质灾害预报预警精准度和时效性,为管理部门提供决策支撑,为专业人员提供技术支持,为群测群防员和受威胁群众及时推送监测预警信息,为社会公众提供信息查询服务。

(4)稳步推进地质灾害工程治理,深入推进地质灾害综合治理。

对风险等级高的矿山地质灾害隐患点,可结合新农村、美好乡村、特色小镇、生态移民、乡村振兴等政策,统筹安排,尊重群众意愿,充分考虑"搬得出、稳得住、能致富"的要求,实施搬迁避让,及时防范化解灾害风险。对威胁县城、集镇、学校、景区、重要基础设施和人口聚集区,且难以实施避险搬迁的极高、高风险矿山地质灾害隐患点和经识别、调查新发现的稳定性差、风险等级高、不宜避让搬迁的矿山地质灾害隐患点,实施工程治理。对受损或防治能力降低的矿山地质灾害治理工程,及时采取清淤、加固、维护、修缮等措施,确保防治工程长期安全稳定运行。对险情紧迫、治理措施相对简单的地质灾害隐患点,采取投入少、工期短、见效快的工程治理措施,及时排危除险,切实减轻灾害威胁。

# 参 考 文 献

[1] 郝志国. 矿山地质灾害及预防措施[J]. 基层建设, 2016(24): 71-72.

[2] 宁丰平. 安徽省矿山地质灾害综述[J]. 上海地质, 2001(4): 45.

[3] 程言新, 张福生, 王婉茹, 等. 安徽省1:50万地貌图说明书[R]. 蚌埠: 安徽省地质矿产局第一水文地质工程地质队, 1993.

[4] 安徽省地质矿产局. 安徽省区域地质志[M]. 北京: 地质出版社, 1987.

[5] 张梁, 张业成, 罗元华, 等. 地质灾害灾情评估理论与实践[M]. 北京: 地质出版社, 1998.

[6] E E Brabb, Pampeyan E H, Bonilla M G. Landslide susceptibility in San Mateo County, Califomia[J]. Miscellaneous Field Studies Map, 1972.

[7] Carrara A. Multivariate models for landslide hazard evaluation[J]. Mathematical Geology, 1983, 15(3): 403-426.

[8] G FERRIER, G WAGDE. An integrated GIS approach; a case study from the analysis of sedimentary basin INRJ[J]. Geogtraphic informatiuon Sciencel, 1997, 11(3): 281-297.

[9] Ohlmacher G C, Davis J C. Using multiple logistic regression and GIS technology to predict landslide hazard in northeast Kansas, USA[J]. Engineering Geology, 2003, 69(3): 331-343.

[10] Pradhan B, Lee S. Delineation of landslide hazard areas on Penang Island, Malaysia, by using frequency ratio, logistic regression, and artificial neural network models[J]. Environmental Earthences, 2010, 60(5): 1037-1054.

[11] Park, Lee. Spatial prediction of landslide susceptibility using a decision tree approach: a case study of the Pyeongchang area, Korea[J]. International Journal of Remote Sensing, 2014, 35(16): 6089-6112.

[12] Bui D T, Pradhan B, Lofinan, et al. Regional prediction of landslide hazard using probability analysis of intense rainfall in the Hoa Binh province, Vietnam[J]. Natural Hazards, 2013, 66(2): 707-730.

[13] 杨梅忠, 陈克良. 中国煤矿灾害现状与减灾对策分析[J]. 灾害学, 1997, 12(3): 66-70.

[14] 乔建平. 滑坡减灾理论与实践[M]. 北京: 科学出版社, 1997.

[15] 徐继维, 张茂省, 范文. 地质灾害风险评估综述[J]. 灾害学, 2015, 30(4): 130-134.

[16] Hungr O, Fell R, Couture R. Landslide risk management: proceedings of the International Conference on Landslide Risk Management, Vancouver, Canada, 31 May-3 June 2005 [D]. 2005.

[17] 汪华斌, 吴树仁, 汪稔. 长江三峡库区滑坡灾害危险性评价[J]. 长江流域资源与环境, 1998(2): 91-97.

[18] 关凤峻, 沈伟志. 全国地质灾害灾情分析与防治研究[J]. 水文地质工程地质, 2016(2): 7-10.

[19] 奚晓青, 杨新宝. 地质灾害国内外研究现状浅析[J]. 中国水运, 2007, 7(9): 98-100.

[20] 阮沈勇, 黄润秋. 基于GIS的信息量法模型在地质灾害危险性区划中的应用[J]. 成都理工学院学报, 2001, 28(1): 89-92.

[21] 陈佩佩, 武强. 基于人工神经网络的地裂缝危险性评价系统[J]. 煤田地质与勘探, 2001, 29(3): 44-47.

[22] 石菊松, 张永双, 董诚, 等. 基于GIS技术的巴东新城区滑坡灾害危险性区划[J]. 地球学报, 2005, (3): 275-282.

[23] 彭令, 徐素宁, 彭军还. 多源遥感数据支持下区域滑坡灾害风险评价[J]. 吉林大学学报(地球科学版), 2016, 46(1): 175-186.

[24] 郑苗苗.黄土高原陕甘宁地区地质灾害数据库建设与危险性评价[D].西安：长安大学,2017.

[25] 吕远强,林杜军,罗伟强.基于人工神经网络的区域地质灾害危险性预测评价[J].中国地质灾害与防治学报, 2007, 18(1)：95-98,114.

[26] Bui D T,Tran A T,Klempe H,et al. Spatial prediction models for shallow landslide hazards：a comparative assessment of the efficacy of support vectormachines ,artificial neural networks,kernel logistic regression, and logistic model tree[J]. Landslides,2016,13(2)：361-378.

[27] Liu M,He Y,Wang J,et al. Hybrid intelligent algorithm and its application in geological hazard risk assessment[J]. Neurocomputing,2015,149(pt. b)：847-853.

[28] 郑勇.基于多源数据与深度学习的地质灾害危险性预测评价研究[D].合肥：合肥工业大学,2019.

[29] 赵岩.基于机器学习的白龙江流域潜在低频泥石流沟识别[D].兰州：兰州大学, 2020.

[30] WILEY C A. Pulsed doppler radar methods and apparatus[P]. US, 3196436, 1965.

[31] 廖明生, 林晖. 雷达干涉测量—原理与信号处理基础[M]. 北京：测绘出版社, 2003：32-35.

[32] 秦小芳, 张华春, 张衡, 等. TerraSAR-X/TanDEM-X 升降轨双基干涉模式获取 DEM 方法研究[J]. 雷达学报, 2018, 7(4)：487-497.

[33] HANSSEN R F. Radar Interferometry：Data Interpretation and Error Analysis[M]. New York：Springer, 2001：15-16.

[34] FERRETTI A, PRATI C,ROCCA F. Permanent scatterers in SAR interferometry[J]. IEEE Transactions on Geoscience and Remote Sensing, 2001, 39(1)：8-20.

[35] STROZZI T, ANTONOVA S, GÜNTHER F, et al. Sentinel-1 SAR interferometry for surface deformation monitoring in low-land permafrost areas[J]. Remote Sensing, 2018, 10(9)：1360.

[36] CARLÀ T, INTRIERI E, RASPINI F, et al. Perspectives on the prediction of catastrophic slope failures from satellite InSAR[J]. Scientific Reports, 2019, 9(1)：14137.

[37] GRANDIN R, VALLÉE M,LACASSIN R. Rupture process of the MW 5. 8 Pawnee, Oklahoma, Earthquake from Sentinel-1 InSAR and seismological data[J]. Seismological Research Letters, 2017, 88(4)：994-1004.

[38] LEE S, LEE C W. Analysis of the relationship between volcanic eruption and surface deformation in volcanoes of the Alaskan Aleutian Islands using SAR interferometry[J]. Geosciences Journal, 2018, 22 (6)：1069-1080.

[39] GOLDSTEIN R M, ENGELHARDT H, KAMB B, et al. Satellite radar interferometry for monitoring ice sheet motion：Application to an Antarctic ice stream[J]. Science, 1993, 262(5139)：1525-1530.

[40] 刘国祥,陈强,罗小军,等. 永久散射体雷达干涉理论与方法[M]. 北京：科学出版社,2012：23-36.

[41] 陈富龙,林珲,程世来. 星载雷达干涉测量及时间序列分析的原理、方法与应用[M]. 北京：科学出版社, 2013.

[42] COSTANTINI M, FALCO S, MALVAROSA F, et al. A new method for identification and analysis of persistent scatterers in series of SAR images[C]//2008 IEEE International Geoscience and Remote Sensing Symposium, Boston, USA, 2008.

[43] WERNER C, WEGMULLER U, STROZZI T, et al. Interferometric point target analysis for deformation mapping[C]//2003 IEEE International Geoscience and Remote Sensing Symposium, Toulouse, France, 2003. doi：10. 1109/IGARSS. 2003. 1295516.

[44] FERRETTI A, FUMAGALLI A, NOVALI F, et al. A new algorithm for processing interferometric data-stacks：SqueeSAR[J]. IEEE Transactions on Geoscience and Remote Sensing, 2011, 49(9)：

3460-3470.

[45] LÜ Xiaolei, YAZICI B, ZEGHAL M, et al. Joint-Scatterer processing for time-series InSAR[J]. IEEE Transactions on Geoscience and Remote Sensing, 2014, 52(11): 7205-7221.

[46] HOOPER A, ZEBKER H, SEGALL P, et al. A new method for measuring deformation on volcanoes and other natural terrains using InSAR persistent scatterers[J]. Geophysical Research Letters, 2004, 31 (23): L23611.

[47] KAMPES B, ADAM N. The STUN algorithm for persistent scatterer interferometry[C]//Fringe 2005 Workshop, Frascati, Italy, 2005: 16.

[48] BERARDINO P, FORNARO G, LANARI R, et al. A new algorithm for surface deformation monitoring based on small baseline differential SAR interferograms[J]. IEEE Transactions on Geoscience and Remote Sensing, 2002, 40(11): 2375-2383.

[49] BLANCO-SÀNCHEZ P, MALLORQUÍ J J, DUQUE S, et al. The Coherent Pixels Technique (CPT): An advanced DInSAR technique for nonlinear deformation monitoring[J]. Pure and Applied Geophysics, 2008, 165(6): 1167-1193.

[50] CROSETTO M, BIESCAS E, DURO J, et al. Generation of advanced ERS and Envisat interferometric SAR products using the stable point network technique[J]. Photogrammetric Engineering & Remote Sensing, 2008, 74(4): 443-450.

[51] FERRETTI A, PRATI C, ROCCA F. Nonlinear subsidence rate estimation using permanent scatterers in differential SAR interferometry[J]. IEEE Transactions on Geoscience and Remote Sensing, 2000, 38 (5): 2202-2212.

[52] PARIZZI A, BRCIC R. Adaptive InSAR stack multilooking exploiting amplitude statistics: A comparison between different techniques and practical results[J]. IEEE Geoscience and Remote Sensing Letters, 2011, 8(3): 441-445.

[53] MICHEL R, AVOUAC J P, TABOURY J. Measuring ground displacements from SAR amplitude images: Application to the Landers earthquake[J]. Geophysical Research Letters, 1999, 26(7): 875-878.

[54] 廖明生, 张路, 史绪国, 等. 滑坡变形雷达遥感监测方法与实践[M]. 北京: 科学出版社, 2017.

[55] SIMONS M, ROSEN P A. 3. 12-Interferometric synthetic aperture radar geodesy[J]. Treatise on Geophysics (Second Edition), 2015, 3: 339-385.

[56] STROZZI T, LUCKMAN A, MURRAY T, et al. Glacier motion estimation using SAR offset-tracking procedures[J]. IEEE Transactions on Geoscience and Remote Sensing, 2002, 40(11): 2384-2391.

[57] SANDWELL D T, PRICE E J. Phase gradient approach to stacking interferograms[J]. Journal of Geophysical Research: Solid Earth, 1998, 103(B12): 30183-30204.

[58] MASSONNET D, ROSSI M, CARMONA C, et al. The displacement field of the Landers earthquake mapped by radar interferometry[J]. Nature, 1993, 364(6433): 138-142.

[59] REID H F. The mechanics of the earthquake, the California earthquake of April 18, 1906[R]. 1910.

[60] BONCORI J P M. Measuring coseismic deformation with spaceborne synthetic aperture radar: A Review [J]. Frontiers in Earth Science, 2019, 7: 16.

[61] MASSONNET D, FEIGL K L, VADON H, et al. Coseismic deformation field of the M=6.7 Northridge, California earthquake of January 17, 1994 recorded by two radar satellites using interferometry[J]. Geophysical Research Letters, 1994, 23(9): 969-972.

[62] POLLITZ F F, WICKS C, THATCHER W. Mantle flow beneath a continental strike-slip fault: Postseismic deformation after the 1999 Hector Mine earthquake[J]. Science, 2001, 293(5536): 1814-

1818.

[63] FIELDING E J, TALEBIAN M, ROSEN P A, et al. Surface ruptures and building damage of the 2003 Bam, Iran, earthquake mapped by satellite synthetic aperture radar interferometric correlation[J]. Journal of Geophysical Research: Solid Earth, 2005, 110(B3): B03302.

[64] SHEN Zhengkang, SUN Jianbao, ZHANG Peizhen, et al. Slip maxima at fault junctions and rupturing of barriers during the 2008 Wenchuan earthquake[J]. Nature Geoscience, 2009, 2(10): 718-724.

[65] 沈强, 乔学军, 王琪, 等. 中国玉树 MW6.9 地震 InSAR 地表形变特征分析[J]. 大地测量与地球动力学, 2010, 30(3): 5-9.

[66] 王永哲. 利用 GPS 和 InSAR 数据反演 2011 年日本东北 MW6.9 地震断层的同震滑动分布[J]. 地震学报, 2015, 37(5): 796-805.

[67] 季灵运, 刘传金, 徐晶, 等. 九寨沟 MS7.0 地震的 InSAR 观测及发震构造分析[J]. 地球物理学报, 2017, 60(10): 4069-4082.

[68] ATZORI S, ANTONIOLI A, TOLOMEI C, et al. InSAR full-resolution analysis of the 2017-2018 M> 6 earthquakes in Mexico[J]. Remote Sensing of Environment, 2019, 234: 111461.

[69] GAUDREAU É, NISSEN E K, BERGMAN E A, et al. The August 2018 Kaktovik earthquakes: Active tectonics in northeastern Alaska revealed with InSAR and seismology[J]. Geophysical Research Letters, 2019, 46(24): 14412-14420.

[70] 云烨, 吕孝雷, 付希凯, 等. 星载 InSAR 技术在地质灾害监测领域的应用[J]. 雷达学报, 2020, 9(1): 73-85.

[71] CRUDEN D M. A simple definition of a landslide[J]. Bulletin of the International Association of Engineering Geology, 1991, 43(1): 27-29.

[72] FRUNEAU B, DELACOURT C, ACHACHE J, et al. Landslide monitoring in south of France with tandem data[C]. Proceedings of the 3rd ERS Symposium on Space at the Service of Our Environment, Florence, Italy, 1997.

[73] XIA Ye, KAUFMANN H, GUO X F, et al. Landslide monitoring in the Three Gorges area using D-InSAR and corner reflectors[J]. Photogrammetric Engineering & Remote Sensing, 2004, 70(10): 1167-1172.

[74] DAI Keren, XU Qiang, LI Zhenhong, et al. Post-disaster assessment of 2017 catastrophic Xinmo landslide (China) by spaceborne SAR interferometry[J]. Landslides, 2019, 16(6): 1189-1199.

[75] WANG Guijie, WANG Yunlong, ZANG Xisheng, et al. Locating and monitoring of landslides based on small baseline subset interferometric synthetic aperture radar[J]. Journal of Applied Remote Sensing, 2019, 13(4): 044528.

[76] LI Lingjing, YAO Xin, YAO Jiaming, et al. Analysis of deformation characteristics for a reservoir landslide before and after impoundment by multiple D-InSAR observations at Jinshajiang River, China[J]. Natural Hazards, 2019, 98(2): 719-733.

[77] XUE Feiyang, LÜ Xiaolei. Applying time series interferometric synthetic aperture radar and the unscented Kalman filter to predict deformations in Maoxian landslide[J]. Journal of Applied Remote Sensing, 2019, 13(1): 014509.

[78] 许强, 董秀军, 李为乐. 基于天-空-地一体化的重大地质灾害隐患早期识别与监测预警[J]. 武汉大学学报(信息科学版), 2019, 44(7): 957-966.

[79] 肖儒雅, 何秀凤. 时序 InSAR 水库大坝形变监测应用研究[J]. 武汉大学学报(信息科学版), 2019, 44(9): 1334-1341.

［80］ WANG Q Q, HUANG Q H, HE N, et al. Displacement monitoring of upper Atbara dam based on time series InSAR［J］. Survey Review, 2019.

［81］ LI Menghua, ZHANG Lu, SHI Xuguo, et al. Monitoring active motion of the Guobu landslide near the Laxiwa Hydropower Station in China by time-series point-like targets offset tracking［J］. Remote Sensing of Environment, 2019, 221: 80-93.

［82］ MA Peifeng, WANG Weixi, ZHANG Bowen, et al. Remotely sensing large-and small-scale ground subsidence: A case study of the Guangdong-Hong Kong-Macao Greater Bay Area of China［J］. Remote Sensing of Environment, 2019, 232: 111282.

［83］ FAROLFI G, DEL SOLDATO M, BIANCHINI S, et al. A procedure to use GNSS data to calibrate satellite PSI data for the study of subsidence: An example from the northwestern Adriatic coast（Italy）［J］. European Journal of Remote Sensing, 2019, 52(S4): 54-63.

［84］ RATEB A, KUO C Y. Quantifying vertical deformation in the Tigris-Euphrates Basin due to the groundwater abstraction: Insights from GRACE and Sentinel-1 satellites［J］. Water, 2019, 11(8): 1658.

［85］ 胡程, 董锡超, 李元昊. 大气层效应对地球同步轨道 SAR 系统性能影响研究［J］. 雷达学报, 2018, 7(4): 412-424.

［86］ 李亮, 洪峻, 明峰. 电离层对中高轨 SAR 影响机理研究［J］. 雷达学报, 2017, 6(6): 619-629.

［87］ 崔喜爱, 曾琪明, 童庆禧, 等. 重轨星载 InSAR 测量中的大气校正方法综述［J］. 遥感技术与应用, 2014, 29(1): 9-17.

［88］ MASSONNET D, FEIGL K L. Discrimination of geophysical phenomena in satellite radar interferograms［J］. Geophysical Research Letters, 1995, 22(12): 1537-1540.

［89］ CROSETTO M, TSCHERNING C C, CRIPPA B, et al. Subsidence monitoring using SAR interferometry: Reduction of the atmospheric effects using stochastic filtering［J］. Geophysical esearch Letters, 2002, 29(9):1-4.

［90］ SAASTAMOINEN J. Atmospheric Correction for the Troposphere and Stratosphere in Radio Ranging Satellites［M］. HENRIKSEN S W, MANCINI A, CHOVITZ B H. The Use of Artificial Satellites for Geodesy. New York: The American Geophysical Union, 1972: 247-251.

［91］ LI Zhenhong. Correction of atmospheric water vapour effects on repeat-pass SAR interferometry using GPS, MODIS and MERIS data［D］. University College London, 2005.

［92］ YUN Ye, ZENG Qiming, GREEN B W, et al. Mitigating atmospheric effects in InSAR measurements through highresolution data assimilation and numerical simulations with a weather prediction model［J］. International Journal of Remote Sensing, 2015, 36(8): 2129-2147.

［93］ WEGMÜLLER U, STROZZI T, WERNER C. Ionospheric path delay estimation using split-beam interferometry［C］//2012 IEEE International Geoscience and Remote Sensing Symposium, Munich, Germany, 2012.

［94］ 金双根, 朱文耀. GPS 观测数据提高 InSAR 干涉测量精度的分析［J］. 遥感信息, 2001(4): 8-11.

［95］ MATTAR K E, GRAY A L. Reducing ionospheric electron density errors in satellite radar interferometry applications［J］. Canadian Journal of Remote Sensing, 2002, 28(4): 593-600.

［96］ 孙倩, 胡俊, 陈小红. 多时相 InSAR 技术及其在滑坡监测中的关键问题分析［J］. 地理与地理信息科学, 2019, 35(3): 37-45.

［97］ GAN Jie, HU Jun, LI Zhiwei, et al. Mapping threedimensional co-seismic surface deformations associated with the 2015 MW7.2 Murghab earthquake based on InSAR and characteristics of crustal strain［J］. Science China Earth Sciences, 2018, 61(10): 1451-1466.

［98］ JI Panfeng, LÜ Xiaolei, DOU Fangjia, et al. Fusion of GPS and InSAR data to derive robust 3D deform-ation maps based on MRF L1-regularization［J］. Remote Sensing Letters, 2020, 11（2）：204-213.

［99］ HU Fengming, VAN LEIJEN F J, CHANG Ling, et al. Monitoring deformation along railway systems combining multi-temporal InSAR and LiDAR data［J］. Remote Sensing, 2019, 11（19）：2298.

［100］ HU J, LI Z W, DING X L, et al. 3D coseismic displacement of 2010 Darfield, New Zealand earth-quake estimated from multi-aperture InSAR and D-InSAR measurements［J］. Journal of Geodesy, 2012, 86（11）：1029-1041.

［101］ MEHRABI H, VOOSOGHI B, MOTAGH M, et al. Threedimensional displacement fields from InSAR through Tikhonov regularization and least-squares variance component estimation［J］. Journal of Survey-ing Engineering, 2019, 145（4）：04019011.

［102］ 葛大庆. 地质灾害早期识别与监测预警中的综合遥感应用［J］. 城市与减灾, 2018（6）：53-60.

［103］ Mularz S C. Satellite and Airborne Remote Sensing Data for Monitoring of an Open-cast Mine［J］. Inter-national Archives of Photogrammetry and Remote Sensing, 1998,（32）：395-402.

［104］ Ferrier G . Application of Imaging Spectrometer Data in Identifying Environmental Pollution Caused by Mining at Rodaquilar, Spain［J］. Remote Sensing of Environment, 1999,68（2）:125-137.

［105］ Tralli D M, Blom R G, Zlotnicki V, et al. Satellite remote sensing of earthquake, volcano, flood, land-slide and coastal inundation hazards［J］. Isprs Journal of Photogrammetry & Remote Sensing, 2005,59 （4）：185-198.

［106］ Li Xinzhi, Wang Ping, Zang Yanbin. Appliaction of SPOR 5 data fusoin on investigating the ecological environment of mining area［C］//Urban Remote SensingEvent；IEEE, 2009:1-6.

［107］ N Mezned, N Mechrgui, S Abdeljaouad. Enhanced mapping and monitoring of tailings based on landsat ETM+ and SPOT 5 fusion in the North of Tunisia［C］//2014 IEEE Geoscience and Remote Sensing Sy-moposium, Quebec City, QC, Canada, 2014:4800-4803.

［108］ 葛大庆. 地质灾害早期识别与监测预警中的综合遥感应用［J］. 城市与减灾, 2018（6）：53-60.

［109］ 张凯翔. 露天矿地质环境解译标志体系和信息提取方法的研究及示范应用［D］. 武汉：中国地质大学, 2018.

［110］ 杨金中, 秦绪文, 聂洪峰, 等. 全国重点矿区矿山遥感监测综合研究［J］.中国地质调查, 2015, 2 （4）：24-30.

［111］ 路云阁, 刘采, 王姣. 基于国产卫星数据的矿山遥感监测一体化解决方案：以西藏自治区为例 ［J］.国土资源遥感,2014, 26（4）：85-90.

［112］ 王宁. 厚松散层矿区采煤沉陷预测模型研究［D］. 北京：中国矿业大学（北京）,2014.

［113］ 肖瑶.高分系列卫星在煤矿区地质灾害监测方面的应用［D］. 合肥：合肥工业大学, 2017.

［114］ 高丽琰. 基于"高分二号"卫星影像的宁夏地质灾害研究［D］. 北京：中国地质大学（北京）, 2018.

［115］ 陈玲, 贾佳, 王海庆. 高分遥感在自然资源调查中的应用综述［J］. 国土资源遥感, 2019, 31 （1）：1-6.

［116］ 赵星涛, 胡奎, 卢晓攀, 等. 无人机低空航摄的矿山地质灾害精细探测方法［J］. 测绘科学, 2014, 39（6）:49-52,64.

［117］ 黄皓中, 陈建平, 郑彦威. 基于无人机遥感的矿山地质灾害解译［J］. 地质学刊, 2017, 41（3）: 499-503.

［118］ 王耿明, 朱俊凤, 陈捷, 等. 基于无人机的矿山地质环境监测与矿山实景三维建模［J］. 地矿测绘, 2018, 34（1）：45-47,40.

[119] 向杰, 陈建平, 李诗, 等. 无人机遥感技术在北京首云铁矿储量动态监测中的应用[J]. 国土资源遥感, 2018, 30(3)：224-229.

[120] 张玉侠, 兰鹏涛, 金元春, 等. 无人机三维倾斜摄影技术在露天矿山监测中的实践与探索[J]. 测绘通报, 2017(S1)：114-116.

[121] 杜甘霖, 叶茂, 刘玉珠, 等. 露天矿山监管中的无人机测绘技术应用研究[J]. 中国矿业, 2019, 28(4)：111-114.

[122] 侯恩科, 张杰, 谢晓深, 等. 无人机遥感与卫星遥感在采煤地表裂缝识别中的对比[J]. 地质通报, 2019, 38(Z1)：443-448.

[123] 丁俊, 马宁, 谢一晖. 湖南省废弃煤矿地面沉陷监测的遥感技术应用探讨[J]. 中国矿业, 2019, 28(S2)：236-239.

[124] 朱正宇. 基于 PXI 总线的位姿控制系统设计[D]. 北京：北京交通大学, 2020.

[125] 尹玉廷. 地面三维激光扫描技术在古建筑保护中的应用研究[J]. 测绘与空间地理信息, 2013, (36)2：91-93.

[126] 黎荆梅, 周梅, 李传荣. 阵列推扫式机载激光雷达三维点云解算方法研究[J]. 遥感技术与应用, 2013, 28(6)：1033-1038.

[127] 朱依民, 田林亚, 毕继鑫, 等. 基于机载 LiDAR 数据的建筑物轮廓提取[J]. 测绘通报, 2019, (12)：65-70.

[128] 牛路标. 基于机载和车载 LiDAR 数据的建筑物三维建模方法研究[D]. 焦作：河南理工大学, 2016.

[129] 宋爽. 基于机载 LiDAR 点云的电力走廊三维要素提取技术[D]. 武汉：武汉大学, 2017.

[130] 段敏燕. 机载激光雷达点云电力线三维重建方法研究[D]. 武汉：武汉大学, 2015.

[131] 阮天宇. 机载 LIDAR 数据处理及堆料三维重建应用研究[D]. 北京：华北电力大学, 2018.

[132] 杨凡. 基于无人机激光雷达和高光谱的冬小麦生物量反演研究[D]. 西安：西安科技大学, 2017.

[133] 陈洪, 韩峰, 赵庆展, 等. 近地机载激光雷达棉花 LAI 提取方法研究[J]. 干旱区地理, 2017, 40(6)：1256-1263.

[134] 肖春蕾, 郭兆成, 张宗贵, 等. 利用机载 LiDAR 数据提取与分析地裂缝[J]. 国土资源遥感, 2014, 26(4)：111-118.

[135] 石鹏卿, 胡向德, 魏洁, 等. 三维激光扫描技术在华亭东峡煤矿塌陷区监测中的应用[J]. 矿山测量, 2019, 47(3)：97-102.

[136] 王鹏, 葛洁, 方峥, 等. 半自动面向对象高分遥感地灾目标提取方法[J]. 山地学报, 2018, 36(4)：654-659.

[137] 闫琦. 基于高分辨率遥感影像的典型地震次生地质灾害快速智能提取研究[D]. 北京：中国科学院大学, 2017.

[138] 王世博, 张大明, 罗斌, 等. 基于谱抠图的遥感图像滑坡半自动提取[J]. 计算机工程, 2012, 38(2)：195-197, 200.

[139] 张茂省, 贾俊, 王毅, 等. 基于人工智能(AI)的地质灾害防控体系建设[J]. 西北地质, 2019, 52(2)：103-116.

[140] 胡涛. 贵州省思南县地质灾害危险性评价研究[D]. 武汉：中国地质大学, 2020.

[141] 董陇军, 李夕兵, 李萍萍. 深井开采灾害应对决策技术综述[J]. 有色金属工程, 2009, 61(1)：116-120.

[142] 刘云鹏. 基于微震监测的"滞后型"动力灾害控制技术研究[J]. 矿业安全与环保, 2017, 44(1)：74-77.

［143］YANG C, LUO Z, HU G, et al. Application of a microseismic monitoring system in deep mining［J］. Journal of University of Science and Technology Beijing, Mineral, Metallurgy, Material, 2007, 14(1): 6-8.

［144］GALE W, HEASLEY K, IANNACCHIONE A, et al. Rock damage characterisation from microseismic monitoring; proceedings of the DC Rocks 2001, The 38th US Symposium on Rock Mechanics (US-RMS), F, 2001［C］// American Rock Mechanics Association.

［145］JIANG F X, YANG S H, CHENG Y H, et al. A study on microseismic monitoring of rock burst in coal mine［J］. Chinese Journal of Geophysics, 2006, 49(5): 1511-1516.

［146］SUN J, WANG L, HOU H. Application of micro-seismic monitoring technology in mining engineering ［J］. International Journal of Mining Science and Technology, 2012, 22(1): 79-83.

［147］HUDYMA M, POTVIN Y H. An engineering approach to seismic risk management in hardrock mines ［J］. Rock Mechanics and Rock Engineering, 2010, 43(6):891-906.

［148］READ R. 20 years of excavation response studies at AECL's underground research laboratory［J］. International Journal of Rock Mechanics and Mining Sciences, 2004, 41(8):1251-1275.

［149］姜福兴, 杨淑华, XUN Luo. 微地震监测揭示的采场围岩空间破裂形态［J］. 煤炭学报, 2003, 28 (4): 357-360.

［150］邹德蕴, 刘先贵. 冲击地压和突出的统一预测及防治技术［J］. 矿业研究与开发, 2002, 22(1): 16-19.

［151］J Kozák, S J Gibowicz, V Rudajev. Special Contribution: Pictorial Series of the Manifestations of the Dynamics of the Earth: 4. Historical Images of Rockbursts' Effects in Mines［J］. Studia Geophysica et Geodaetica, 2003, 47(3): 641-650.

［152］齐庆新. 对我国冲击地压的几点思考［R］. 哈尔滨: 中国岩石力学与工程学会, 中国煤炭学会, 2013.

［153］姜福兴, 苗小虎, 王存文, 等. 构造控制型冲击地压的微地震监测预警研究与实践［J］. 煤炭学报, 2010, 35(6): 900-903.

［154］夏永学, 潘俊锋, 王元杰, 等. 基于高精度微震监测的煤岩破裂与应力分布特征研究［J］. 煤炭学报, 2011, 36(2): 239-243.

［155］李铁, 纪洪广. 矿井不明水体突出过程的微震辨识技术［J］. 岩石力学与工程学报, 2010, 29 (1): 134-139.

［156］罗虎, 刘东燕, 徐兴伦. 光纤传感技术在边坡稳定监测中的应用［J］. 重庆科技学院学报(自然科学版), 2012, 14(3):115-117.

［157］张森, 王臻, 刘孟华, 等. 光纤传感技术的发展及应用［J］. 光纤与电缆及其应用技术, 2007 (3): 1-3.

［158］施斌, 徐洪钟, 张丹, 等. BOTDR 应变监测技术应用在大型基础工程健康诊断中的可行性研究 ［J］. 岩石力学与工程学报, 2004, 23(3):493-499.

［159］施斌, 徐学军, 王镝, 等. 隧道健康诊断 BOTDR 分布式光纤应变监测技术研究［J］. 岩石力学与工程学报, 2005, 24 (15):2622-2628.

［160］朱鸿鹄, 施斌, 严珺凡, 等. 基于分布式光纤应变感测的边坡模型试验研究［J］. 岩石力学与工程学报, 2013, 32(4):821-828.

［161］卢毅. 基于 BOTDR 的地裂缝分布式光纤监测技术研究［J］. 工程地质学报, 2014, 22(1): 8-13.

［162］张旭苹, 武剑灵, 单媛媛, 等. 基于分布式光纤传感技术的智能电网输电线路在线监测［J］. 光电子技术, 2017(4):221-229.

[163] 张旭苹, 张益昕, 王峰, 等. 基于瑞利散射的超长距离分布式光纤传感技术[J]. 中国激光, 2016 (7):8-21.

[164] 张益昕, 王顺, 张旭苹. 布里渊光时域反射传感系统自适应扰偏模块的研制[J]. 电子测量技术, 2008,31(5):31-34.

[165] 张益昕, 王顺, 张旭苹. 大尺度三维视觉测量中的离焦模糊图像恢复[J]. 仪器仪表学报, 2010, 31(12):2748-2753.

[166] 王云才, 李艳丽, 王安帮, 等. 激光混沌通信中半导体激光器接收机对高频信号的滤波特性[J]. 物理学报,2007, 56(8):4686-4693.

[167] 王云才, 张建国, 徐航, 等. 基于混沌信号的光时域反射仪[J]. 光学仪器, 2014, 36(5): 449-454.

[168] 王云才. 混沌激光的产生与应用[J]. 激光与光电子学进展, 2009, 46(4): 13-21.

[169] 廖延彪, 黎敏. 光纤传感器的今天与发展[J]. 传感器世界, 2004, 10(2): 6-12.

[170] 廖延彪, 苑立波, 田芊. 中国光纤传感 40 年[J]. 光学学报, 2018, 38(3): 3-21.

[171] 廖延彪. 我国光纤传感技术现状和展望[J]. 大气与环境光学学报, 2003,16(5): 1-6.

[172] 杜志泉, 倪锋, 肖发新. 光纤传感技术的发展与应用[J]. 光电技术应用, 2014, 29(6): 7-12.

[173] Mermelstein M D, Headley C, Bouteiller J C, et al. A High-Efficiency Power-Stable Three-Wavelength Configurable Raman Fiber Laser[M] //A high-efficiency power-stable three-wavelength configurable Raman fiber laser. 2001.

[174] Alahbabi M N, Cho Y T, Newson T P. 150 km-range distributed temperature sensor based on coherent detection of spontaneous Brillouin backscatter and in-line Raman amplification[J]. Optical Society of America Journal B, 2005, 22(6):1321-1324.

[175] Brian Culshaw. Optical fiber sensor technologies: opportunities and perhaps pitfalls[J]. Lightwae Technol, 2004, 22(1):39-50.

[176] 姜德生, 何伟. 光纤光栅传感器的应用概况[J]. 光电子·激光, 2002, 13(4):420-430.

[177] 王玉堂, 张经武, 王惠文, 等. 光纤传感器研究进展[J]. 光电子·激光, 1996(1):1-7.

[178] Culhswa B, Dakni J. 光纤传感器[M].李少慧,宁雅农,李志高,等译. 武汉: 华中理工大学出版社,1997.

[179] 黄尚廉,梁大巍, 刘龚. 分布式光纤温度传感器系统的研究[J]. 仪器仪表学报, 1991, 12(4): 359-364.

[180] 周次明,廖楚柯. 光纤光栅传感技术的工程应用及市场前景[J]. 新材料产业, 2006, 6 (4):22-25.

[181] 胡宁. FBG 应变传感器在隧道长期健康监测中的应用[J]. 交通科技, 2009(3): 91-94.

[182] Dunnicliff J. Geotechnical instrumentation for monitoring field performance[M]. New York: Wiley, 1993, 199-296.

[183] 卢毅, 施斌, 魏广庆. 基于 BOTDR 与 FBG 的地裂缝定点分布式光纤传感监测技术研究[J]. 中国地质灾害与防治学报,2016, 27(2): 103-109.

[184] 卢毅, 于军, 龚绪龙, 等. 基于 BOFDA 的地面塌陷变形分布式监测模型试验研究[J]. 高校地质学报, 2018, 24(5):154-162.

[185] 吴静红,姜洪涛,苏晶文, 等. 基于 DFOS 的苏州第四纪沉积层变形及地面沉降监测分析[J]. 工程地质学报, 2016, 24(1):56-63.

[186] 羿生钻. 点式光纤技术在机场跑道沉降监测中的应用[J]. 铁道建筑, 2016(11): 111-113.

[187] 王宝军, 李科, 施斌, 等.边坡变形的分布式光纤监测模拟试验研究[J]. 工程地质学报, 2010,

18(3)：325-332.

[188] 冷元宝, 朱萍玉, 周杨, 等. 基于分布式光纤传感的堤坝安全监测技术及展望[J]. 地球物理学进展, 2007, 22(3)：1001-1005.

[189] ZhuYouqun, Zhu Honghu, Sun Yijie, et al. Model experiment study of piple driving into soil using FBG-BOTDA sensing monitoring technology[J]. Rock and Soil Mechanics, 2014, 35(S2)：695-702.

[190] Amatya R, Holzwarth C W, Smith H I, et al. Demonstration of Low Power, Thermally Stable Second-Order Microring Resonators[M]//Demonstration of low power, thermally stable second-order microring resonators, 2008.

[191] 隋海波, 施斌, 张丹, 等. 边坡工程分布式光纤监测技术研究[J]. 岩石力学与工程学报, 2008, 27(S2):3725-3731.

[192] 殷建华, 崔鹏, 裴华富, 等. 基于光纤传感技术的边坡监测系统的应用[C]//全国土力学及岩土工程学术会议, 2011.

[193] 顾春生, 袁骏. 基于光纤光栅传感技术的覆岩破坏模型试验[J]. 煤炭技术, 2016, 35(3):84-86.

[194] 顾春生, 杨伟峰. 基于光纤传感技术的降雨边坡模型试验[J]. 金属矿山, 2017, 46(2):141-144.

[195] 卢毅, 施斌, 席均, 等. 基于 BOTDR 的地裂缝分布式光纤监测技术研究[J]. 工程地质学报, 2014, 22(1)：8-13.

[196] 刘苏平, 施斌, 张诚成, 等. 连云港徐圩地面沉降 BOTDR 监测与评价[J]. 水文地质工程地质, 2018, 45(5)：158-164.

[197] 吴静红, 姜洪涛, 苏晶文, 等. 基于 DFOS 的苏州第四纪沉积层变形及地面沉降监测分析[J]. 工程地质学报, 2016, 24(1)：56-63.

[198] 施斌, 徐洪钟, 张丹, 等. BOTDR 应变监测技术应用在大型基础工程健康诊断中的可行性研究[J]. 岩石力学与工程学报, 2004, 23(3)：493-499.

[199] 施斌. 论大地感知系统与大地感知工程[J]. 工程地质学报, 2017, 25(3)：582-591.

[200] 徐洪钟, 周元, 张丹. 基于 GIS 的岩溶塌陷分布式光纤监测系统的研发[J]. 水文地质工程地质, 2011, 38(3)：120-123.

[201] 冯亚伟, 毛宁利, 李卫利. 山东荆泉地区岩溶地面塌陷预警分区研究[J]. 中国岩溶, 2022:1-16.

[202] 周正, 李大华, 廖云平, 等. 重庆中梁山岩溶地面塌陷特征及形成机理[J]. 中国岩溶, 2022, 41(1)：67-78.

[203] 邱冬炜. 穿越工程影响下既有地铁隧道变形监测与分析[D]. 北京：北京交通大学, 2012.

[204] 万凌翔. 水利枢纽外部变形监测技术研究[J]. 水利规划与设计, 2016(1)：80-81.

[205] 朱晓辉. 二等水准测量的作用[J]. 城市地理, 2014(20)：199.

[206] 岳建平, 陈伟清. 土木工程测量[M]. 武汉：武汉理工大学出版社, 2006.

[207] 杨勇, 潘世强. 三维激光扫描技术在地形地质测量中的应用[J]. 城市建设理论研究, 2016, 10：613.

[208] 焦方晖. 崂山地质灾害监测预警系统研究[D]. 青岛：中国海洋大学, 2011.

[209] 田喜君, 影响 GNSS 基线解算结果的因素及应对方法[J]. 城市建设理论研究, 2013(16):1-2.

[210] 赵付明, 王博, 谢超. 安徽省地质灾害隐患点现状分析与研究[J]. 安徽地质, 2016, 26(2)：143-145.

[211] 魏进兵, 高春玉. 环境岩土工程[M]. 成都：四川大学出版社, 2014.

[212] 崔成敏. 基于遥感的滑坡地质灾害研究:以云南鹤庆地区为例[D]. 北京：中国地质大学, 2020.

[213] 贾菊桃. 基于高分一号卫星影像的滑坡自动识别:以贵州省水城县为例[D]. 绵阳:西南科技大学, 2020.

[214] 翟克礼. 贵州省毕节市崩塌、滑坡地质灾害易发性评价研究[D]. 长春:吉林大学, 2019.

[215] 裴文明, 淮南潘集采煤塌陷积水区水环境遥感动态监测研究[D]. 南京:南京大学, 2012.

[216] 徐翀, 陆垂裕, 陆春辉, 等. 淮南采煤沉陷区水资源开发利用关键技术[J]. 中国水能及电气化, 2013(8):52-57.

[217] 曹晓峰. 基于 HJ-1A/1B 影像的滇池水质遥感监测研究[D]. 西安:西安科技大学, 2012.

[218] DEKKER A G, PETERS R M. Comparison of remote sensing data, model results and in situ data for total suspended matter (TSM) in the southern Frisian lakes[J]. The Science of the Total Environment, 2001, 268(1/3):197-214.

[219] 范登科, 李明, 贺少帅. 基于环境小卫星 CCD 影像的水体提取指数法比较[J]. 地理与地理信息科学, 2012, 12(2):14-19.

[220] 喻欢, 林波. 遥感技术在湖泊水质监测中的应用[J]. 环境科学与管理, 2007, 32(7):152-155.

[221] 张巍, 王学军, 江耀慈, 等. 太湖水质指标相关性与富营养化特征分析[J]. 环境污染与防治, 2002, 24(1):50-53.

[222] 段洪涛, 张柏, 宋开山, 等. 长春市南湖富营养化高光谱遥感监测模型[J]. 湖泊科学, 2005, 17(3):282-288.

[223] 韩敏. CXK12(A)矿用钻孔成像仪在阳煤一矿的应用探讨[J]. 机械管理开发, 2019(3):173-174.